# 資源工學槪論

玄炳九 著

서울대학교출판문화원

이 책은 학술연구의 발전을 위한 재단법인 서울대학교 발전기금의 도움으로 간행된 것임을 밝힌다. ———— 서울대학교출판문화원

# 머 리 말

인류사회는 그 사회가 산업의 고도화와 풍요로운 생활을 추구하는 한 더욱 많은 에너지와 자원을 사용하기 마련이다. 우리나라도 산업발전과 생활수준의 향상으로 에너지의 소비량이 매 10년마다 약 2배 가량 늘어나고 있으며, 에너지 이외의 자원도 이에 못지않게 수요가 신장되고 있다.

더욱이 현재 우리 사회가 추구하는 기존산업의 선진화와 첨단산업의 확대는 에너지자원의 양적 팽창뿐만 아니라 질적인 고급화를 요구하며, 광물자원에 있어서도 보다 다양하고 많은 양의 금속 및 비금속자원을 고도의 품질로써 필요로 하고 있다. 또한 석재 및 지하수 등 기타 자원의 개발과 이용이 확대되고 있으며, 자원의 지하비축 또는 핵폐기물 처리 등 지하공간 이용에 대하여 자원공학의 기술적인 해결문제가 활발히 논의되고, 지열 및 심해저자원의 개발과 지표 및 지하의 환경오염문제도 연구개발대상으로 대두되고 있다. 특히 1990년대의 자원확보와 안정공급, 그리고 자원관련기술의 자립 내지 선진화는 장차 에너지와 자원문제로 인해 우리나라의 경제사회발전이 장애받을 수 있는 상황을 제거하는 데에 있어서 해결해야 할 가장 큰 과제라고 볼 수 있다.

자원공학(資源工學)은 자원(에너지, 광물 및 기타 지하자원)의 탐사, 개발, 활용 및 관리, 그리고 지하공간의 개발 및 이용을 다루는 학문으로서 그 세부 분야는 다양하다. 학문영역을 분류하면 탐사와 관계되는 응용

지질 및 지구화학과 물리탐사(또는 응용지구물리학), 개발(또는 생산)과 관련된 개발공학 및 암석역학과 석유공학, 활용 분야로서 광물처리공학과 추출야금학, 그리고 자원의 시스템과 관리 분야에 속하는 자원경제학 등으로 구성되어 있다. 그러나 자원공학의 세부 분야가 다양하고 각 분야의 학문적 배경이 다르기 때문에 각 전공분야별로 발간된 교과서와 참고서는 많으나 이를 종합한 자원공학의 입문서로는 그 출판물이 아직 드물다.

이 책은 에너지와 광물 및 기타 지하자원을 분류하여 그 특징 및 국내외의 부존상황과 생산추이 등을 소개하고, 자원공학의 세부 전문분야에 대한 기본지식을 쉽게 이해할 수 있도록 기술하였다. 따라서 자원공학을 전공하고자 하는 대학생의 기본교재로서, 또한 자원산업분야와 관련 있는 분의 포괄적인 기초참고서로서 이용될 수 있도록 만들고자 노력하였다. 부족한 부분이 많으리라 사료되며 독자 여러분의 많은 질정과 충언이 있으시길 바란다.

끝으로 이 책을 발간함에 있어서 제 3 장의 '광물 및 기타 자원'에 대한 원고를 보완하여 주신 한국동력자원연구소의 이경한 실장 및 정승환 실장과 제 8 장의 '자원경제'의 원고작성을 도와주신 민철구 박사, 그리고 원고의 전반적인 정리와 수정에 수고하여 준 송윤호 조교와 임해룡 조교에게 심심한 감사를 드린다.

1990년 8월

현 병 구

# 차　　례

## 3. 광물 및 기타 자원



## 4. 지질개요



## 5. 자원탐사

## 6. 자원생산기술



## 7. 광물처리

## 8. 자원경제

# 1
# 서 론

문명사회일수록 에너지와 각종 재료를 많이 사용하게 된다. 또한 모든 제조산업은 반드시 에너지와 원료 또는 재료를 이용하여 제품을 생산하기 때문에 이들은 그 존립에 필수조건이 된다.

지하에 부존되어 있는 에너지자원은 현재 인류가 사용하는 총에너지의 90% 이상을 에너지원으로서 공급하고 있으며, 21세기에 들어가도 주요 에너지원으로서 그 위치를 유지할 것으로 보고 있다. 산업에 필요로 하는 모든 금속재료, 무기재료와 석유에서 얻어지는 유기재료는 지하의 광물 및 석유자원을 원료로 하여 제조되고 있다. 석재 및 지하수 등 기타 자원과 지하의 활용도 경제발전과 더불어 수요가 증가하고 있다. 따라서 지하자원은 인류문명의 발전에 기반이 되며, 또한 원동력의 근원역할을 한다고 볼 수 있다.

## 1.1. 자원공학의 정의와 범위

자원공학(mineral and petroleum engineering 또는 mineral and energy resources engineering)은 지각, 즉 지하 및 해저의 유용자원과 지하매체를 경제적인 목적과 관련하여 여러 원리와 방법을 이용하여 다루는 학문이라

할 수 있다.

자원공학의 핵심적인 적용범위는 유용자원에 대한 탐사, 개발, 활용 및 관리가 그 대상이 된다. 여기서 자원이라 함은 에너지자원으로서 석유·천연가스·석탄·우라늄 등이 포함되고, 광물자원으로서 철·동·금 등의 금속자원과 석회석·고령토 등의 비금속자원, 그리고 기타 석재·지하수·지열·심해저자원 등이 해당된다.

또 하나의 적용범위는 인류의 활용의 대상이 되는 지하매체를 과학기술적으로 규명하는 것이다. 여기서 지하매체란 댐, 터널(tunnel), 공업단지 등 건설의 대상장소를 위시하여 석유비축, 핵폐기물의 보관 등 지하이용과 관련된 구조물 또는 지하 환경오염 처리장소 등의 지대를 말하며, 자원공학의 기술을 이용하여 이를 탐사하고 건설에 필요한 각종 자료를 제공하게 된다.

한편 자원공학을 학문적으로 세분하면 탐사와 관계된 응용지질 및 응용지구화학과 물리탐사 분야가 있고, 개발(또는 생산)과 관련되어 개발공학과 석유공학의 분야가 있다. 활용분야로서는 광물처리(또는 자원처리), 그리고 자원경제학으로 구성되고 있다.

## 1.2. 우리나라의 자원동향과 자원공학

지속적인 경제성장과 소득향상으로 우리나라는 에너지 및 광물자원의 수요가 세계 평균보다 높게 증대되고 있다. 1960년대 이후, 국내 에너지사용은 매 10년마다 2배씩 증가하고 있으며, 이와 같은 추세는 선진산업국에 도달할 때까지 계속될 것으로 전망된다. 우리나라의 국민 1인당 에너지 소비량은 여러 선진국의 수준을 크게 밑도는 수치(1990년 현재 일본의 60%, 미국의 20%)로서 아직도 에너지 수요증가의 여지가 많은 나라에 속한다.

광물자원은 1970년대의 중화학공업 추진과 기타 산업 분야의 발전으로 높은 소비증가율(1978～1988년간의 연평균증가율＝13.1%)을 보이고 있으며, 앞으로 에너지자원 못지않게 수요 증가율이 계속 늘어날 것으로 내다보고 있다.

한편 한정된 국토로 국내 자원에 의한 공급능력의 한계 때문에 자원공급의 해외 의존도가 계속 높아가고 있으며, 1990년 현재 총에너지원의 85% 이상과 총광물자원의 75% 이상이 외국에 의존하여 공급되고 있다. 자원의 공급량과 가격은 정치 및 경제사정, 매장량과 생산추이, 그리고 자원기술과 밀접하고 복잡한 관계를 가지므로 자원의 수급전망은 불투명한 특징을 항상 내포하고 있다. 더욱이 해외 자원에 그 공급을 주로 의존하고 있는 우리나라는 자원의 안정공급문제가 경제동향에 크게 영향을 미치며, 에너지 및 자원정책에서 가장 큰 비중을 차지하게 된다.

자원에 대한 안정공급문제 중에서 확실한 해결방법은 국내 자원의 효율적인 개발과 활용, 그리고 해외 자원의 적극적인 개발이라 볼 수 있다. 안정공급을 충족시킬 수 있는 자원개발은 국제경쟁 속에서 이루어지기 때문에 이를 성공적으로 달성하기 위해서는, 자원공학의 기술이 하루바삐 국제수준으로 향상되고, 또 이를 적극 활용함으로써 자원산업이 선진국수준으로 양적으로나 질적으로 발전되어야 할 것이다.

## 1.3. 자원공학의 분류

학문적으로 자원공학의 분야를 세분하면 응용지질 및 응용지구화학, 물리탐사, 석유공학, 개발공학 및 암석역학, 광물처리 및 추출야금과 자원경제학으로 나눌 수 있으며, 참고로 그 개황을 소개하면 다음과 같이 요약할 수 있다.

### 1. 응용지질 및 응용지구화학(applied geology and applied geochemistry)

응용지질은 광상(鑛床)의 성인(成因)을 연구하는 광산지질(鑛山地質), 건설공사와 관련하여 지질학적으로 조사 및 평가하는 지질공학(地質工學)

으로 분류할 수 있다. 응용지구화학은 화학적으로 자원을 탐사하는 지구화학탐사(地球化學探査)와 지표부근의 원소(元素)와 생물 및 인간의 환경관계를 연구하는 환경지구화학(環境地球化學)으로 나뉘어진다.

광산지질(mining geology)은 광상, 즉 경제적으로 개발성이 있는 유효광물의 농축체를 지질 및 광물학적으로 조사·연구하여 광상의 탐사에 이용하는 분야이다. 현대에는 지각의 진화와 광상, 동위원소의 분석, 전자현미경 및 정밀기기분석을 통하여 광상형성 및 성인과 관련된 여러 연구가 진행되고 있다.

지질공학(engineering geology)은 지질학적 원리를 토목구조물의 부지조사 및 암석의 공학적 평가에 응용하는 분야이다. 적용 분야는 지반조사 및 지질공학적 지도작성, 산사태 및 사면의 안전도, 각종 건설부지의 조사, 지하수 지질, 암석의 물성 등이 포함된다.

지구화학탐사(geochemical exploration)는 지하에 존재하는 광상을 지구화학적 방법으로 탐사하는 것을 말한다. 탐사방법은 지표부근의 암석, 토양, 하천퇴적물, 식물 등을 채취하여 이들에 함유된 원소 중 대상광상과 지구화학적으로 관련성이 있는 원소를 화학적으로 분석·측정함으로써 광화작용(鑛化作用)과 관련된 이상분포를 해석하여 광상을 탐사하는 것이다. 지구화학탐사는 특히 동·아연 등 황화물 광상과, 우라늄·금 및 은 등의 주요 광물탐사에 이용되고 있다.

환경지구화학(environmental geochemistry)은 특히 지표원소의 분포 및 화학적 특징으로부터 식물과 동물의 건강, 인간의 질병과 건강, 환경오염문제를 연구하는 분야이다. 최근에는 광역지구화학권(廣域地球化學圈)의 작성과 환경지구화학에 입각하여 토양 및 자연수의 금속오염, 금속광산 및 제련소부근의 중금속오염 등 인간의 질병과 건강에 미치는 요인 등을 연구하고 있다.

### 2. 물리탐사(geophysical exploration)

물리탐사는 지하 및 해저의 각종 자원, 즉 에너지자원, 광물자원 및 지하수 등과 지질구조, 지하구조 등 지하매체에 대하여 이의 부존과 관련하여 발생하는 물리적 현상을 측정·해석함으로써 이를 규명하는 학문이다. 첨단기술로 지하를 탐사하는 물리탐사는 항공, 지표, 해상 및 지하(시추공 및 갱내)에서 물리현상을 측정하게 되며, 최근 계측기기의 정밀화와 전산자료처리의 발전으로 지하의 정보를 정량적으로 도출할 수 있기 때문에 현대의 자원탐사에서 매우 중요시되는 분야이다. 물리탐사의 적용은 자원개발을 위시하여 토목건설, 환경보전 및 방재(防災) 또는 지구규모의 여러 문제 등 각 분야에 해당된다. 물리탐사에서 이용되고 있는 탐사종류는 탄성파탐사(彈性波探査), 중력(重力) 및 자력탐사(磁力探査), 전기(電氣) 및 전자탐사(電磁探査), 검층(檢層), 방사능탐사(放射能探査) 및 지열탐사(地熱探査) 등으로 되어 있다.

탄성파탐사(seismic exploration)는 탄성파를 지하에 전파시켰을 때 이것이 지층의 경계면에서 반사 또는 굴절하는 현상을 거쳐 지표에 도달하는 전파시간과 파형을 측정함으로써 지하구조와 암석의 분포를 규명하는 탐사를 말한다. 물리탐사 중 가장 많이 이용하는 이 탐사에는 반사법과 굴절법이 있는데, 반사법은 필수적으로 적용되는 석유탐사를 위시하여 석탄탐사 등에 이용되며, 굴절법은 건설과 관련된 지반조사에 널리 사용되고 있다.

중력 및 자력탐사(gravity and magnetic exploration)는 각각 지구 자체가 지니고 있는 물리적 현상인 중력장과 자력장을 토대로 하여 암석의 밀도 또는 대자율(帶磁率)의 차이에 의한 국부적인 중력 또는 자력의 이상변화를 측정하여 지하에 부존하는 자원 또는 지질구조의 위치, 모양, 규모 및 특징을 규명하는 탐사이다. 이 탐사는 일반적으로 광역탐사(廣域探査) 또는 보조탐사의 목적으로 활용된다.

전기 및 전자탐사(electric and electromagnetic exploration)는 광물, 암석, 또는 지층의 전기전도도(電氣傳導度)의 차이에 의해 발생하는 전류 또는 전자장(電磁場)의 반응을 측정하여 지하에 대한 정보를 얻어 해석하는 방법이다. 이 탐사는 적용방법이 가장 다양하여 자연전위법(自然電位法,

self-potential method), 전기비저항(電氣比抵抗, electric resistivity)법, 유도분극(誘導分極, induced polarization)법, VLF(very low frequency)법, TEM(transient electromagnetic)법 및 CSAMT(controlled source audio magnetotelluric)법 등이 많이 사용되고 있으며 전기전도성 광물자원, 지하수, 지하구조물, 환경오염대 등의 탐사에 특히 많이 이용된다.

검층(well logging) 또는 물리검층(物理檢層, physical well logging)은 시추공내에 측정기기를 삽입하여 시추공 주위의 암석 또는 지층을 연속적으로 탐사하는 분야이다. 그 원리는 각종 물리탐사와 크게 다를 바 없으며, 유형별로 분류하면 전기검층, 전자검층, 방사능검층(자연방사능, γ-γ 선 및 중성자검층), 음파검층 및 기타 특수목적의 검층이 있다. 검층은 석유탐사 및 생산능력평가에 필수적으로 시행되며 지하수, 광물 및 지하구조물 등의 탐사에 활용된다.

### 3. 석유공학(petroleum engineering)

석유공학은 탐사를 통하여 확보된 석유자원(천연가스 포함)을 생산하는데 필요한 모든 기능을 다루는 학문이다. 석유공학에는 석유시추공학(石油試錐工學), 유정평가(油井評價), 저류층공학(貯留層工學) 및 석유생산공학(石油生產工學) 등으로 구성되어 있다.

석유시추공학(petroleum drilling engineering)은 시추작업에서의 기술적인 문제로 시추장비, 시설 및 공정, 시추액의 유체역학적 문제, 시추관의 제반문제 등을 다루는 분야이다.

유정평가(well testing)는 저류에너지 근원과 유체의 유동과정을 판별하기 위하여 특히 유체투과율, 저류층의 압력, 온도 및 유체의 부피 등 석유의 매장량과 생산능력을 평가하는 데 필요한 변수와 그에 대한 제반 정보를 얻는 데 그 목적이 있다.

저류층공학(reservoir engineering)은 저류층에 존재하는 석유, 천연가스, 물 등에 대하여 압력, 부피 및 온도의 상관관계를 분석하여 그 유동상태를 파악하고 저류층내의 압력, 온도, 각종 유체의 부피, 상태에 대한 정보를 얻음으로써 저류층계(貯留層界)를 물리적으로 평가하는 분야이다. 이에 따라 실제 생산시설에서 요구되는 생산지수(recovery factor) 및 생산을 극대화하기 위한 저류층 에너지, 생산기간의 적정선을 결정하는 공학적 이론을 제공하게 된다.

석유생산공학(petroleum production engineering)은 지하의 석유자원을 최대, 최적의 조건으로 생산하기 위한 제반 준비작업 및 저류에너지에 의한 생산기능을 다루는 분야이다. 생산시스템의 평가와 최적화를 위해 송유관, 생산관, 원유-가스분리기, 생산안전장치, 인공리프트(artificial lift), 채유정 완결순서(well completion procedure), 채유정 생산성(well productivity) 등을 다루게 된다. 저류층에 인공적으로 에너지를 가하여 원유회수율을 증가시키는 방법, 즉 회수율증가법(enhanced recovery)으로 가스 주입, 수공법, 열에 의한 회수법 등 여러 종류가 있다.

### 4. 개발공학 및 암석역학(mineral development engineering and rock mechanics)

개발공학(또는 채광공학)에서는 석유 및 천연가스 등 유체상태로 된 자원을 제외한 고체형태로 된 각종 자원의 효율적인 개발을 목적으로 광산개발계획, 채광, 보안 및 경영에 관한 문제를 다룬다. 개발공학의 기초학문에 속하는 암석역학은 지하구조물이나 터널 주위 암반의 변형현상과 응력분포에 대한 규명, 암석의 물성, 변형, 파괴, 지반침하 및 암반내 구조물의 설계 등의 공학적 문제를 다루는 분야이다.

개발공학에서 발파 및 굴착공학(發破 및 掘鑿工學, blasting and excavation engineering)은 갱도굴착과 채광을 위해 화약발파와 천공 및 굴착작업에 관련된 산업화약의 취급, 발파설계, 발파에 필요한 천공장비, 굴진작업과 노천채굴에서의 대발파 등의 공학적 이론과 설계를 다루는 분야이다. 채광법(mining method)과 광산운반(鑛山運搬, mine transportation)은 지하자원을 효율적으로 채광하기 위해 지질조건이나 유용광물의 부존상태, 작업조건 등의 요인을 검토·분석하고 여러 채광법을 비교하여 적합한 채광법과 운반계통의 설계와 적용 등에 관해 다룬다. 채탄의 기계화, 심부개발에서 지압, 지열의 상승에 따른 채광작업방법의 개선을 비롯한 원격조정작업, 무인화 작업 등의 기술개발과 운반에 있어 파이프라인 수력운반 등이 연구중에 있다.

광산통기(鑛山通氣, mine ventilation)는 복잡한 지하갱도에서 기계 및 작업에 필요한 통기량을 확보하고 갱도의 폭발성, 유독성 가스를 제거하기 위하여 자연통기, 기계적 통기방법, 통기측정 및 통기회로망 설계를 다루는 분야이다. 한편 안전공학(mine safety engineering)은 광산사고와 직업병의 원인이 되는 채굴 붕락, 분진, 소음 등의 문제를 다룬다. 지하수 및 광산배수는 심부광산개발에 있어 큰 장애요인인 갱내 출수문제를 해결하기 위해 지하수의 분포 및 이동상황을 조사하고 지하수 유입방지와 배수문제를 다루는 분야이다.

한편 암석역학에서 중요한 요소의 하나인 암석물성(physical properties of rocks)과 파괴역학(fracture mechanics)은 암석의 각종 강도와 기타 물리적 및 역학적 물성을 측정·연구하여 파괴 후의 거동에 관한 문제와 파괴역학적 연구를 다루는 분야이다. 수치해석(numerical analysis)과 현장계측(in situ measurement)은 지하구조물이나 터널들의 굴착시에 나타나는 암반내 응력의 재분배상태나 변형거동(變形擧動) 등에 대한 수치해석을 실시하여 응력집중대, 이완대규모, 변위발생상태(變位發生狀態), 시간에 따른 안전도의 변화 등을 해석하여 설계에 필요한 자료를 제공한다. 또한 현장계측은 암반내의 응력변화와 변형거동을 계측하여 지하구조물의 건설이나 터널굴착시에 설계의 정확성과 시공의 안전성을 검증하는 분야이다. 지반공학(roof and ground controls)은 공동(空洞)의 굴착 등으로 인해 암반의 기존 평형상태가 변화하여 새로운 평형상태를 이룸에 따라 발생하는 공동의 지보문제(支保問題), 지층구조의 상태변화, 지반의 침하, 경사면의 안정성 유지 등 공학적인 문제를 다루는 분야이다.

### 5. 광물처리 및 추출야금(mineral processing and extractive metallurgy)

광물처리는 채굴된 광석(석탄 포함)을 기계적·물리적 또는 물리화학적 조작으로 맥석(脈石)과 유용광물 또는 유용광물 상호간의 분리, 선별 등의 제반 공정에 대한 이론 및 실제 공정의 설계 등을 다루는 분야이다. 추출야금(extractive metallurgy)은 정광(精鑛)으로부터 금속의 추출, 분리, 농축 및 회수 등 각 단위공정에 대한 이론과 실제 금속의 생산을 병행하여 기존공정의 개선 또는 새로운 공정을 개발하는 분야이다.

광물처리 및 추출야금에는 파쇄 및 분쇄공정, 비중선별(比重選別)과 고체/액체 분리공정, 부유선광(浮游選鑛), 침출, 분리 및 정제, 전해공정(電解工程), 그리고 공정모형화(工程模型化) 및 제어 등으로 분류할 수 있다.

파쇄 및 분쇄(comminution)는 광석 또는 광물을 다음 공정 또는 최종산물로서 원하는 입도분포(粒度分布)를 갖게 하는 공정으로서 입도를 감소시키는 과정은 일반적으로 충격작용과 마모작용에 의하여 이루어지며 동시에 광물상호간 단체분리의 효과도 있다. 예로 활석(滑石)은 백색도와 더불어 입도분포가 매우 중요한 요소이므로 효율적인 파쇄 및 분쇄공정이 요구된다. 광석의 물성 중 비중과 입도 차이에 따른 용액내 거동은 다르게 나타나며 이러한 원리를 이용하여 광석 상호간의 분리를 행하는 분야를 비중선별(gravity separation)이라 한다. 비중선별에는 지그(jig)나 테이블(table)을 이용하거나 또는 중액선광법(重液選鑛法, heavy media separation) 등이 있다.

고체/액체 분리공정(solid/liquid separation process)은 탈수에 많이 이용되고, 농축(thickening), 여과(filtration) 및 건조(drying) 등의 여러 방법이 있는데 여과기 중 진공여과(vacuum filtration), 원심력을 이용한 여과기 등을 예로 들 수 있다.

부유선광(floatation)은 광물입자의 표면성질의 하나인 소수성/친수성(疎水性/親水性)의 차이에 의하여 광물 상호간 분리를 하는 방법이다. 금속광물의 부선(浮選)은 다음 단계인 제련공정시의 회수율을 높이고 처리량을 줄이는 데 있는 반면, 비금속광물의 경우는 부유산물이 일반적으로 최종 산물이다.

침출(浸出, leaching)은 광석이나 정광을 수용액에서 목적하는 금속 혹은 그 화합물을 용액중으로 녹여 내고 맥석 또는 불순물은 불용성(不溶性)인 잔사에 남겨 분리시키는 공정이다. 침출용액으로부터의 금속의 분리 및 정제에는 여러 가지가 있으며, 이중 용매추출법이 공업적으로 가장 폭넓게 응용되고 있다. 용매추출(solvent extraction)은 금속성분을 포함하고 있는 수용액에 이 수용액과 섞이지 않는 유기용매를 접촉시켜 수용액내의 금속성분과 유기용매 사이에 화학적 결합이 일어나게 함으로써 목적하는 금속성분을 유기용매로 이동시켜 회수하는 액-액(液-液) 성분분리법의 하나이다.

전해공정(electrolysis)은 전해질 수용액 또는 용융염의 이온전도체(ionic conductor)에 전류를 통하여 전기화학적 변화에 의하여 금속을 생산하는 공정이다.

### 6. 자원경제학(mineral economics)

자원경제학은 에너지 및 광물자원의 평가 및 개발에 관한 경제성 연구, 관련산업의 생산, 관리, 경영을 체계적으로 분석하는 자원시스템 연구, 국제시장에서의 자원수급 및 현황분석, 그리고 에너지 및 자원정책 등을 다루는 분야이다.

광산평가분야(mineral resources evaluations)는 광산 또는 지하자원의 경제성을 평가하는 분야로서 투자이론과 경제성 이론 등을 이용하여 국내자원을 올바르게 파악·평가하게 된다.

국제자원(international mineral resources)은 광물 및 에너지자원에 대한 국제무역의 실태를 주로 연구하는 분야로서 세계의 자원보유상황에 관한 연구로부터 이들 자원이 국제시장에서 어느 정도 수요 또는 공급되는가와 가격동향, 자원의 남북문제 또는 자원의 경제적인 특수성 등을 다루게 된다.

자원관리(mineral resources managements)는 자원산업의 경영 및 관리에 관한 연구분야로서 산업의 경영 및 관리부분에서 나타나는 의사결정문제들을 계량화, 수식화하여 체계적으로 풀어나가는 경영과학의 제반이론을 도입·응용한다.

자원시스템 공학(mineral system engineering)은 자원을 생산함에 있어 모든 부분적인 생산관리도형을 종합하여 총체적으로 파악하게 되는 생산시스템 분석에서부터, 생산된 자원상품을 소비자에게 이동시키는 유통구조를 체계적으로 파악하는 유통시스템 분석, 생산된 자원에 대한 생산자의 공급량과 소비자의 소비량 및 분배에 따르는 사회의 복지에 관한 체계적인 분석을 수행하는 분배시스템 분석 등이 포함된다.

자원정책(mineral resources policy)은 자원평가, 국제자원, 자원관리, 자원시스템 공학 등의 자료를 기초로 하여 광물 및 에너지자원에 관련된 모든 정책을 수립하는 분야로서 우리들의 어떤 목적을 위하여 어떤 자원을 확보할 것이며, 그 자원을 환경에 대한 고려를 병행하면서 어떻게 효율적으로 활용할 것인가를 결정하게 된다.

# 2
# 에너지자원

## 2.1. 에너지개황

인류문명발전의 원동력 역할을 하는 에너지는 1970년대 겪었던 두 차례의 석유파동을 통하여 세계적으로 그 중요성과 심각성을 인식하게 되었고 각국마다 이에 대한 대책마련과 연구를 심도 있게 수행하게 되었다.

에너지문제는 경제, 기술, 정치 등과 관계되어 상호 연관성과 복합성을 띠고 있다고 할 수 있다. 즉, 석유자원은 에너지의 대표적인 자원이고 그 부존이 지구상에서 편재되어 있기 때문에 보유국과 소비국가간의 이해관계는 국제정치와 밀접한 관계를 가지게 된다. 경제문제로 석유공급의 제한은 경제성장의 저하를 초래할 수 있고, 유가상승은 인플레 및 국제수지 등에 크게 영향을 주게 된다. 또한 석유파동의 발생은 대체에너지개발과 에너지절약을 유발하게 되었고, 이들 문제의 핵심은 바로 기술문제에 해당된다.

이와 같이 에너지문제는 복합성을 띠고 있고 여러 분야와 연관성을 지니고 있어 에너지 동향분석은 용이하지 않으며, 따라서 장기전망은 더욱 불확실성을 내포하고 있다.

## 2.1.1. 에너지의 기초사항

### 1. 에너지의 정의

에너지의 개념을 정립하기 위하여 우선 에너지에 대한 정의를 물리학적 및 경제학적 측면에서 정리할 필요가 있다.

에너지는 물리학적으로 일하는 능력으로 규정한다. 그 형태로는 운동에너지, 위치에너지, 열에너지, 전기에너지 및 화학에너지 등이 있으며 서로 전환이 가능하다. 자연의 산물인 석탄과 석유 등은 이와 같은 에너지를 공급하는 에너지원(源)에 해당된다. 예로 석유는 에너지원으로서 화학반응에 의한 연소로 고온의 열에너지가 되며, 내연기관을 통하여 열에너지의 일부가 운동에너지로 전환하게 된다.

한편, 경제학적으로 에너지는 거의 모든 경제활동의 필수재(必需財)로 규정지울 수 있다. 산업사회일수록 경제활동에 소요되는 상업에너지——석유, 전기 등 시장에서 매매할 수 있는 에너지——가 매우 크다. 또한 에너지를 필수재로 취급하는 이유는 국가적으로 소비하는 에너지의 양과 금액이 거대한 규모이고, 산업에서 에너지 관련산업의 위치가 크기 때문이다. 에너지의 생산, 전환 및 소비에 있어서 생산성, 효율성 및 품질성 등 모든 문제에는 기술이 반드시 관여하게 된다. 에너지는 필수재이기 때문에 에너지의 해외 의존도가 큰 나라는 에너지가 외국에 의해 지배될 경우 경제에 크게 영향을 미치게 되므로 정치적으로 깊은 관계를 갖게 된다. 따라서 에너지는 기술적·정치적인 측면을 떠나서 생각할 수 없는 필수재이기도 하다.

### 2. 에너지의 종류

(가) 에너지 시스템의 흐름

에너지의 전반에 대해 파악하기 위한 방법으로 에너지 시스템의 흐름을 알 필요가 있다. 여기서 에너지 시스템이란 천연상태로 부존되어 있는 에

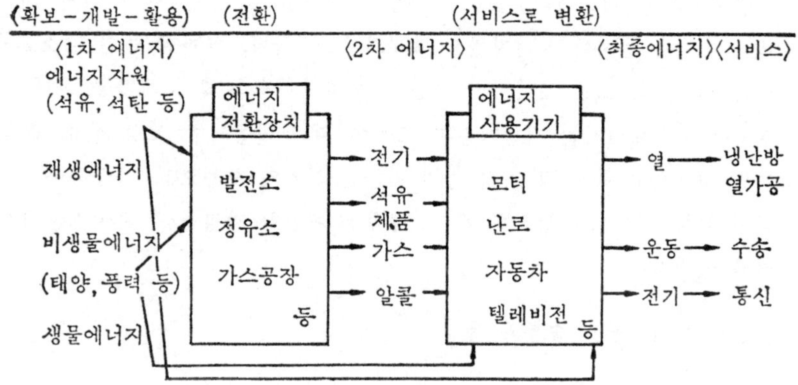


그림 2-1. 에너지의 흐름

너지원을 다양한 형태의 에너지소요(所要, energy requirement)로 충족시키도록 기술적으로나 경제적으로 변환시키는 과정을 말한다. 〈그림 2-1〉은 에너지 시스템의 흐름을 각 단계별로 표시한 것이다. 즉, 에너지의 분류는 크게 보아 1차 에너지, 2차 에너지 및 최종에너지로 구분할 수 있다.

1차 에너지는 경제활동에 사용하기 위하여 취득된 자연계의 산물인 에너지원으로 크게 에너지자원과 재생에너지로 대별할 수 있다. 에너지자원은 지하에 부존되어 있는 석유, 석탄 등 고갈성(枯渴性) 에너지이며, 재생에너지는 태양, 풍력 등 비고갈성 에너지를 말한다. 1차 에너지는 소비자에게 공급되기까지 통상 두 단계로 변환된다. 첫째 단계는 보다 편리한 형태로 에너지를 전환하는 과정으로서, 이 전환장치를 거친 에너지를 2차 에너지라 하며 전력, 석유제품 등이 이에 해당된다. 2차 에너지는 1차 에너지에서 전환손실을 뺀 양으로 표시된다. 둘째 단계는 에너지투입이 소비자에 필요한 형태로 변환되는 과정으로서, 에너지 사용기기를 거쳐 사용목적(열가공, 수송 등)을 충족시킬 수 있는 에너지를 최종에너지라고 한다. 따라서 최종에너지의 양은 에너지 사용기기에서 발생하는 손실량을 뺀 에너지량이 된다.

에너지의 서비스형태는 열, 운동, 전기 등으로 분류되며 에너지 시스템의 흐름을 통하여 에너지원도 특정화된다. 난방, 열가공 등의 열소요에 대하여는 거의 모든 에너지가 사용 가능하다. 수송 및 소재가공 등에 사용되는 운동에너지는 내연기관과 모터에 의해 활용되며 보통 석유 및 전기를 사용하고 통신 및 전산 등의 기능은 전기의 활용으로 가능하다. 따라서 각종 서비스에 필요한 에너지공급은 이러한 과정을 통하여 1차 에너지와 연계된다.

(나) 에너지원의 종류와 특징

에너지자원과 재생에너지로 구분되어 있는 에너지원은 〈표 2-1〉과 같이 세분할 수 있으며, 세분된 에너지원의 특징은 서로 비교될 수 있다. 〈표 2-1〉에서 대체적으로 에너지자원은 일시에 다량의 에너지와 집중적인 에너지를 사용할 수 있는 장점이 있으나 한 번밖에 쓸 수 없는 단점도 지니고 있다. 그 반면 재생에너지는 보통 분산형(分散型)이고 일정량밖에 사용하지 못하며 공급량도 변동하지만 반영구적으로 사용할 수 있으며 청정(淸淨)에너지(clean energy)인 장점을 가지고 있다.

각 에너지원의 특징을 보면 석유는 타에너지원에 비하여 취급의 용이성, 고발열성, 다용도 활용과 석유화학제품의 원료 등 독특한 장점을 가지고 있으며 지역적인 부존의 편재와 양의 한계를 가지고 있다. 이와 같이 석유를 제외한 에너지원을 대체에너지라고 한다. 그러나 협의적으로는 신재생(新再生)에너지를 대체에너지로 말할 때도 있으며, 이때 해당되는 에너지는 재생에너지와 석탄액화, 수소에너지 등의 신에너지가 된다.

## 3. 에너지의 특성과 주요 과제

(가) 에너지의 특성과 문제점

에너지의 특성으로 에너지자원의 편재성, 개발의 장기성과 파생수요(派生需要) 등을 들 수 있다.

〈표 2-1〉 에너지원의 종류와 특징

| 구분 | 종류 | 특 징 | |
|---|---|---|---|
| | | 장 점 | 단 점 |
| 에너지 자 원 | 석 유 | 1. 액체로서 취급용이<br>2. 고발열(10,000kcal/kg)<br>3. 내연기관<br>4. 연소조정 편리<br>5. 다용도 활용<br>6. 석유화학제품(300여 종) | 1. 심한 지역적 편재<br>2. 부존량의 가채연수가 가장 작음 |
| | 석 탄 | 1. 부존량이 가장 풍부<br>2. 편재성이 석유보다 작음<br>3. 가격이 가장 저렴 | 1. 취급의 불편<br>2. 회처리<br>3. 공해대책<br>4. 노동력 확보<br>5. 수송시설(infrastructure) |
| | 가 스 | 1. 불순물이 거의 없음(청정에너지)<br>2. 연소조정이 가장 편리<br>3. 연소장치 간단<br>4. 석유와 유사한 특징(장점) | 1. 기체로서 저장과 해상수송상의 제한<br>2. 거액의 투자소요(LNG)<br>3. 고가격(LNG 및 LPG) |
| | 우라늄 | 1. 풍부한 자원<br>2. 비축 및 수송의 편리(석유의 1만분의 1 중량) | 1. 주로 발전용에만 이용<br>2. 안전성 문제(방사능물질)<br>3. 폐기물의 처리 |
| 재 생 에너지 | 수 력 | 1. 발전원가 저렴<br>2. 무공해 | 1. 수몰보상<br>2. 지역적 편재 |
| | 태양력 | 1. 무공해<br>2. 특수목적 및 장소에 활용중 | 1. 가격이 높음 |
| | 풍 력 | 1. 무공해<br>2. 특수목적 및 장소에 활용중 | 1. 가격이 높음 |
| | 생 물 | 1. 무공해<br>2. 일부목적에 활용중 | 1. 가격이 높음 |
| | 해 양 | 1. 무공해<br>2. 조력발전에 활용중 | 1. 가격이 높음 |
| | 지 열 | 1. 무공해<br>2. 고지열지대에서 활용중 | 1. 지역적 편재 |

첫째, 석유, 석탄 및 우라늄 등 에너지자원의 탐사는 주로 부존과 관련된 지질조건을 참조한 지역을 대상으로 하기 때문에 기본적으로 자원의 부존은 지역적인 편재성을 띠고 있다. 특히 석유는 이 중 가장 편재성을 많이 띠고 있다.

둘째, 에너지자원은 탐사에서 생산까지의 개발에 장기간(때로는 10년 이상)이 소요된다. 또한 발전소의 건설도 입지선정에서 운전개시에 이르기까지 5~10년의 장기간이 필요하다. 다만 태양, 풍력 등의 발전이 현지에서 소비되는 경우는 이에 속하지 않는다.

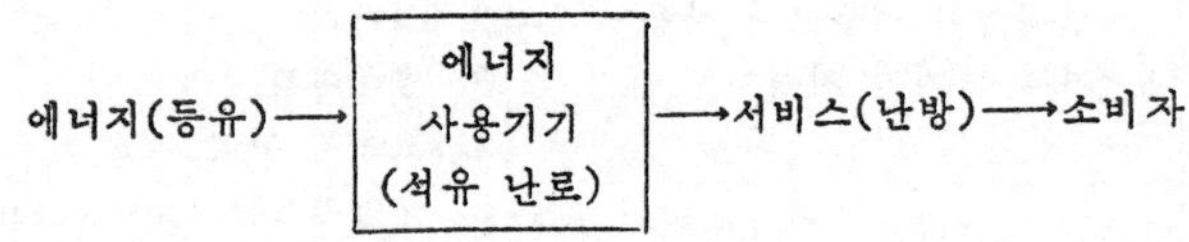


그림 2-2. 파생수요로서의 에너지

셋째, 에너지는 파생수요의 특성을 가진다. 예로 〈그림 2-2〉와 같이 소비자가 등유를 사용하여 실내의 난방이라는 서비스를 원한다고 하자. 이때는 등유의 연소를 통하여 가능하지만, 실제로 난방을 달성하기 위하여는 석유 난로가 필요하다. 즉, 소비자는 에너지기기의 투입으로 서비스를 얻게 된다. 이와 같이 소비자가 원하는 것은 에너지 자체가 아니고 에너지 사용기기에 투입됨에 따라 발생하는 서비스라는 점에서 에너지는 파생수요라 할 수 있다.

이와 같은 에너지의 특성은 다음과 같은 문제점, 즉 단기적으로 대체가능성이 적은 점과 장기적인 자원배분의 문제점 등을 야기하게 된다.

에너지의 단기적인 대체성이 적은 점은 에너지개발의 장기성과 파생수요의 특성 때문이다. 예를 들어 급격한 석유공급의 부족이 있어도 신규 유전의 개발로 단시일에 공급이 가능하지 않고 석유를 대신할 에너지원으로 대치하기에는 시간이 걸리게 된다. 따라서 석유가격이 갑자기 상승하여도 그 자체의 공급 또는 대체에너지의 공급은 급격히 변경할 수 없다. 한편 수요면에서 볼 때 에너지투입에 의한 서비스는 에너지 사용기기의 이용에 의해 실현되므로, 에너지 사용기기에 이용되는 에너지원의 가격상승이 있어도 단기적으로 타에너지원으로 대체할 수 없어서 에너지원의 수요가 급격히 감소하지 않는다. 그러므로 단기적으로 에너지는 대체 가능성이 작은 문제점, 즉 비탄력성을 가지고 있다고 볼 수 있다.

이와 같이 에너지의 공급과 수요형태가 변하는 데는 장기간이 소요되므로 에너지와 관련한 장기적인 자원배분도 역시 문제점이 된다. 이에 추가하여 에너지는 그 편재성으로 정치성을 띠고, 장기간에 걸치면 사용자로 하여금 에너지 사용기기의 기술개발에 따라 그 선호도가 변화할 수 있기 때문에 장기적 자원배분에 어려운 문제점이 있으며 이에 대한 수요예측의 불확실성이 많아진다.

(나) 에너지환경과 에너지절약

경제성장에 따른 대량의 에너지자원 소비는 자원 자체의 유한성과 환경의 유한성을 인식하게 하였다. 특히 1970년대의 2차에 걸친 석유파동으로 석유자원의 사용한계가 규명되었고, 유가의 상승으로 에너지절약이 절실히 필요하게 되었다. 에너지자원의 대량소비는 배열(排熱), 배기가스, 폐기물 등을 발생시켜 지상, 지표 및 지하의 여러 형태의 공해와 지구의 온실효과 등 환경문제가 대두됨으로써 자연 및 인류의 정화능력이 한계에 도달하게 될 것을 최근에 더욱 인식하게 되었다.

이와 같이 에너지자원의 유한성과 환경문제는 에너지절약과 청정에너지 사용의 추진을 필요로 하게 하였다. 에너지절약에는 소비자의 직접적인 절약 이외에 생산공정, 산업차원, 그리고 GNP 차원의 에너지절약으로 구분할 수 있다. 이중 산업구조의 변화와 부가가치율의 변화 등 거시적 차원(macro level)의 에너지 절약관리가 그 효율달성의 가능성이 크다고 볼 수 있다. 화석에너지(석탄 및 석유)의 불순물제거, 원자력발전의 안전성 확보, 재생에너지의 이용확대 등으로 청정에너지의 이용확대와 에너지 효율향상을 통하여 에너지 환경개선에 주력하여야 할 것이다.

## 2.1.2. 세계 에너지자원의 현황

### 1. 세계 에너지자원의 부존현황

에너지와 관련하여 그 기초가 되는 것은 에너지자원의 부존사항이다. 에너지자원의 고갈이라는 위기의 척도는 매장량(reserves)과 관계된다. 여기서 매장량이라 하면 지하에 매장되어 있는 자원의 양을 말하며 확인정도에 따라 확정, 추정, 예상매장량으로 구분한다. 일반적으로 매장량은 가채매장량(可採埋藏量)의 뜻으로서 현재의 기술을 가지고 경제적으로 생산이 가능한 양을 말한다. 따라서 매장량의 개념은 '어떤 기술적·경제적 조건하에서'라고 하는 한정된 개념이므로 그 조건이 변하면 매장량도 변할 수 있다. 한편 최종자원량(最終資源量, ultimate resources)은 미발견 자원으로 장래에 기술적 및 경제적으로 개발이 가능하다고 생각되는 양에 누적생산량(累積生産量)과 매장량까지 합한 양을 말한다.

세계의 에너지자원 중에 석유, 석탄 및 천연가스의 매장량에 대한 자료는 〈표 2-2〉와 같다. 이 표에서 매장량을 보면 석탄은 석유의 약 5.9배, 천연가스는 석유의 약 0.8배가 된다.

자원별로 그 특징을 볼 때, 우선 석유는 타자원에 비하여 심한 편재현상을 가진다. 중동지역이 전세계 매장량의 약 65%를 점하고, OPEC의 점유율은 약 76%가 된다. 이와 같은 수치는 OPEC의 강한 발언권을 장래에 예상할 수 있다. 자원의 고갈 가능성에 대한 지표가 될 수 있는 가채연수(可採年數 ; R/P 비율, reserves/production ratio)의 변화가 특히 석유에 있어 최근에 증가한 현상이다. 이는 석유파동으로 인하여 탐사활동에 의한 새로운 확보량과 새로운 자료공개, 특히 OPEC 회원국들로부터의 자료공개에 의한 것이다.

석탄은 소련, 중국, 미국의 3개국 매장량이 전체의 55% 이상을 차지하고 있지만, 절대적 매장량 규모가 너무 방대하여 여타 지역의 수요를 충족사키는 데 큰 지장이 없다고 보는 견해도 있다. 또한 부존량의 규모로 보아 석탄은 다양한 기술개발을 통하여 인류의 에너지소요를 장기간 충

〈표 2-2〉 세계 에너지자원의 매장량 및 생산량

| 구 분 | 석 유 | | 석 탄 | | 천 연 가 스 | |
|---|---|---|---|---|---|---|
| 최 종 자 원 량 | 1.8~3.2조 배럴 | | 10조 톤 | | 195~340조 $m^3$ | |
| 전세계 매장량(R)<br>(1994) | 1조 93억 배럴<br>(1,376억 TOE) | | 1조 400억 톤<br>(7,280억 TOE) | | 141.0조 $m^3$<br>(1,269억 TOE) | |
| 전세계 생산량(P)<br>(1988) | 234억 배럴 | | 44억 톤 | | 2.12조 $m^3$ | |
| 가채연수(R/P)<br>(1983)<br>(1994) | <br>32년<br>43년 | | <br>170년<br>235년 | | <br>58년<br>66.4년 | |
| | 점유율(%) | 가채연수 | 점유유(%) | 가채연수 | 점유율(%) | 가채연수 |
| OECD | 10.6 | 15.2 | 41.9 | 256 | 10.6 | 15.7 |
| 북미 | 8.7 | 18.9 | 24.0 | 247 | 6.3 | 12.7 |
| 중남미 | 7.8 | 41.4 | 0.9 | 298 | 3.8 | 76.1 |
| 서유럽 | 1.6 | 7.6 | 9.1 | 209 | 3.8 | 24.7 |
| 중동 | 65.4 | 93.4 | 5.9 | 300 | 32.0 | 100이상 |
| 아프리카 | 6.2 | 25.2 | — | — | 6.8 | 100이상 |
| 아시아 및 호주 | 4.4 | 17.6 | 29.9 | 169 | 7.1 | 49.7 |
| 동유럽 | 5.9 | 21.6 | 30.2 | 352 | 40.2 | 76.9 |

자료 : *BP Statistical Review of WorldEnergy*, 1990.

족시킬 수 있는 기반으로 보고 있다. 천연가스는 지역적인 분포가 석유보다 그 편재성이 심하지 않으며, 가채연수도 다소 높아 수요개발과 활용시장의 확보로 매장량도 증대될 것으로 보고 있다.

우라늄은 희유원소(稀有元素)의 성격상 그 부존상태가 다양하고 품위격차도 심하다. 1987년 현재 130달러/kg U 미만의 가격을 가진 우라늄의 매장량은 약 $2.3 \times 10^6$톤이며, 1984년의 가채연수는 79년으로 되어 있다. 그러나 장래 고속증식로의 도입이 경제적으로 가능할 경우에는 우라늄자원의 활용도가 50배 이상으로 늘어날 수 있어 가채연수가 훨씬 높아진다. 위에서 살펴본 에너지자원 이외에도 잠재자원으로서 오일 셰일(油頁岩, oil shale)과 타르 샌드(油砂, tar sand)가 포함된다. 유질의 상대적인 열세(고점결성, 고농도 등)로 인해 각종 기술개발과 경제성이 요구되는 이 자원은 북미, 중국, 소련, 베네수엘라 등에 분포하며 석유매장량의 5배 정도 자원량이 있다고 예측하고 있어, 장기적으로 중요한 에너지자원의 하나로 대두될 수 있다고 본다.

### 2. 세계 에너지동향

세계의 에너지소비는 1차 석유파동 이후 그 신장이 둔화되었다. 1973~1987년의 기간중 자유세계의 에너지 소비증가율은 연평균 1.9%로서 1960~1970년의 연평균 증가율 5%에 비해 크게 저하되었다. 특히 석유의 소비증가율은 대폭 둔화되어 1960~1970년의 8.5%가 1973~1987년에는 0.5%로 되었다. 또한 유가는 공급과잉으로 1983년부터 하락하게 되어 1986년부터 종래 29달러/bbl 수준에서 18달러/bbl 이하로 크게 하락되었다. 이와 같은 유가인하는 타에너지가격에도 영향을 주고 있으며, 1990년 이라크의 쿠웨이트 침공 이전까지는 에너지수요의 활성화에도 불구하고 모든 연료들의 생산이 과잉상태에 있었다.

세계 에너지수급의 특징으로는 자유세계의 선진국 소비비중이 약 55%를 차지하고 있다는 점과 유체에너지인 석유 및 천연가스가 여전히 60% 이상을 점유하고 있다는 것이다. 〈표 2-3〉은 세계의 에너지 소비현황을 나타내고 있다. 이 자료를 지역별로 보면 OECD는 1971~1987년의 연평균 신장률이 1%로 낮아진 데 비하여, 공산국에서는 5%, 그리고 자유세계의 개발도상국은 7.8%의 높은 증가율을 보이고 있다. 그러나 절대량에 있어 OECD는 1988년 전체의 49.4%의 소비비율을 보이며, 자유세계의 개발도상국은 15.5%를 차지하고 있는 데 지나지 않는다.

한편 세계 에너지자원 소비현황은 〈표 2-4〉와 같다. 1994년의 총에너지 소비량은 79억 TOE((ton oil equivalent)인데, 이중 석유가 40%를 차지하고, 석탄이 27.2%, 천연가스가 23.0%, 수력이 2.5%, 그리고 원자력이 7.3%의 순으로 구성되어 있으며 이중 에너지자원의 구성비율이 98%가 된다. 총에너지소비량에서 OECD와 소련을 합친 선진지역의 점유율

〈표 2-3〉 세계 에너지 소비현황 (단위 : 백만 TOE)

| 국 명 | 1971 | 1984 | 1986 | 1988 | 1990 | 1992 | 1994 |
|---|---|---|---|---|---|---|---|
| 전 세 계 | 5,387.1 | 6,754.6 | 7,101.3 | 7,586.2 | 7,845.6 | 7,848.2 | 7,923.8 |
| O E C D | 3,323.4 | 3,699.2 | 3,795.8 | 4,040.0 | 4,162.3 | 4,239.1 | 4,366.4 |
| 북 미 | — | 2,010.0 | 2,018.6 | 2,199.2 | 2,231.8 | 2,265.6 | 2,358.4 |
| 미 국 | 1,700.6 | 1,737.1 | 1,743.4 | 1,902.0 | 1,930.7 | 1,954.2 | 2,028.6 |
| 캐 나 다 | 168.3 | 184.9 | 189.5 | 207.9 | 202.1 | 209.2 | 222.5 |
| 멕 시 코 | — | 88.0 | 85.7 | 89.3 | 99.0 | 102.2 | 107.3 |
| 중 남 미 | 199.3 | 228.7 | 245.0 | 261.8 | 268.2 | 283.4 | 306.0 |
| 서 유 럽 | 1,092.9 | 1,247.0 | 1,322.9 | 1,358.2 | 1,404.5 | 1,426.8 | 1,429.3 |
| 프 랑 스 | 162.8 | 189.7 | 201.0 | 204.5 | 220.9 | 234.2 | 232.0 |
| 독 일 | — | 343.6 | 355.0 | 356.6 | 351.5 | 337.9 | 333.2 |
| 이 탈 리 아 | 127.9 | 132.1 | 136.0 | 144.5 | 151.3 | 152.3 | 150.1 |
| 네 덜 란 드 | 64.3 | 67.4 | 73.0 | 74.3 | 76.4 | 78.3 | 80.2 |
| 영 국 | 213.5 | 194.7 | 208.5 | 211.3 | 213.4 | 217.0 | 217.8 |
| 동 유 럽 | 408.0 | 1,604.5 | 1,693.8 | 1,764.4 | 1,737.8 | 1,526.1 | 1,270.3 |
| 구 소 련 | 788.9 | 1,241.1 | 1,313.5 | 1,375.7 | 1,399.2 | 1,248.7 | 1,001.3 |
| 중 동 | 73.9 | 194.0 | 213.2 | 233.0 | 252.1 | 269.3 | 297.0 |
| 아 프 리 카 | 97.3 | 174.7 | 186.3 | 203.7 | 213.9 | 211.5 | 226.4 |
| 아시아 및 대양주 | 231.8 | 1,295.7 | 1,422.0 | 1,565.9 | 1,737.3 | 1,862.5 | 2,036.4 |
| 호 주 | 51.0 | 74.1 | 81.5 | 81.5 | 89.0 | 86.4 | 90.4 |
| 중 국 | 321.9 | 493.0 | 554.6 | 600.6 | 650.6 | 681.1 | 748.7 |
| 일 본 | 301.4 | 360.6 | 364.5 | 392.7 | 428.1 | 450.7 | 478.5 |
| 한 국 | 16.0 | 48.1 | 58.5 | 73.2 | 90.3 | 114.1 | 134.8 |

자료 : *BP Statistical Review of World Energy*, 1995.

이 67.7%로 2/3 이상을 사용하고 있으며, 석유의 경우는 67.1%를 차지하고 있다. 이와 같이 선진지역이 석유, 천연가스인 유체에너지와 원자력 등의 높은 소비경향을 나타내고 있어, 이는 높은 경제수준과 관계가 있음을 가리킨다. 또한 석유의 생산과 소비의 지역별 현황을 볼 때 중동 등 OPEC은 공급원이라는 수출국에 해당되고, 서유럽, 일본과 미국 등 선진국은 소비원으로서 주요 수입국이 된다.

〈표 2-4〉 세계 에너지자원별 소비현황(1994)

(단위 : 백만 TOE)

| 국 명 | 계 | 석 유 | 천연가스 | 석 탄 | 원자력 | 수 력 |
|---|---|---|---|---|---|---|
| 전 세 계 | 7,923.8 | 3,172.4 | 1,824.2 | 2,153.2 | 573.1 | 201.0 |
| O E C D | 4,366.4 | 1,921.8 | 958.5 | 904.2 | 479.1 | 102.8 |
| 북 미 | 2,358.4 | 964.0 | 620.0 | 521.4 | 202.5 | 50.5 |
| 미 국 | 2,028.6 | 807.9 | 533.2 | 492.5 | 173.6 | 21.4 |
| 캐 나 다 | 222.5 | 79.5 | 63.5 | 24.9 | 27.8 | 26.8 |
| 중 남 미 | 306.0 | 186.3 | 64.7 | 17.2 | 2.1 | 35.6 |
| 브 라 질 | 102.3 | 66.7 | 4.2 | 10.1 | 0.1 | 21.2 |
| 베 네 수 엘 라 | 49.3 | 19.6 | 24.9 | 0.3 | — | 4.5 |
| 서 유 럽 | 1,429.3 | 652.5 | 263.2 | 261.8 | 209.3 | 42.4 |
| 프 랑 스 | 232.0 | 90.5 | 27.7 | 14.1 | 92.8 | 6.9 |
| 독 일 | 333.2 | 135.1 | 61.1 | 96.3 | 39.0 | 1.6 |
| 이 탈 리 아 | 150.1 | 92.3 | 40.9 | 12.8 | — | 4.1 |
| 영 국 | 217.8 | 83.1 | 60.9 | 50.2 | 22.9 | 0.6 |
| 동 유 럽 | 1,270.3 | 290.9 | 544.5 | 349.6 | 60.6 | 24.9 |
| 구 소 련 | 1,001.3 | 231.8 | 493.5 | 210.3 | 45.0 | 20.8 |
| 폴 란 드 | 94.6 | 14.7 | 8.2 | 71.6 | — | 0.2 |
| 중 동 | 297.0 | 179.9 | 110.7 | 5.1 | — | 1.3 |
| 아 프 리 카 | 226.4 | 99.7 | 36.8 | 80.5 | 2.6 | 6.8 |
| 아시아 및 대양주 | 2,036.4 | 799.2 | 184.3 | 917.6 | 96.0 | 39.5 |
| 중 국 | 748.7 | 144.1 | 14.9 | 572.0 | 3.1 | 14.5 |
| 인 도 | 212.4 | 67.6 | 15.7 | 121.8 | 1.3 | 6.0 |
| 일 본 | 478.5 | 268.7 | 54.3 | 82.0 | 67.3 | 6.3 |
| 한 국 | 134.8 | 85.1 | 7.6 | 26.5 | 15.1 | 0.4 |

자료 : *BP Statistical Review Energy*, 1995.

## 2.1.3. 우리나라 에너지자원의 현황

### 1. 우리나라 에너지자원과 개발개황

(가) 국내 에너지자원의 개발개황

우리나라는 에너지자원의 부존상황이 혜택받지 못한 나라 중의 하나이다. 현재 유일하게 생산하고 있는 에너지자원은 석탄이며, 석유 및 천연가스는 대륙붕을 대상으로 탐사중에 있고, 우라늄자원은 저품위나마 확보된 바 있다.

거의 전부가 무연탄으로 되어 있는 국내 석탄자원은 주로 강원도의 삼척·정선탄전, 경북의 문경탄전, 충남의 충남탄전과 전남의 호남탄전에 분포되어 있다. 그 매장량은 약 16억 톤이며, 이중 가채매장량은 약 7.5억 톤으로 추산되는데, 삼척탄전은 가채매장량의 점유율이 약 50%이고 생산비중이 약 2/3 이상을 차지하는 가장 큰 탄전으로 탄층의 부존이 국내에서 가장 양호한 것으로 되어 있다. 주로 민수용탄(民需用炭, 주로 연탄)으로 활용되는 석탄생산은 1961년의 5.9백만 톤에서 1987년의 24.3백만 톤으로 증산되었으나, 1987년 이후 민수용탄의 수요감소로 계속 감산되고 있다.

우리나라의 석탄층은 부존상태가 복잡하여 탄폭이 불규칙하고 급경사로 되어 있는 특징 때문에 탐탄 및 개발에 있어 여러 기술개발문제와 공해방지, 그리고 발전용 및 산업용탄의 수요확대 등 많은 과제를 안고 있다.

남한 면적의 약 3배나 되는 국내 대륙붕에 대하여 1970년 해저광물자원법이 제정된 후 석유탐사를 실시하게 되었다. 1989년까지 외국 조광회사가 주관하여 56,000L-km의 물리탐사와 15개 시추공을, 그리고 정부가 주관하여 24,000L-km의 물리탐사와 5개 시추공을 탐사하였다. 그 결과 울산시에서 동쪽으로 100km 이상되는 거리에 있는 6-1광구에서 1987년 이후 3개 시추공에서 모두 천연가스의 분출을 확인하였다. 이와 같은 사실은 석유 또는 천연가스를 생성할 수 있는 근원암의 존재가 확인된 것으로 그 의의를 가지며 계속적인 탐사가치가 있음을 입증하고 있다. 석유개발산업은 선진국수준에 도달하기 위하여 탐사 및 개발기술이 국제수준으로 조속히 자립하여야 할 과제를 안고 있다.

한편 우리나라 우라늄자원의 부존지대는 충북 괴산에서 대전 남쪽 지구에 이르는 지역으로 저품위($U_3O_8$ ; 0.03~0.04%, 80~130달러/kg U)인 우라늄자원이 약 1억 톤 이상 매장되어 있다. 장래 우라늄가격이 상승할 때는 경제성 있는 우라늄자원으로 대두될 수도 있다.

(나) 해외 에너지자원의 개발현황

해외 에너지자원의 개발은 국내 자원개발과 함께 자주공급의 차원에서 매우 중요하다. 1989년 12월 현재 해외 자원개발의 진출현황을 보면, 2000년대에 자주개발에 의한 원유공급를 20%를 목표로 하며 석유개발은 북예멘, 인도네시아, 미국 등 10여 개국에서 20여 개 사업이 활발히 진행되고 있다. 이중 인도네시아의 마두라 광구는 우리나라가 최초로 운영권을 가지고 탐사 및 개발한 예가 되고, 북예멘의 마리브 광구는 해외 석유개발에 성공한 첫 사례가 된다. 한편 석탄 및 광물자원의 해외 개발은 1980년대 중반부터 활성화되어 유연탄·우라늄 등 에너지자원에 대하여 10여 개 사업을 진행중이고, 동·크롬 등 광물자원에 대하여도 진출하고 있다.

## 2. 우리나라 에너지동향

(가) 과거의 에너지동향(1961~1979)

1961년에 1인당 GNP가 83달러였던 우리나라는 에너지의 절대빈곡 속에서 총에너지소비량이 9.8백만 TOE에 불과한 가운데 에너지원별 구성에 있어 신탄(薪炭)이 절반이 넘고 석유는 9.8%에 지나지 않았다. 이와 같은 에너지부족을 극복하기 위하여 경제개발계획에서 석유, 전력, 석탄 등 에너지원의 확보를 우선 과제로 삼고 강력히 추진하였다.

그 결과 1961~1969년 사이에 경제성장률이 8.8%, 총에너지소비의 평균 증가율이 7.7%, 그리고 석유의존도가 42.3%로 증대하였다. 또한 1인당 에너지소비량과 전력량은 1961년에 각각 378석유 kg과 46kWH에서 1969년에는 558석유 kg과 202kWH가 되어, 연평균 증가율이 각각 5.0%와 20.3%를 기록하게 되었다. 이 기간중에 특기할 수 있는 것은 1968년에 1백만 kW 최대전력의 돌파, 1960년대 중반부터 본격적인 석탄생산, 그리고 1964년에 국내 최초의 정유공장건설 등을 예로 들 수 있다.

〈표 2-5〉 주요 에너지 지표

| 구 분 | | 1971 | 1976 | 1981 | 1985 | 1986 | 1988 | 1989 | 1995 |
|---|---|---|---|---|---|---|---|---|---|
| 총에너지 소비량 (1,000TOE) | 1차 에너지 | 20,868 | 30,193 | 45,718 | 55,998 | 61,064 | 74,864 | 81,697 | 150,437 |
| | 최종에너지 | 18,845 | 25,836 | 38,952 | 46,699 | 50,128 | 60,369 | 65,563 | 121,850 |
| 1차 에너지원별 구성비 추이(%) | 석탄 | 28.1 | 29.4 | 33.3 | 38.3 | 37.5 | 328 | 30.1 | 18.7 |
| | 석유 | 50.6 | 58.6 | 58.1 | 48.5 | 46.7 | 47.4 | 49.6 | 62.5 |
| | LNG | — | — | — | — | 0.1 | 3.6 | 3.2 | 6.1 |
| | 수력 | 1.6 | 1.5 | 1.5 | 1.6 | 1.7 | 1.2 | 1.4 | 0.7 |
| | 원자력 | — | — | 1.6 | 7.5 | 11.6 | 13.4 | 14.5 | 11.1 |
| | 신탄 | 19.7 | 10.5 | 5.5 | 3.6 | 2.4 | 1.6 | 1.2 | 0.7* |
| 1인당 총에너지 소비량 (TOE) | | 0.63 | 0.84 | 1.18 | 1.36 | 1.47 | 1.74 | 1.92 | 3.35 |
| 에너지/GNP비중 TOE/백만 원(1980년 가격) | | 1.13 | 1.02 | 1.12 | 1.02 | 1.00 | 1.01 | 1.03 | 1.06 |

* 대체에너지 포함.

〈표 2-6〉 1차 에너지 소비현황

| 구 분 | | 1971 | 1976 | 1981 | 1986 | 1986 | 1988 | 1995 |
|---|---|---|---|---|---|---|---|---|
| 석탄 | 무연탄 | 11,669 (28.0%) | 16,782 (25.9%) | 21,413 (22.6%) | 25,339 (21.5%) | 26,928 (21.5%) | 25,641 (15.8%) | 6,263 (2.0%) |
| | 유연탄 | 56 (0.2%) | 1,586 (3.5%) | 7,434 (10.7%) | 14,697 (17.3%) | 15,290 (16.5%) | 19,302 (17.0%) | 30,089 (16.7%) |
| | 계 (1,000M/T) | 11,715 (28.1%) | 18,386 (29.4%) | 28,847 (33.3%) | 40,036 (38.8%) | 42,219 (37.5%) | 44,943 (32.8%) | 44,352 (18.7%) |
| 석유 | 에너지류 | 65,552 (47.4%) | 104,551 (52.8%) | 152,306 (50.5%) | 145,488 (39.0%) | 149,999 (36.7%) | 188,856 (37.4%) | 469,010 (45.8%) |
| | 가스류 | 586 (0.3%) | 1,598 (0.5%) | 4,962 (1.1%) | 14,247 (2.6%) | 17,585 (3.0%) | 25,899 (3.6%) | 66,468 (4.4%) |
| | 비에너지류 | 4,847 (2.9%) | 12,817 (5.3%) | 22,785 (6.5%) | 29,456 (6.9%) | 33,007 (7.0%) | 36,217 (6.4%) | 141,731 (12.2%) |
| | 계 (1,000bbl) | 71,012 (50.6%) | 118,966 (58.6%) | 180,053 (58.1%) | 189,191 (48.5%) | 200,591 (46.7%) | 250,972 (47.4%) | 677,209 (62.5%) |
| LNG(1,0000M/T) | | — | — | — | — | 53 (0.1%) | 2,094 (3.6%) | 7,087 (6.1%) |
| 수력(GWH) | | 1,320 (1.6%) | 1,786 (1.5%) | 2,709 (1.5%) | 3,659 (1.6%) | 4,019 (1.7%) | 3,565 (1.2%) | 5,478 (4.7%) |
| 원자력(GWH) | | — | — | 2,897 (1.6%) | 16,745 (7.5%) | 28,311 (11.6%) | 40,101 (13.4%) | 67,029 (11.1%) |
| 신탄(1,000M/T) | | 14,668 (19.7%) | 11,339 (10.5%) | 8,900 (5.5%) | 7,255 (3.6%) | 5,287 (2.4%) | 4,210 (1.6%) | 1,051* (0.7%) |

* 대체에너지 소비열량으로 천 TOE 단위

1973년에 있었던 1차 석유파동은 우리나라 경제에 큰 충격을 주었으나, 수출확대정책, 중화학공업추진, 중동건설, 그리고 세계경제의 빠른 회복으로 에너지비용을 감당하고도 높은 경제성장을 이룩하였다(〈표 2-5〉 및 〈표 2-6〉 참조). 1970년대의 에너지동향을 보면 1973~1978년 사이의 소비증가율은 10.7%를 기록하였으며, 에너지원별로 보면 무연탄의 증산으로 신탄의 구성비율이 급속히 감소되고 있다. 또한 석유의 소비비율은 1971년의 50.6%에서 1979년에는 62.3%까지 상승하였고, 전력에 있어서는 시설용량이 1970년 250만 kW에서 1979년에는 3.2배가 증가한 800만 kW로 대폭 확대되었다.

(나) 1980년 이후의 에너지동향

1979년의 2차 석유파동은 당시의 높은 석유의존도, 비축시설의 전무, 중동지역에 한한 도입원유의 의존 등 석유안정공급의 미흡, 과다한 중화학공업에의 투자, 그리고 국내 정치사회적 혼란 등이 가중되어 최악의 경제시련을 겪어 1980년에는 -4.8%의 GNP 성장률과 에너지수입액이 62.9억 달러로 총수입비중에 있어 25.4%까지 도달하였다. 그러나 1983년부터 시작한 국제유가의 대폭적인 하락, 국제금리인하, 그리고 미 달러 가치의 하락, 즉 "3저현상"에 의하여 국내 경기는 침체국면에서 벗어나게 되었다. 그 결과 1980~1987년 기간중 소비자물가의 상승률이 연 3% 수준으로 억제되고, 연평균 8.8%의 경제성장률을 이룩하였으며, 에너지소비는 연평균 6.3%로 증가하게 되었다. 또한 부문별 에너지 소비현황을 보면 〈표 2-7〉과 같이 가정, 상업과 공공 및 기타 부문의 소비증가는 둔화되는 반면, 산업 및 수송 분야는 계속 높은 증가추세를 나타내고 있으며, 특히 수송부문의 구성비율이 급속히 상승하고 있다.

1980년대의 특기할 사항으로는 1970년대에 착수한 원자력발전소 건설로 1980년대에 와서 원자력이 주요 동력에너지원이 되었으며, 1980년대 초부터의 본격적인 유연탄 도입과 1980년대 중반부터의 LNG의 공급 등으로 에너지 다변화 시대로 돌입하게 되었다. 또한 석유의존도는 총에너지 중에서 1979년의 62.8%부터 1987년의 44%로 감소되었으나, 그 후 다시 증가추세에 있으며 중동지역으로부터의 의존도도 1979년의 거의 100%에서 1987

〈표 2-7〉 **부문별 에너지 소비현황** (단위 : 천 TOE)

| 구 분 | 1971 | 1976 | 1981 | 1986 | 1988 | 1989 | 1994 |
|---|---|---|---|---|---|---|---|
| 최종에너지 소비계 | 18,845 (100.0%) | 25,836 (100.0%) | 38,952 (100.0%) | 50,128 (100.0%) | 60,369 (100.0%) | 65,563 (100.0%) | 121,850 (100.0%) |
| 산 업 | 9,225 (49.0%) | 10,760 (41.7%) | 17,506 (44.9%) | 21,746 (43.4%) | 27,891 (46.2%) | 30,816 (47.0%) | 62,946 (51.7%) |
| 수 송 | 30 (0.2%) | 2,415 (9.3%) | 3,721 (9.6%) | 7,699 (15.4%) | 10,987 (18.2%) | 12,691 (19.4%) | 27,148 (22.3%) |
| 가정상업 | 9,381 (49.8%) | 10,822 (41.9%) | 15,827 (40.7%) | 18,328 (36.6%) | 19,016 (31.5%) | 19,265 (29.4%) | 29,339 (24.0%) |
| 공공기타 | 209 (1.1%) | 1,839 (7.1%) | 1,888 (4.8%) | 2,355 (4.7%) | 2,475 (4.1%) | 2,792 (4.2%) | 2,416 (2.0%) |

년의 64%로 공급원의 다변화가 이루어졌고, 60일분의 석유비축시설과 LNG 200만 톤의 저장시설을 갖추게 되었다.

한편 1987년부터 1990년 상반기까지의 에너지동향은 에너지원별 소비추이를 보면 유가하락에 따른 석유수요의 계속적인 증가로 석유의 구성비가 높아지고, LNG도 급격한 소비증가를 보이고 있으나, 무연탄의 소비감소와 유연탄의 수요증대를 합한 전체 석탄과 원자력 등의 주요 석유대체에너지의 비중은 다소 감소하는 추세에 있다. 한편 부문별 에너지 소비추이는 경기활성화에 의한 산업부문과 소득수준의 향상에 의하여 수송부문의 에너지소비가 두 자리 숫자인 높은 증가추세를 보이고 또한 구성비율도 증대하고 있는 것이 특징이다.

## 2. 2. 석유 및 천연가스자원

석유와 천연가스는 각각 액체상(液體相)과 기체상(氣體相)으로서 서로 다르나 천연가스는 석유원의 탄화수소이며 석유의 부산물로 산출될 때가 많고 탐사 및 생산방법이 거의 비슷하다.

현대 인류가 에너지원으로서 사용하기 편리하고 다목적으로 활용할 수 있는 석유자원은 에너지의 주종으로서 가장 중요한 에너지자원이다. 타에너지원에 비하여 가채연수가 작고, 지역적으로 부존상태가 편재되어 있으며 세계 석유수급의 불안정으로 석유가격의 상승 또는 하락은 세계 경제 질서와 대체에너지개발에 막대한 영향을 끼치고 있다.

자연상태에서 존재하는 천연가스와 석유채취시 함께 산출되는 천연가스의 양은 세계적으로 많으나 아직까지 경제성 때문에 소각시켜 버리는 양이 더 많다. 세계적으로 에너지자원의 관심도가 높아져 대체에너지자원으로서 천연가스자원의 역할이 높게 평가됨에 따라 천연가스의 활용이 확대되는 추세에 있다. 그러나 이의 대규모 사용을 위해서는 막대한 시설투자가 소요되므로 단기간내에 이의 수요가 급속히 신장될 것으로는 전망되고 있지 않다.

### 2.2.1. 석유 및 천연가스자원의 특징

#### 1. 석유 및 천연가스의 정의

석유(petroleum)라 함은 지층에서 산출되는 가연성의 액체와 이를 정제하여 얻은 액체를 총칭한 것으로서 이중 전자를 원유(crude oil)라 하며, 후자를 석유제품(petroleum products)이라 한다. 석유제품에는 가솔린・나프타・등유・경유・중유 등이 있으며, 이를 총칭하여 석유라 부르기도 한다.

석유의 화학성분은 탄소와 수소의 유기화합물, 즉 탄화수소이다. 석유계 탄화수소 중 분자가 작은 것은 상온에서 기체상태이고 이를 천연가스라 부른다. 분자가 큰 것은 상온에서 액체이며, 더욱 큰 분자는 아스팔트와 같이 상온에서 고체이다. 석유의 성분은 〈표 2-8〉과 같다. 석유 탄화수소가 집적되어 있는 지층인 저류층(reservoir)에서 산출되는 원유는 여러 종류의 탄화수소가 혼합하여 생성된 복잡한 화합물로서, 암갈색 내지는 암록색을 띨 때가 있고, 각 탄화수소를 개별적으로 완전히 분석하기는 쉽지 않다. 석유(천연가스 포함) 중의 탄화수소는 일반적으로 다음의 4가지 종류로 분류할 수 있다.

〈표 2-8〉 석유의 성분

| 주 성 분 | 탄 화 수 소(예 : $CH_4$~$C_{40}H_{82}$) | |
|---|---|---|
| 기타(비탄화수소계) | 유 황(S) | 수백분의 1~6% |
| | 질 소(N) | 천연가스체적중 10~15% |
| | 산 소(O) | |
| | 이산화탄소($CO_2$) | |
| | 헬 륨(He) | 천연가스 중 1/백만~수 % |
| | 황 화 수 소($H_2S$) | |
| | 바나듐(V), 니켈(Ni) 등 | 원유중 가끔 발견, 100g/t 이하 |
| 분자 중의 탄소원자수 | 천연가스 | : 1~4 |
| | 원 유 | : 5~수백 |
| | 휘 발 유 | : ~10 |
| | 경유, 가스유 | : ~50 |
| | 중유, 왁스, 아스팔트 | : ~수백 |

① 파라핀(paraffines)계 탄화수소 ; $C_nH_{2n+2}$

② 나프테인(naphthens)계 탄화수소 ; $C_nH_{2n}$

③ 아로메이트(aromates)계 또는 방향계 탄화수소 ; $C_nH_{2n-6}$

④ 복합 탄화수소(complex hydrocarbon)

파라핀계 탄화수소의 구조는 〈그림 2-3〉과 같이 일반화학식 $C_nH_{2n+2}$로서 탄소가 선형배열로 되어 있으며 대기압 상온에서 C가 1~4까지는 기체, 5~14까지는 액체이며, 16 이상에서는 고체가 된다. 천연가스의 성분과 구분은 각기 〈표 2-9〉와 같다.

천연가스는 〈표 2-9(a)〉와 같이 메탄·에탄·프로판·부탄 등의 저급 탄화수소를 주성분으로 하고 있으며, 이외에 산화질소·탄산가스·황화수소 등을 함유하고 있다. 특히 황화수소는 연소할 때 아황산가스가 발생하여 유독하므로 탈황처리를 하여 공급하게 된다. 또한 고압 수송시 수분의 응축에 의해 배관 등을 패쇄시키므로 수분을 제거시켜 공급하게 된다. 천연가스의 구분은 〈표 2-9(b)〉와 같이 존재상태, 조성 및 액체상태로 구분할 수 있으며, 구조성 가스전에서 산출되는 대부분은 메탄과 에탄으로 이것을 액화한 것이 LNG(liquified natural gas)라 하고, 석유생산에 수반되는

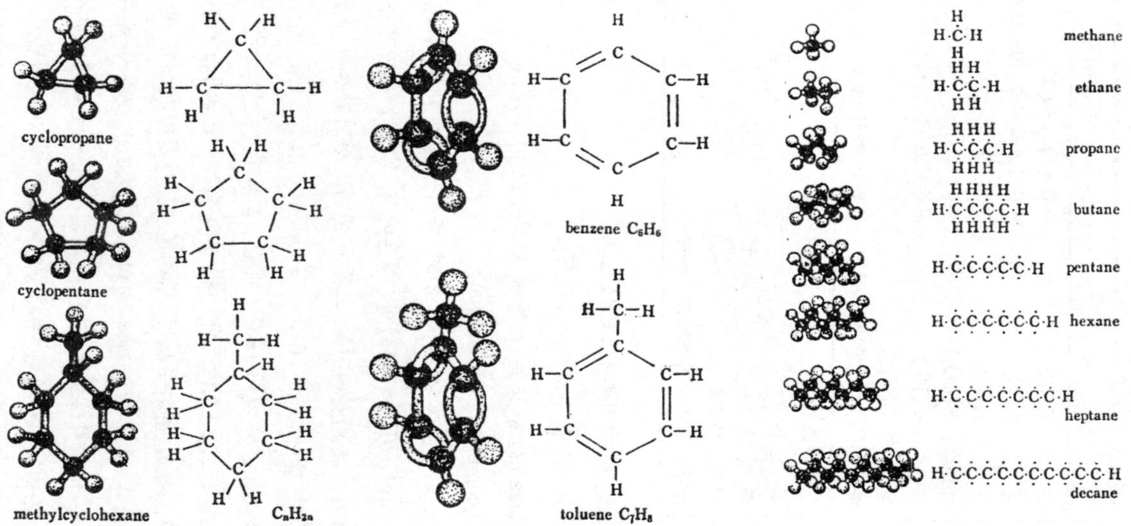


나프테인의 구조와 성분

두 개의 일반적인 아로메이트, 즉 벤젠과 톨루엔의 화학적 구조와 조성

알칸계와 파라핀계의 화학적 구조와 조성. 메탄에서 펜탄에 이르는 짧은 고리화합물은 기체상태이다(정상온도와 압력에서). $C_{16}$에 이르는 긴 고리화합물은 액체상태이다. $C_{16}$ 이상의 알칸계는 어느 정도 고체상태이다.

**그림 2-3.** 파라핀, 나프테인 및 아로메이트계 화학적 구조와 성분의 예

〈표 2-9(a)〉 천연가스의 성분

| 성　분 | 비　율 (%) |
|---|---|
| 메 탄($CH_4$) | 80～85 |
| 에 탄($C_2H_6$) | 10～15 |
| 프 로 판($C_3H_8$) | 3～5 |
| 부 탄($C_4H_{10}$) | 1～2 |

주 : $C_5$ 이상의 탄소수를 갖는 성분도 미량 포함되고 있음.

〈표 2-9(b)〉 천연가스의 구분

| 구 분 | 명 칭 | 존 재 상 태 | 일 반 호 칭 | 비 고 |
|---|---|---|---|---|
| 존 재 상 태 별 | 유용성 가스 (또는 수반 가스) | 원유와 공존 | 유전가스, 유정가스 케이싱헤드 가스 | 중동, 미주지역등 |
| | 구조성 가스 | 가스만으로 존재 | 가스전 가스 가스정 가스 | 북해 등 |
| | 수용성 가스 | 지하수와 공존 | 수용성 가스 | 일본 등 |
| | 콘덴세이트 가스 | 콘덴세이트 광상 | | |
| 조 성 별 | 드라이(乾性)가스 | 가스전 | | 주성분 : 메탄 |
| | 웨트(濕性) 가스 | 유전, 가스전 | | 주성분 : 프로판, 부탄, 가솔린 |
| 액체상태 | LNG | | | 인공액화 |
| | NGL | | | 자연액화 |

주 : 1) 콘덴세이트(condensate) 가스는 지하에서는 가스광상을 형성하고 있으나 지표에 나와 감압, 감온되면 휘발유와 같은 경질의 액체(콘덴세이트)가 분리·석출되는 것.
2) LNG(liquified natural gas : 액화천연가스)는 기체상태의 천연가스를 냉각시켜 액화한 것.
NGL(natural gas liquid : 액체천연가스)는 습성(wet) 가스로부터 나온 액화분 및 콘덴세이트를 총칭.

가스 중의 프로판과 부탄(구조 가스전으로부터 추출된 것도 일부 있음)을 액화한 것을 천연 LPG(liquified petroleum gas)라 부른다. 일반적으로 LPG는 상기의 천연 LPG 이외에도 석유정제시 부산물로 생산되는 석유정제화학 LPG도 포함된다. 〈표 2-9(a)〉의 콘덴세이트(condensate)는 $C_3$～$C_6$에 이르는 화합물을 말한다. 모든 파라핀계 화합물은 무색, 무미이다. 나프테인계 탄화수소는 분자 중에 적어도 1개의 나프테인환을 함유한 탄화수소로서 나프데인환은 탄소핵에 연결된 단일고리로 탄소의 한 배열을 말한다. 단일환상(單一環狀)일 경우에는 $C_nH_{2n}$으로 표시되며 대표적인 것이 사이클로핵산(cyclohexane)이다. 아로메이트계는 분자 중에 적어도 1개의 아로메이트환을 함유한 탄화수소로서 아로메이트환은 부분적으로 이중결합(〈그림 2-3〉 참조)을 갖는 환상화합물을 말하고 이들은 대부분 액상이며 벤젠, 톨루엔과 같이 특징적인 향기를 갖는다.

복합 탄화수소는 1개 분자 중에 파라핀, 나프데인 및 아로메이트계 화합물이 2개 이상이 결합해 있는 탄화수소를 말하고 있다. 석유의 성분에는 이상의 탄화수소 이외에 다량의 불순물이 있다. 그것은 〈표 2-8〉과 같이 유황·질소·산소 및 합성화합물들인데, 그중에도 유황화합물은 중유 속에 잔류하기 쉬우며 대기오염의 원인이 되기도 한다.

### 2. 에너지로서의 특징

주종 에너지원인 석유는 세계적으로 부존상태가 편재되어 있으며 현재까지 확보된 매장량에 대한 가채연수가 짧은 단점이 있으나, 타에너지에 비하여 장점을 많이 가지고 있다. 석유의 장점은 다음과 같다.

① 액체로서 생산, 운반 및 사용에 이르기까지 취급하기가 용이하다. 즉, 생산정(生産井)에서 수직으로 지표까지 파이프를 통하여 원유가 유동하고 지표에서는 파이프 라인(pipe line) 및 탱커(tanker)를 통하여 정유공장까지 운반된다. 정유공장에서는 석유가 유동하면서 반응·처리되어 제품이 되므로 모든 과정의 연속조작과 자동제어를 용이하게 할 수 있어 생산성 향상과 원가절감에 도움이 크다.

② 석탄보다 발열량(kcal/kg)이 높으며 석유제품이 에너지수요 부분에 다목적으로 사용된다. 열량을 비교해 보면 중유(重油)는 약 10,000kcal/kg로서 석탄의 4,500~7,500kcal/kg에 비하여 높으며, 연소효율 및 화력조절 등이 비교우위에 있다. 또한 산업·운송·가정 및 상업과 발전부문에 공히 활용되며, 특히 내연기관연료로서의 편리성에 의하여 운송부문에서는 절대적인 위치를 차지하고 있다.

③ 석유화학제품의 원료로서 기여도가 크다. 원유는 석유화학공업의 원료로서 합성수지, 합성섬유원료, 합성고무, 화공약품 등을 생산함으로써 제품은 무기 및 유기 분야에 걸쳐 300여 종에 이르고 있다.

한편 천연가스는 그 특징이 석유와 유사한 점이 많으나 다음과 같이 특이한 장단점을 가진다.

① 기체이므로 수송상에 제한을 받기 때문에 액화해야 하는 단점이 있다. 천연가스는 기체 수송용의 육상 파이프 라인의 발달로 미국, 소련 등에서 대량으로 생산·이용하고 있으나 해상운반시에는 LNG 또는 LPG로 액화체제를 갖추어야 한다. 특히 LNG는 액화 플랜트의 건설, 초저온(−162°C) 유체의 수송에 따르는 LNG 탱커의 건조, 인수기지의 건설 등에 거액의 투자가 소요된다.

② LNG 및 LPG는 불순물이 거의 함유되어 있지 않아 청정에너지로서 도시환경 공해문제의 해결에 기여가 크며, 연소조정의 용이성과 연소장치가 비교적 간단한 장점이 있다.

### 2.2.2. 석유의 부존과 생산

세계의 석유부존량과 생산능력은 지역에 따라 크게 차이가 있어 세계적으로 수급전망이 힘들며, 이것이 에너지파동의 큰 원인이 된다.

#### 1. 세계의 석유자원

세계에 부존되어 있는 석유자원의 양이 어느 정도인가를 예측하기는 쉬운 일이 아니나, 현재 에너지문제에 있어 석유대체 에너지개발과 관련하여 중요한 과제의 하나이다. 자원의 양을 산출하는 데는 확인매장량과 궁극매장량을 많이 사용한다. 석유의 확인매장량은 석유 유정(油井)의 조사결과에 근거를 두고 확실히 생산할 수 있는 석유의 양을 말하고, 석유 궁극매장량은 학술적으로 추정한 지구상에 부존하는 석유자원의 이론적 총량으로서, 이미 생산된 석유 총계와 유전의 매장량에 추가하여 미발견된 자원량을 합계한 양을 말한다. 여기서 미발견 자원량은 탐사한 지역 및 미탐사지역에 있어 현재 및 장래의 기술과 경제여건하에서 발견 가능한 추정자원량을 말한다. 석유 및 천연가스자원에 있어 이를 추정하는 방법은 다음과 같다.

① 퇴적물의 용적

② 유사지역의 지질학적 분석

③ 탐사 및 기술발전에 따르는 확률분석

④ 석유 및 가스의 생산과 매장기록의 분석

⑤ 석유의 발견에 대한 성공률의 분석

위와 관련된 막대한 양의 자료를 수집하고 이를 정밀하게 분석하여 자원량을 추정하게 된다. 그러나 미탐사지역이 포함되어 있어 불확실한 요소가 있으므로 미발견 자원량의 추정범위가 커 전문가에 따라 차이가 많다. 〈표 2-10〉은 석유의 궁극자원량을 추정한 통계표로서 일반적으로 그 수치는 발표한 연수가 새로워질수록 커지는 경향을 나타내나 대략 2조 배럴로 추정하고 있으며 미발견 자원량은 1조 배럴 내외로 보는 경향이 많은데, 이 중 약 40%가 해양에 존재한다고 보고 있다.

석유의 수명은 다음과 같은 공식으로 표시할 수 있다.

석유의 수명=(궁극자원량-누적자원량)/연간 소비량

세계의 연간 석유소비량을 약 200억 배럴로 보며 1988년까지의 석유

〈표 2-10〉 석유 궁극자원량 추정

| 연도 | 추정량 (10억 배럴) | 발표자 | 연도 | 추정량 (10억 배럴) | 발표자 |
|---|---|---|---|---|---|
| 1920 | 43 | Anon | 1972 | 1,952 | Jodry |
| 1942 | 600 | Pratt, Weeks, Stebinger | 1973 | 4,000 | Odell |
| | | | 1975 | 2,000 | Moody |
| 1949 | 1,500 | Levorsen | 1977 | 2,193 | World Energy Conference |
| 1953 | 1,000 | MacNaughton | | | |
| 1958 | 1,500 | Weeks | 1980 | 2,574 | 〃 |
| 1965 | 2,480 | Hendricks | 1983 | 1,718 | 〃 |
| 1967 | 2,090 | Ryman, Exxon | 1988 | 1,744 | 〃 |
| 1970 | 1,800 | Moody | | | |

〈표 2-11〉 세계 석유의 확인매장량 추이　　(단위 : $10^6$bbl)

| 국　　명 | 1950 | 1960 | 1970 | 1980 | 1994 | 1994현재 가채연수 (R/P비) |
|---|---|---|---|---|---|---|
| 미　　국 | 21,619 | 31,719 | 29,632 | 26,500 | 30,200 | 9.8 |
| 캐 나 다 | 1,200 | 3,497 | 8,620 | 6,800 | 7,300 | 10.5 |
| 중 남 미 | 11,401 | 24,436 | 29,180 | 56,473 | 129,100* | — |
| 중　　동 | 32,413 | 181,436 | 333,506 | 361,947 | 660,300 | 93.4 |
| 아프리카 | 203 | 7,274 | 54,680 | 57,072 | 62,200 | 25.2 |
| 아 시 아 | 1,557 | 10,176 | 13,138 | 19,355 | 44,500 | 17.6 |
| 서 유 럽 | 280 | 1,496 | 1,779 | 23,776 | 16,500 | 7.6 |
| 동 유 럽 | — | — | — | — | 59,200 | 21.6 |
| O P E C | — | — | — | — | 770,300 | 79.5 |
| 세계총계 | 76,453 | 290,035 | 530,534 | 641,624 | 1,009,300 | 2.43 |

자료 : *BP Statistical Review of World Energy*, 1995,　* 멕시코 포함.

누적생산량은 약 6,000억 배럴로 잡고, 궁극자원량의 범위를 〈표 2-10〉에서 2.0조~2.5조 배럴로 보면 석유수명은 70~95년의 범위가 되나 여러 변수에 따라 대단히 유동적이라 볼 수 있다. 지구상의 각 지역별 석유의 매장량은 〈표 2-11〉에 표시되어 있다. 이를 보면 세계 전체매장량은 1950년에 비하여 1980년 약 9배 증가하였으며, 그 후 6,500억~7,000억 배럴을 유지하였으나 1987년 후 다시 증가추세에 있으며, 1994년에는 약 1조 100억 배럴 수준에 도달하였다. 지역별로 매장량의 증감은 석유의 확정량 및 생산량과 관련되며 일반적으로 미국, 소련 등과 같이 석유개발을 일찍 시작하여 다량의 석유를 생산하는 지역에서는 가채연수(매장량/연간 생산량)가 짧으며, 서유럽지역에 있어서는 북해의 대유전 발견으로 1975년을 기하여 현저히 증가하였고, 역시 라틴 아메리카 지역에서도 멕시코의 석유발견이 매장량을 크게 증가시키고 있다. 1994년 확인매장량의 지역별 백분율 통계 〈표 2-12〉를 참조할 때 중동지역이 대단히 높아 전체의 반 이상인 65.4%를 차지하고 있어 석유의 매장량 분포가 지역적으로 편재되어 있음을 알 수 있으며, OPEC 가입국(13개국 ; 사우디아라비아, 쿠웨이트, 이란, 이라크, 아랍에미리트, 베네수엘라, 리비아, 나이

〈표 2-12〉 세계 원유의 매장량 및 생산량(1994년 12월 현재)

| 국명 | 확인 매장량 | | | | 석유생산량 천 bbl/일 | 정제능력 천 bbl/일 |
|---|---|---|---|---|---|---|
| | 석유 (백만 bbl) | 가채연수 (R/P) | 가스 ($10^9ft^3$) | 가채연수 (RP) | | |
| 전세계 | 1,009,300 | 43.0 | 4,980.3 | 66.4 | 66,655 | 75,495 |
| OECD | 106,600 | 15.2 | 526.4 | 15.7 | 20,620 | 38,580 |
| 북미 | 88,300 | 18.9 | 311.3 | 12.7 | 13,900 | 18,620 |
| 미국 | 30,200 | 9.8 | 162.4 | 8.6 | 8,355 | 15,240 |
| 캐나다 | 7,300 | 10.5 | 79.2 | 16.6 | 2,280 | 1,860 |
| 멕시코 | 50,800 | 45.5 | 69.7 | 77.6 | 3,265 | 1,520 |
| 중남미 | 78,300 | 41.4 | 189.1 | 76.1 | 5,240 | 6,145 |
| 베네수엘라 | 64,500 | 65.4 | 130.4 | 100 이상 | 2,675 | 1,180 |
| 서유럽 | 16,500 | 7.6 | 191.4 | 24.7 | 6,050 | 14,370 |
| 노르웨이 | 9,400 | 9.4 | 70.9 | 65.6 | 2,755 | |
| 영국 | 4,500 | 4.8 | 22.2 | 9.6 | 2,675 | 1,860 |
| 중동 | 660,300 | 93.4 | 1,594.3 | 100 이상 | 19,870 | 5,270 |
| 아랍에미리트 | 92,200 | 100 이상 | 188.4 | 100 이상 | 2,065 | |
| 이란 | 89,300 | 68.5 | 741.6 | 100 이상 | 3,600 | 1,065 |
| 이라크 | 100,000 | 100 이상 | 109.5 | 100 이상 | 500 | 525 |
| 쿠웨이트 | 96,500 | 100 이상 | 52.9 | 100 이상 | 2,085 | 740 |
| 사우디아라비아 | 35,700 | 83.6 | 185.9 | 100 이상 | 8,965 | 1,660 |
| 아프리카 | 62,200 | 25.2 | 341.6 | 100 이상 | 6,860 | 2,855 |
| 알제리 | 9,200 | 20.9 | 128.0 | 72.0 | 1,300 | |
| 리비아 | 22,800 | 44.6 | 45.8 | 100 이상 | 1,410 | |
| 나이지리아 | 17,900 | 26.1 | 120.0 | 100 이상 | 1,880 | |
| 아시아 및 대양주 | 44,500 | 17.6 | 350.7 | 49.7 | 7,090 | 15,385 |
| 중국 | 24,000 | 22.6 | 59.0 | 100 이상 | 2,905 | 3,415 |
| 동유럽 | 59,200 | 21.6 | 2,001.9 | 76.9 | 7,645 | 12,850 |
| 구소련 | 57,000 | 21.6 | 1,977.0 | 79.0 | 7,360 | 10,240 |

자료 : *BP Statistical Review of World Energy*, 1995.

지리아, 인도네시아 등)의 매장량이 세계 전체의 약 76%를 점유하고 있다. 이와 같은 수치를 볼 때 국제석유시장에서 OPEC이 강한 발언권을 갖는 이유를 이해할 수 있다.

## 2. 석유의 생산량

세계 각 지역의 석유생산량과 정제능력은 〈표 2-12〉와 같다. 〈표 2-12〉를 볼 때 세계 생산량(1994…도)은 연간 약 233억 bbl이며 생산량이 큰 국가순은 소련, 미국, 사우디아라비아, 멕시코, 중국, 이라크 등으로 되어 있다. 여기서 특기할 수 있는 것은 주요국의 생산량과 소비량의 관계이다.

〈표 2-13〉 세계 연도별 원유생산 추이(단위 : 천 bbl/일)

| 국 명 | 1986 | 1988 | 1990 | 1992 | 1994 |
|---|---|---|---|---|---|
| 전 세 계 | 60,700 | 63,455 | 65,960 | 65,980 | 66,655 |
| O E C D | 19,565 | 19,505 | 18,870 | 19,650 | 20,620 |
| 북 미 | 14,855 | 14,710 | 13,945 | 14,145 | 13,900 |
| 미 국 | 10,230 | 9,765 | 8,915 | 8,870 | 8,355 |
| 캐 나 다 | 1,805 | 2,000 | 1,965 | 2,060 | 2,280 |
| 멕 시 코 | 2,820 | 2,945 | 3,065 | 3,215 | 3,265 |
| 중 남 미 | 3,980 | 4,110 | 4,495 | 4,840 | 5,240 |
| 베 네 수 엘 라 | 1,885 | 2,000 | 2,240 | 2,500 | 2,675 |
| 서 유 럽 | 4,085 | 4,165 | 4,235 | 4,845 | 6,050 |
| 노 르 웨 이 | 905 | 1,205 | 1,740 | 2,270 | 2,755 |
| 영 국 | 2,665 | 2,390 | 1,915 | 1,975 | 2,675 |
| 동 유 럽 | 12,835 | 12,960 | 11,880 | 9,435 | 7,645 |
| 구 소 련 | 12,435 | 12,595 | 11,570 | 9,145 | 7,360 |
| 중 동 | 13,385 | 15,555 | 18,020 | 18,925 | 19,870 |
| 아 랍 에 미 리 트 | 1,135 | 1,155 | 1,730 | 2,030 | 2,065 |
| 이 란 | 2,060 | 2,335 | 3,255 | 3,525 | 3,600 |
| 이 라 크 | 1,895 | 2,775 | 2,155 | 525 | 500 |
| 사우디아라비아 | 5,290 | 5,855 | 7,300 | 9,270 | 8,965 |
| 쿠 웨 이 트 | 1,365 | 1,490 | 1,265 | 1,095 | 2,085 |
| 아 프 리 카 | 5,445 | 5,710 | 6,690 | 6,915 | 6,860 |
| 알 제 리 | 1,195 | 1,250 | 1,345 | 1,310 | 1,300 |
| 리 비 아 | 1,065 | 1,060 | 1,430 | 1,475 | 1,410 |
| 나 이 지 리 아 | 1,465 | 1,445 | 1,810 | 1,945 | 1,880 |
| 아시아 및 대양주 | 6,115 | 6,245 | 6,695 | 6,875 | 7,090 |
| 중 국 | 2,620 | 2,740 | 2,775 | 2,840 | 2,905 |
| 인 도 네 시 아 | 1,430 | 1,375 | 1,540 | 1,580 | 1,585 |

자료 : *BP Statistical Rebiew of World Energy*, 1995.

즉, 〈표 2-13〉 및 〈표 2-14〉의 지역별 석유생산 및 소비추이를 살펴보면 미국과 소련은 생산량은 많으나 그 지역에서 전부 또는 대부분을 소비하고 있으며, 이와 반대로 중동, 중남미, 아프리카 등은 석유의 소비량이 적기 때문에 수출능력이 대단히 크다고 볼 수 있다. 또한 〈표 2-13〉에서 1980년 이후 원유생산 추이로 보면 중동 및 아프리카 지역의 생산량은 1980년대 중반까지 감소추세로 나타나는 반면, 미주 및 서유럽 지역은 증가추세를 보이고 있다. 이는 비 OPEC 회원국인 영국, 노르웨이, 멕시코의 증산에 의한 시장점유율 확대와 상대적으로 OPEC 회원국의 감산에 의한 것으로 1986년 초에 시작된 유가하락경쟁의 중요한 원인이 되고 있으며, 1988년 이후 중동의 생산량이 다시 증가추세에 있다.

한편, 석유생산능력을 평가하는 방법으로 생산량 이외에 채유정(採油井)의 수 및 종류와 굴착정의 수를 참작하는 방법이 있는데, 〈표 2-15〉는 그 예가 된다. 어느 지역 또는 국가의 생산능력을 알기 위해서는 생산량을 분석하는 것이 중요하나 그것으로는 부족할 때가 많다. 석유는 반드시 채유정을 통하여 생산되기 때문에 그 수와 종류를 생산량과 비교하면 생산능력을 추정할 수 있다.

일반적으로 새로운 유전이 개발될 때는 유층(油層)의 압력이 크기 때문에 채유정에서 밸브를 열면 석유가 지하로부터 지표에 분출된다. 이것을 자분(自噴)이라 하는데, 석유의 생산을 계속함에 따라 유층의 압력이 저하되므로 자분이 끝난다. 이와 같은 상태 이후에는 인공채유에 의하여 생산된다. 자분채유(自噴採油)가 진행되는 상황에서는 유층의 압력이 크며 생산량도 많아지므로 유전은 크게 활력을 가진다고 볼 수 있다. 따라서 모든 채유정(採油井) 중에 자분정의 비율이 높을수록 유전의 활력과 경제성이 크다고 할 수 있다. 〈표 2-15〉에 의하면 북미는 과거부터 석유개발이 진행되어 석유의 생산량은 많으나 활력 있는 유전, 즉 유전으로서의 잠재생산능력이 감퇴되고 있음을 암시하고 있다. 이와 반대로 중동은 석유의 생산량도 많을 뿐 아니라 자분정의 비율이 크기 때문에 석유의 생산잠재능력이 대단히 크다고 할 수 있다.

〈표 2-14〉 지역별 석유소비 추이(단위 : 천 bbl/일)

| 국명 | 1986 | 1988 | 1990 | 1992 | 1994 |
|---|---|---|---|---|---|
| 전세계 | 60,175 | 63,195 | 65,530 | 65,860 | 66,700 |
| OECD | 36,245 | 38,000 | 38,765 | 39,460 | 40,685 |
| 북미 | 18,435 | 19,590 | 19,450 | 19,415 | 20,310 |
| 미국 | 15,665 | 16,630 | 16,305 | 16,260 | 16,915 |
| 캐나다 | 1,540 | 1,665 | 1,690 | 1,625 | 1,735 |
| 멕시코 | 1,230 | 1,295 | 1,455 | 1,530 | 1,660 |
| 중남미 | 3,315 | 3,520 | 3,550 | 3,740 | 3,980 |
| 브라질 | 1,210 | 1,270 | 1,275 | 1,330 | 1,440 |
| 서유럽 | 12,660 | 12,910 | 13,265 | 13,765 | 13,795 |
| 프랑스 | 1,830 | 1,830 | 1,910 | 2,010 | 1,930 |
| 독일 | 2,810 | 2,745 | 2,710 | 2,850 | 2,880 |
| 이탈리아 | 1,770 | 1,880 | 1,930 | 1,925 | 1,915 |
| 영국 | 1,645 | 1,705 | 1,760 | 1,775 | 1,775 |
| 동유럽 | 10,150 | 10,120 | 10,145 | 8,085 | 5,870 |
| 구소련 | 8,400 | 8,305 | 8,435 | 6,870 | 4,655 |
| 중동 | 2,970 | 3,060 | 3,400 | 3,530 | 3,795 |
| 아프리카 | 1,680 | 1,835 | 2,020 | 2,070 | 2,100 |
| 남아프리카 공화국 | 290 | 340 | 355 | 370 | 400 |
| 아시아 및 대양주 | 10,965 | 12,160 | 13,700 | 15,255 | 16,850 |
| 중국 | 2,010 | 2,210 | 2,255 | 2,660 | 3,030 |
| 인도 | 935 | 1,060 | 1,200 | 1,285 | 1,400 |
| 일본 | 4,495 | 4,805 | 5,305 | 5,540 | 5,770 |
| 한국 | 570 | 720 | 1,025 | 1,495 | 1,805 |

자료 : *BP Staiistical Review of World Energy*, 1995.

### 3. 우리나라 석유개발 현황

산유국의 꿈을 실현하기 위하여 대한민국 정부수립 후 최초로 탐사를 실시한 곳은 경주, 포항지역이다. 1963~1968년, 그리고 1974~1975년에 걸쳐 지질 및 물리탐사와 시추탐사를 수행한 결과, 분출한 가스와 유징이 경제성이 없는 것으로 평가되었으며, 이것이 대륙붕 탐사에 눈을 돌리게 된 동기가 되기도 했다.

1968년 ECAPE 산하의 아시아 지역 천해저(淺海底) 광물자원 공동탐

〈표 2-15〉 지역별 석유생산 추이

| 지 역 | 생산량(bbl) (1975) | 채 유 정(1975년 말) 자 분 | 인공채유 | 합 계 | 자분비율 (%) | 굴착된 정 수 (1975) |
|---|---|---|---|---|---|---|
| 북 미 | 3,817,636 | 39,090 | 491,193 | 530,283 | 7.4 | 43,064 |
| 서 인 도 | 78,744 | 411 | 2,349 | 2,790 | 15.8 | 194 |
| 중 미 | — | — | — | — | — | 12 |
| 남 미 | 1,228,531 | 2,678 | 16,605 | 19,283 | 13.9 | 1,435 |
| 서 유 럽 | 175,234 | 495 | 4,713 | 5,208 | 9.5 | 629 |
| 동 유 럽 | 3,700,239 | — | — | — | — | — |
| 북 아 프 리 카 | 1,006,620 | 1,351 | 871 | 2,222 | 61.0 | 274 |
| 중국 및 아프리카 | 803,438 | 1,361 | 249 | 1,610 | 84.5 | 496 |
| 중 동 | 7,148,083 | 2,939 | 993 | 3,932 | 74.8 | 760 |
| 아 시 아 극 동 | 541,603 | 1,409 | 1,526 | 2,935 | 48.1 | 277 |
| 대 양 주 | 729,678 | 813 | 3,016 | 3,829 | 21.2 | 789 |
| 합 계 | 19,229,706 | 50,577 | 521,515 | 572,092 | 8.9 | 47,930 |

자료 : *World Oil*, 1976.8.15.
주 : 대양주 ; 호주, 뉴기니아, 브루나이, 인도네시아

사 조정위원회(CCOP)에서 마련된 미해군 해양연구소와의 공동탐사로서 서해와 남해(동지나해)를 포함한 전체 대륙붕 해역에 대한 물리탐사를 실시하여 두께 2,000m 이상되는 제 3 기층이 광범위하게 분포되어 있음을 개략적으로 규명함으로써 석유부존 가능성을 국내외에 알리게 되었다.

이 결과에 의하여 정부는 이들 해역을 7개 광구로 설정하였으며 4개의 외국석유회사가 석유탐사와 개발을 위한 조광권을 취득하였다. 우리나라 대륙붕의 광구와 탐사활동을 종합하면 〈그림 2-4〉와 〈표 2-16〉과 같다. 여기서 1974년에 제 5 광구의 남부, 제 7 광구의 전부, 제 6 광구의 남단부와 제 4 광구의 남단을 합쳐서 한일 공동개발해역으로 설정하여 제 1 소광구에서 제10소광구로 세분되어 있다. 1989년 까지 약 80,000L-km의 물리탐사와 20개공의 탐사시추를 실시하였다. 특히 1987년부터 국내 대륙붕 10개년 장기개발계획에 따라 정부주관으로 탐사가 진행중에 있으며 6-1광구에서 1987년 이후 3개 시추탐사에서 천연가스의 분출이 확인되어 가스개발 가능성과 기타 지역의 탐사에 밝은 전망을 제시하고 있다.

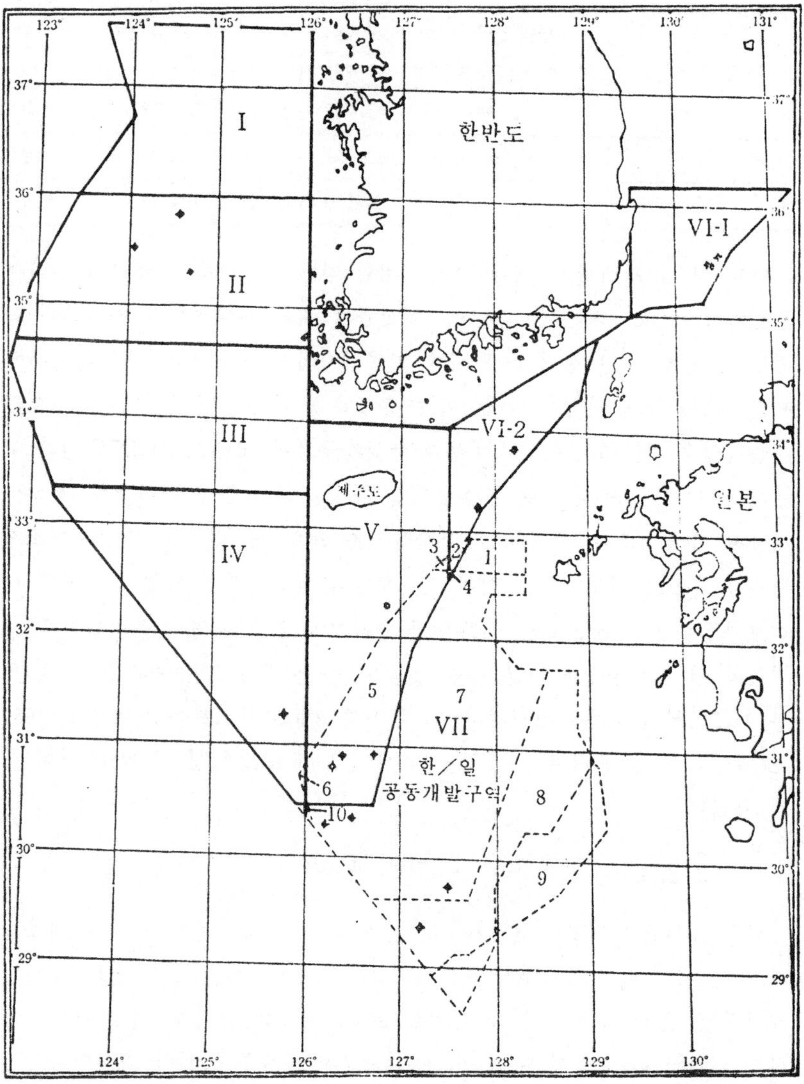


그림 2-4. 우리나라 대륙붕 석유광구 및 시추공 위치

〈표 2-16〉 우리나라 대륙붕 석유탐사 활동현황

| 구 분 | 구 역 | 물리탐사량 (L-km) | 시추량 (공) | 탐 사 비 (천 달러) | 투자비중 (%) |
|---|---|---|---|---|---|
| 외국 조광회사 주관 | 단독광구 | 45,784 | 8 | 55,429 | |
| | 한·일 공동개발구역 | 9,984 | 7 | 75,302 | |
| | 소 계 | 55,768 | 15 | 130,731 | 70.8 |
| 정 부 주 관 | 단독광구 | 24,351 | 5 | 53,890 | 29.2 |
| 계 | | 80,119 | 20 | 184,621 | 100.0 |

해외 석유자원개발은 국내 자원개발과 함께 자주공급의 차원에서 매우 중요하다. 1980년대에 들어와 민간기업들이 해외 자원개발에 참여하게 되었는데, 1989년 말 현재 11개 국내 기업회사에서 개발사업 3개, 탐사사업 13개, 도합 16개 사업이 진행중이며 총 5억 불 이상을 투자하였다. 최초의 진출사업은 인도네시아의 서마두라 해역광구로서 코데코(KODECO)와 석유개발공사가 50%의 지분과 운영권을 가지고 물리탐사와 시추를 통하여 석유와 천연가스를 확보하는 생산실적을 보인 바 있으며, 현재 가스전 개발을 목표로 하고 있다. 해외 석유개발의 성공사례가 되는 북예멘의 마리브광구는 육지광구로서 지질이 잘 알려지지 않은 지역에 물리탐사를 실시하여 첫 시추공에서 좋은 유징(油徵)이 나온 곳으로 유명하다. 국내 지분 24.5%를 투자하여 탐사결과 7개 유전과 2개의 가스전을 확보하고, 1987년 말부터 생산이 시작되어 일부는 국내로 도입(1989년 약 800만 bbl)하게 되었다.

### 2.2.3. 천연가스의 부존과 생산

석유 대체에너지로서 천연가스의 수요는 계속 증가하고 있으며 매장량과 생산량도 역시 증가추세에 있다. 자원으로서 천연가스는 석유보다도 세계적인 생산 피크가 늦은 것으로 보아, 금후의 에너지 과도기에 있어 석탄, 원자력과 더불어 석유 대체에너지로서 중요한 역할이 기대된다.

## 1. 세계의 천연가스자원

세계의 천연가스 확인매장량은 〈표 2-17〉과 같이 141조 $m^3$로서 이를 석유로 환산(〈표 2-18〉 참조)하면 약 9,404억 bbl의 수치가 되어 현재 천연

〈표 2-17〉 세기 천연가스의 확인매장량 (단위 : $10^{12}ft^3$)

| 국명 | 1980. 1 | 1985. 1 | 1994. 12 | |
|---|---|---|---|---|
| | | | 매장량 | 가채연수 (R/P) |
| 전세계 | 2,573.2 | 3,279.6 | 4,980.3 | 66.4 |
| OECD | — | — | 526.4 | 15.7 |
| 북미 | 338.5 | 376.7 | 311.3 | 12.7 |
| 미국 | 194.0 | 207.0 | 162.4 | 8.9 |
| 캐나다 | 85.5 | 93.0 | 79.2 | 16.6 |
| 멕시코 | 59.0 | 76.7 | 69.7 | 77.6 |
| 중남미 | 85.5 | 113.3 | 189.1 | 76.1 |
| 베네수엘라 | 42.8 | 58.8 | 130.4 | 100 이상 |
| 서유럽 | 135.4 | 214.3 | 191.4 | 24.7 |
| 노르웨이 | 23.5 | 98.2 | 70.9 | 65.6 |
| 영국 | 25.0 | 25.6 | 22.2 | 9.6 |
| 중동 | 740.3 | 855.9 | 1,594.3 | 100 이상 |
| 아랍에미리트 | 19.0 | 84.6 | 188.4 | 100 〃 |
| 이란 | 490.0 | 370.0 | 741.6 | 100 〃 |
| 이라크 | 27.5 | 24.3 | 109.5 | 100 〃 |
| 쿠웨이트 | 31.0 | 52.0 | 52.9 | 100 〃 |
| 사우디아라비아 | 93.2 | 118.2 | 185.9 | 100 〃 |
| 아프리카 | 210.3 | 208.0 | 341.6 | 100 〃 |
| 알제리 | 132.0 | 107.0 | 128.0 | 72.0 |
| 리비아 | 24.0 | 22.0 | 45.8 | 100 이상 |
| 나이지리아 | 41.4 | 47.0 | 120.0 | 100 〃 |
| 아시아 및 대양주 | 153.1 | 215.3 | 350.7 | 49.7 |
| 중국 | 25.0 | 15.0 | 59.0 | 100 이상 |
| 인도네시아 | 24.0 | 60.0 | 64.4 | 29.4 |
| 동유럽 | 915.0 | 1,296.2 | 2,001.9 | 76.9 |
| 소련 | 900.0 | 1,290 | 1,977.0 | 79.0 |

자료 : *BP Statistical Review of World Energy*, 1995.

〈표 2-18〉 에너지 환산표

| B / A | $10^6$TOE 석유환산 100만 톤 | $10^6$TCE 석탄환산 100만 톤 | $10^6$bbl 석 유 100만 bbl | $10^9m^3$ 천연가스 10억 $m^3$ | GW=$10^6$ kW 100만 kW |
|---|---|---|---|---|---|
| $10^6$TOE=$10^{13}$kcal | 1.00 | 1.43 | 7.33 | 1.11 | 0.77 |
| $10^6$TCE=0.7×$10^{13}$kcal | 0.70 | 1.00 | 5.13 | 0.78 | 0.54 |
| 석유 10만 bbl | 0.14 | 0.19 | 1.00 | 0.15 | 0.10 |
| 천연가스 10억 $m^3$ | 0.90 | 1.29 | 6.67 | 1.00 | 0.69 |
| GW=$10^6$kW | 1.30 | 1.86 | 9.53 | 1.44 | 1.00 |

주 : 1) A 환산계수=B
2) 천연가스의 환산계수는 표준적인 것으로 실제는 각 나라에 따라 다르다.
3) GW의 환산은 설비이용률 60%, 열효율 35%를 가정
4) 본 예측에서 화석연료의 고유단위로부터 열량으로의 환산은 직발열량을 기준으로 계산되었다.
5) $1m^3=35.315ft^3$

가스의 매장량이 석유매장량의 약 94%에 해당된다. 이는 1975년도에 석유의 약 70% 정도인 데 비하여 크게 증가한 것으로서 천연가스자원의 매장량 비중이 석유자원과 비슷할 정도로 그 중요도가 커지고 있음을 알 수 있다. 〈표 2-17〉의 매장량 분포로 볼 때 우선 구 소련이 가장 큰 자원국가로서 전세계 확정매장량의 약 40%를 점유하고 있는 특징을 지니고 있고 그 이외에 있어서는 중동지역 32%, 미주 10%, 아프리카 6.8%, 아시아 6.5%, 그리고 서유럽 4.5% 순으로 원유와 같이 중동지역에 편재되어 있지 않으며, 또한 지역적인 편재성도 석유에 비하여 적은 편이다.

확인매장량의 추이를 보면 〈표 2-17〉에서 1980년과 1994년 현재의 전세계 매장량을 비교할 때 약 93%가 증가하였으며, 지역적으로 볼 때 서유럽을 제외하고는 전지역에서 매장량의 증가추세를 보이고 있는데, 이는 1976년 석유파동에 따른 유가상승과 수요증가로 인한 탐사활동의 강화에 기인한 것으로 본다. 한편 천연가스자원의 가채연수를 볼 때 1980년이 49년이었으나, 1994년에는 66년 수준을 지속적으로 증가하고 있어서, 석유자원과 비교하면 가채연수와 궁극매장량의 면에서 천연가스의 수명도 상당히 길다고 판단된다.

### 2. 가스의 생산경향

세계의 천연가스 생산량과 소비량은 각각〈표 2-19〉와 〈표 2-20〉과 같이 매년 증가하여 왔으며 금후에도 계속하여 증가할 것으로 보인다. 매장량과의 관계를 볼 때 가스의 대량 소비국 지역인 북미 및 서유럽은 생산량의 한계에 도달하였으며, 동유럽을 위시하여 기타 지역은 상승경향을 가리키고 있다. 천연가스의 주요 수출국은 소련, 네덜란드, 노르웨이, 캐나다, 인도네시아, 알제리, 브루나이 및 멕시코 등 자원이 풍부한 나라이

〈표 2-19〉 세계 천연가스의 생산량 (단위 : $10^6$TOE)

| 국 명 | 1986 | 1888 | 1990 | 1992 | 1994 |
|---|---|---|---|---|---|
| 전 세 계 | 1,545.9 | 1,695.4 | 1,790.2 | 1,827.3 | 1,873.8 |
| O E C D | 678.7 | 721.1 | 761.4 | 793.1 | 852.6 |
| 북 미 | 504.6 | 548.9 | 576.9 | 590.5 | 632.5 |
| 미 국 | 416.9 | 443.5 | 462.8 | 463.1 | 487.9 |
| 캐 나 다 | 64.3 | 81.7 | 89.4 | 104.5 | 121.7 |
| 멕 시 코 | 23.4 | 23.7 | 24.7 | 22.9 | 22.9 |
| 중 남 미 | 45.1 | 49.2 | 52.5 | 55.1 | 63.3 |
| 베 네 수 엘 라 | 17.2 | 17.1 | 19.8 | 19.5 | 23.3 |
| 서 유 럽 | 154.8 | 152.2 | 160.0 | 175.2 | 188.8 |
| 네 덜 란 드 | 56.2 | 49.9 | 54.5 | 62.2 | 59.3 |
| 노 르 웨 이 | 24.3 | 26.8 | 25.0 | 26.5 | 27.6 |
| 영 국 | 37.5 | 38.0 | 41.0 | 46.4 | 58.9 |
| 동 유 럽 | 619.9 | 688.1 | 716.4 | 681.8 | 628.5 |
| 구 소 련 | 576.1 | 646.5 | 684.5 | 655.6 | 603.8 |
| 중 동 | 68.5 | 84.0 | 89.3 | 98.9 | 114.6 |
| 사우디아라비아 | 22.7 | 26.2 | 27.5 | 30.6 | 33.9 |
| 이 란 | 13.7 | 18.0 | 21.8 | 22.5 | 27.9 |
| 아 프 리 카 | 44.6 | 52.8 | 59.9 | 67.4 | 66.4 |
| 알 제 리 | 32.8 | 38.7 | 44.3 | 49.5 | 45.3 |
| 아시아 및 대양주 | 108.4 | 120.2 | 135.2 | 158.4 | 179.7 |
| 중 국 | 11.5 | 11.9 | 12.8 | 13.6 | 14.9 |
| 인 도 네 시 아 | 33.1 | 35.0 | 40.8 | 48.9 | 55.8 |

자료 : *BP Statisiical Review of World Energy*, 1995.

〈표 2-20〉 계세 천연가스의 소비량 (단위 : $10^6$TOE)

| 국 명 | 1986 | 1988 | 1990 | 1992 | 1994 |
|---|---|---|---|---|---|
| 전 세 계 | 1,503.5 | 1,660.5 | 1,767.8 | 1,798.7 | 1,824.2 |
| O E C D | 741.1 | 812.9 | 861.8 | 906.5 | 958.5 |
| 북 미 | 485.3 | 544.0 | 566.9 | 592.4 | 620.0 |
| 미 국 | 421.1 | 467.5 | 486.3 | 507.3 | 533.2 |
| 캐 나 다 | 40.9 | 52.8 | 55.6 | 60.2 | 63.5 |
| 멕 시 코 | 23.3 | 23.7 | 25.0 | 24.9 | 23.3 |
| 중 남 미 | 44.8 | 49.0 | 52.6 | 55.1 | 64.7 |
| 아 르 헨 티 나 | 15.6 | 18.2 | 18.3 | 20.1 | 21.9 |
| 베 네 수 엘 라 | 17.2 | 17.1 | 19.8 | 19.5 | 24.9 |
| 서 유 럽 | 201.7 | 210.6 | 228.4 | 244.1 | 263.2 |
| 독 일 | 49.0 | 52.3 | 53.9 | 56.7 | 61.1 |
| 이 탈 리 아 | 28.9 | 34.1 | 39.1 | 41.2 | 40.9 |
| 네 덜 란 드 | 32.7 | 30.6 | 31.0 | 33.2 | 34.2 |
| 영 국 | 47.4 | 46.4 | 47.3 | 51.2 | 60.9 |
| 동 유 럽 | 575.0 | 628.6 | 662.1 | 616.7 | 544.5 |
| 구 소 련 | 505.0 | 558.6 | 596.6 | 565.4 | 493.5 |
| 중 동 | 65.9 | 81.1 | 85.1 | 95.7 | 110.7 |
| 아 프 리 카 | 24.9 | 27.5 | 30.1 | 33.0 | 36.8 |
| 아시아 및 대양주 | 105.9 | 119.7 | 142.6 | 161.7 | 184.3 |
| 인 도 네 시 아 | 13.5 | 12.5 | 18.0 | 20.3 | 24.2 |
| 일 본 | 36.7 | 40.3 | 46.1 | 50.4 | 54.3 |
| 한 국 | 0.1 | 2.7 | 3.0 | 4.6 | 7.6 |

자료 : *BP Statistical Review of World Energy*, 1995.

며, 주요 수입국은 서독, 미국, 일본, 프랑스, 이탈리아, 영국 등 주로 OECD 국가에 해당된다.

우리나라는 1980년대에 이르러 가스 수요가 계속 증가하여 1990년에는 LPG 수요가 300만 톤 이상이 되었다. 또한 인도네시아에서 도입되는 연간 200만 톤 규모의 LNG 인수기지 및 배관시설이 완료되어 1987년부터 정상가동됨으로써 천연가스 연료시대가 시작되었다. 도시가스의 높은 보급률증가와 청정에너지로서 가스발전의 증가세로 가스의 소비량은 계속 높은 증가추세를 보이고 있다.

## 2.3. 석탄, 핵연료 및 기타 에너지자원

에너지자원 중 가장 풍부하게 부존되어 있는 석탄은 제2차 석유파동 이후 대체에너지원으로 세계적인 각광을 받아 석유에너지원으로 되어 있는 발전소 및 시멘트공장 등의 시설이 석탄용으로 교체되어 수요가 계속 증가되고 있으며 석유와의 가격경쟁과 사용상의 편리도가 강화되면 석탄의 수요는 더욱 늘어날 것으로 보이므로 21세기의 주종 에너지원이 될 가능성이 크다.

원자력발전에 사용되는 핵연료는 석유 대체에너지원으로서 매우 높은 수요를 예상하였으나 각국의 원자력에 대한 안전문제가 심각하여 단기적으로 수요신장을 기대하기 힘든데 장기적으로 볼 때 석탄과 함께 장래의 주요 에너지원이 될 것으로 전망하고 있다.

기타 에너지자원으로서 오일 셰일과 타르 샌드가 세계적으로 석유에 필적할 만한 양이 부존되어 있으나 본격적인 개발은 하지 않고 있다.

### 2.3.1. 석탄자원의 특징

#### 1. 석탄의 정의

석탄은 오랜 지질시대에 걸쳐 유해가 퇴적되어 남게 된 하나의 유기퇴적암으로서 탄소물질이 풍부한 가연소성 암석을 말한다. 즉, 지표에서 성장한 식물의 유해가 우선 물 밑에 퇴적되고 이것이 지중에 매몰되어 공기와 접촉하지 않고, 지열 및 지압의 작용을 오랫동안 받으면서 분해하여 수분과 휘발분(산소 및 질소)이 감소되고 탄소의 함유량이 많은 물질로 잔류하게 된 것이 석탄이며, 그 탄화 정도에 따라 이탄(泥炭), 갈탄, 역청탄(또는 유연탄)과 무연탄으로 분류하게 된다. 따라서 석탄의 화학성분은 〈표 2-21〉과 같이 석탄 원래의 식물질을 대표하는 섬유소인 $C_6H_{10}O_5$이나, 석탄의 종류에 따라 〈그림 2-5〉와 같이 회분을 제외한 성분구성에 있어 탄소의 구성비율이 높은 순서로 이탄, 갈탄, 역청탄 및 무연탄으로

〈표 2-21〉 석탄의 화학성분

| 성 분 | 비 율(%) | 비 고 |
|---|---|---|
| 셀룰로오스(cellulose) | 40~58 | $(C_6H_{10}O_5)_n$, n : 수천 |
| 헤미셀룰로오스(hemicellulose) | 10~40 | $(C_5H_8O_{11})$ |
| 리 그 닌(lignin) | 18~27 | 목질부의 고분자질 |
| 회 분 | 0.4~1.2 | |
| 단 백 질 | 0.6~2.3 | |
| 지방, 수지 등 | 0.7~3.3 | |

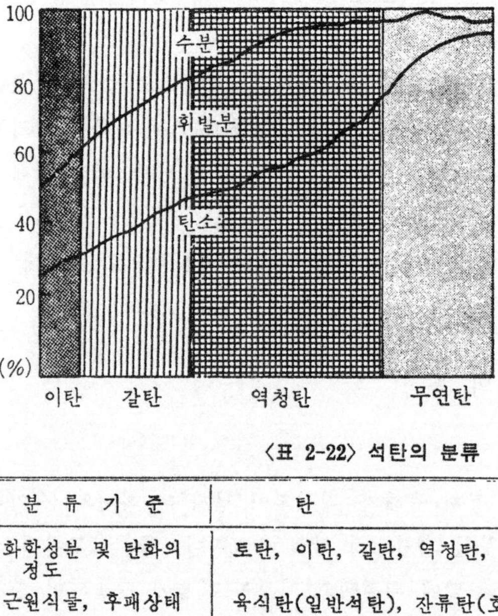


그림 2-5. 석탄의 종류와 성분구성

〈표 2-22〉 석탄의 분류

| 분 류 기 준 | 탄 종 |
|---|---|
| 화학성분 및 탄화의 정도 | 토탄, 이탄, 갈탄, 역청탄, 무연탄 |
| 근원식물, 후패상태 | 육식탄(일반석탄), 잔류탄(호박탄), 부니탄(수서식물) 등 |
| 탄의 특성 | 점결탄(강점결탄, 약점결탄), 비점결탄 등 |
| 입자의 크기 | 양탄, 분탄, 미분탄 등 |
| 선 별 | 지탄, 원탄 또는 조탄, 정탄, 경탄, 이탄 등 |
| 용 도 | 원료탄, 민수용탄, 산업용탄, 발전용탄 등 |
| 품 질 | 특급탄, 1급탄, 4급탄, 상급탄, 하급탄, 고급탄, 저질탄 등 |
| 조직조성 | 대충탄, 비대충탄 등 |
| 외 관 | 휘탄, 암탄 등 |
| 경 도 | 경탄, 연탄 등 |
| 연소상태 | 유연탄, 무연탄, 장함탄, 무함탄 등 |

분류하게 된다. 그 외에 석탄은 〈표 2-22〉와 같이 탄의 특성, 입자의 크기, 용도, 품질 등 분류기준에 따라 탄종을 분류한다.

### 2. 에너지로서의 특징과 용도

석탄은 18세기 말 산업혁명의 계기가 되었던 증기기관의 연료로서 본격적으로 사용하게 된 후, 약 200년간 세계의 주종 에너지원이었다. 그러나 제2차 세계대전 후 중동지역에서 대유전이 발견됨에 따라 에너지 유체화(流體化) 경향 속에서 석유가 주 에너지원이 되었다. 근래에 와서는 특히 제2차 유류파동에 의거하여 대체에너지로서 석탄의 중요성을 재인식하게 되었다. 그 이유는 석탄이 화석원료로서 가장 풍부한 자원이며, 전세계 확인매장량의 가채연수가 대략 200년이나 되고, 산유국의 편재성과 달리 여러 나라에 부존되어 있어 에너지 공급원의 다양화와 공급지역의 분산화 면에서 석유에 비해 장점이 되기 때문이다. 그러나 석탄은 고체연료이기 때문에 석유에 비하여 취급하기 불편하고, 연소조건에 따르는 환경오염. 노동력의 확보 및 수송과 관련된 시설 등의 문제가 있다. 또한 현재 석유를 중심으로 한 산업구조에서는 고체연료를 기존설비(보일러 등)에 적용하기 곤란한 반면 석탄가격이 저렴하기 때문에 액체상의 COM(Coal-Oil Mixture) 및 CWM(Coal Water Mixture) 연료기술이 개발되어 실용화 단계에 있으며 공해방지와 저열량탄의 유동층연소(fluidized bed combustion) 기술개발의 실용화에 의하여 석탄이용이 촉진되고 있다.

석탄의 용도는 크게 에너지연료와 석탄화학원료 및 2차 에너지로 대별한다. 용도별 세계 석탄 소비비율을 볼 때 발전용 연료로서 약 60%, 난방 및 기타 연료로서 약 27%이며, 나머지는 원료탄으로 주로 제련주물용 코크스에 소요된다.

## 2.3.2. 석탄의 부존 및 생산

### 1. 석탄의 부존

석탄자원은 〈표 2-23〉과 같이 1994년 말의 매장량이 약 1조 400억톤인데, 1970년대에 이르러 석유파동의 여파로 석탄자원의 탐사가 강화되면서 가채매

〈〈표 2-23〉 세계 석탄의 매장량(1994년 12월 현재)

| 국명 | 매장량($10^6$ton) | | | 가채연수 (R/P) |
|---|---|---|---|---|
| | 무연탄·역청탄 | 갈탄 | 계 | |
| 전세계 | 519,733 | 524,131 | 1,043,864 | 235 |
| OECD | 185,593 | 251,811 | 437,404 | 256 |
| 북미 | 11,864 | 138,528 | 250,392 | 247 |
| 미국 | 106,495 | 134,063 | 240,558 | |
| 캐나다 | 4,509 | 4,114 | 8,623 | |
| 멕시코 | 860 | 351 | 1,211 | |
| 중남미 | 5,649 | 4,548 | 10,197 | 298 |
| 브라질 | — | 2,845 | 2,845 | |
| 콜롬비아 | 4,240 | 299 | 4,539 | |
| 서유럽 | 27,558 | 67,576 | 95,134 | 209 |
| 독일 | 23,919 | 56,150 | 80,069 | |
| 그리스 | — | 3,000 | 3,000 | |
| 터키 | 162 | 6,986 | 7,148 | |
| 영국 | 2,000 | 500 | 2,500 | |
| 동유럽 | 135,422 | 179,908 | 315,330 | 352 |
| 구소련 | 104,000 | 137,000 | 241,000 | |
| 폴란드 | 29,100 | 13,000 | 42,100 | |
| 중동 | 193 | — | 193 | |
| 아프리카 | 60,861 | 268 | 61,129 | 300 |
| 남아공화국 | 55,333 | — | 55,333 | |
| 짐바브웨 | 734 | — | 734 | |
| 아시아및대양주 | 178,187 | 133,303 | 311,490 | 169 |
| 호주 | 45,340 | 45,600 | 90,940 | |
| 중국 | 62,200 | 52,300 | 1,145,000 | |
| 인도 | 68,047 | 1,900 | 69,947 | |
| 인도네시아 | 962 | 31,101 | 32,063 | |

자료 : *BP Statistical Review of World Energy*, 1995.

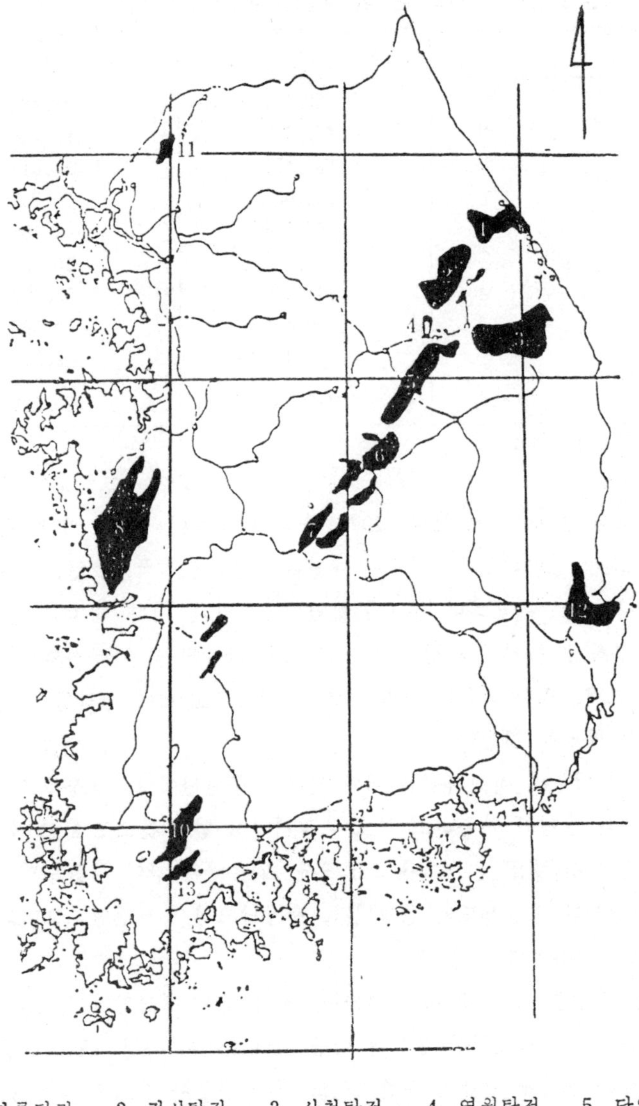


1. 강릉탄전 2. 정선탄전 3. 삼척탄전 4. 영월탄전 5. 단양탄전
6. 문경탄전 7. 보은탄전 8. 충남탄전 9. 전북탄전 10. 호남탄전
11. 경기탄전 12. 경주영일탄전 13. 보성탄전

**그림** 2-6. 우리나라의 탄전분포도

〈표 2-24〉 우리나라 탄전별 매장량(1994년 12월 현재) (단위 : 천 톤)

| 지 역 | 매 장 량 | 가 채 량 |
|---|---|---|
| 강 릉 | 63,764 | 43,406 |
| 정 선 | 451,613 | 98,406 |
| 삼 척 | 601,455 | 327,013 |
| 단 양 | 62,067 | 30,893 |
| 문 경 | 70,180 | 44,158 |
| 보 은 | 24,276 | 16,459 |
| 충 남 | 116,298 | 53,902 |
| 호 남 | 99,461 | 66,593 |
| 기 타 | 4,336 | 2,998 |
| 총 계 | 1,493,450 | 683,828 |

자료 : 광진 조사자료

장량이 계속 증가추세에 있다. 1973년도의 매장량이 약 4,300억 톤인 데 비하면 2.4배 증가하였다. 지역별 매장량을 볼 때 미국, 소련, 중국과 호주에 상대적으로 편중하여 분포되어 있다. 그러나 기타 지역도 양적으로 보아 풍부하게 매장되어 있기 때문에 세계 각국에 넓게 분산되어 있다고 볼 수 있으며, 또한 석유와 달리 OECD 제국(諸國)내에 상당한 양이 부존하고 있는 특징을 갖는다.

우리나라 남한의 석탄자원은 거의 전부가 무연탄이며, 경상북도 영일지역에 약간의 갈탄이 부존하고 있으나 경제성이 없는 것으로 보고 있다. 남한의 주요 탄전(炭田)은 〈그림 2-6〉에서 보는 바와 같이 강원도의 삼척탄전, 정선탄전과 경상북도의 문경탄전, 충청남도의 충남탄전, 그리고 전라남도의 호남탄전이다.

탄전별 매장량은 〈표 2-24〉에 나타난 바와 같이 매장량이 약 15억 톤이고 가채량은 약 6억 8천만 톤이며 이중 삼척탄전이 가장 큰 매장량을 점유하고 있는 동시에 탄층의 부존조건도 가장 양호한 것으로 되어 있다.

## 2. 석탄의 생산

세계의 석탄생산량은 〈표 2-25〉와 같이 약 22억 TOE이며, 이중 중국, 소련, 미국이 과반수를 차지하고 있다. 세계 생산량의 추이는 점진적으로 증가하고 있으며 특히 중국. 호주, 인도, 남아공화국, 캐나다 등 지역에서 그 추세가 뚜렷하다. 현재 주요 석탄수출국은 미국, 캐나다, 호주, 소련, 폴란드, 남아공화국, 중국 및 인도의 8개국으로 볼 수 있다.

〈표 2-25〉 세계 석탄의 생산 추이 (단위 : $10^6$TOE)

| 국명 | 1986 | 1988 | 1990 | 1992 | 1994 |
|---|---|---|---|---|---|
| 전세계 | 2,329.0 | 2,245.9 | 2,261.0 | 2,186.2 | 2,158.3 |
| OECD | — | 919.8 | 948.2 | 899.7 | 871.4 |
| 북미 | 523.3 | 561.2 | 603.2 | 578.5 | 593.1 |
| 미국 | 487.5 | 518.4 | 561.4 | 539.8 | 550.1 |
| 캐나다 | 31.6 | 39.4 | 38.2 | 35.5 | 39.5 |
| 멕시코 | 4.2 | 3.4 | 3.6 | 3.2 | 3.5 |
| 중남미 | 13.7 | 16.2 | 20.8 | 23.4 | 23.6 |
| 브라질 | 4.2 | 3.7 | 2.6 | 2.7 | 2.5 |
| 콜롬비아 | 8.5 | 10.9 | 14.8 | 17.0 | 17.0 |
| 서유럽 | 263.9 | 259.2 | 231.3 | 197.4 | 153.2 |
| 독일 | 145.3 | 140.6 | 121.2 | 92.5 | 76.5 |
| 영국 | 65.8 | 63.3 | 56.5 | 51.4 | 29.2 |
| 터어키 | 14.0 | 21.0 | 20.3 | 22.3 | 19.1 |
| 동유럽 | 665.1 | 571.5 | 501.5 | 437.3 | 370.8 |
| 구소련 | 376.8 | 365.1 | 332.0 | 286.4 | 224.7 |
| 폴란드 | 142.2 | 120.5 | 94.2 | 85.4 | 86.4 |
| 중동 | 0.7 | 0.9 | 0.9 | 1.1 | 1.1 |
| 아프리카 | 99.2 | 100.8 | 97.3 | 98.9 | 108.5 |
| 남아프리카공화국 | — | 96.1 | 92.6 | 94.2 | 103.5 |
| 아시아 및 대양주 | 763.1 | 736.1 | 806.0 | 849.6 | 908.0 |
| 호주 | 90.6 | 90.4 | 106.6 | 117.0 | 118.3 |
| 중국 | 539.0 | 481.4 | 530.1 | 543.7 | 592.0 |
| 인도 | 105.4 | 91.9 | 103.3 | 117.3 | 122.9 |
| 한국 | 12.0 | 12.7 | 9.1 | 6.4 | 3.9 |

자료 : *BP Statistical Review of WorldEnergy*, 1995.

〈표 2-26〉 국내 무연탄의 생산 및 소비 추이 (단위 : 톤)

| 연 도 | 생 산 | 수 입 | 소비 | | | |
|---|---|---|---|---|---|---|
| | | | 민 수 용 | 발 전 용 | 기 타 | 계 |
| 1962 | 7,444,007 | — | 4,928,112 | 754,693 | 1,533,672 | 7,216,477 |
| 1965 | 10,248,292 | — | 7,117,804 | 1,567,708 | 1,660,917 | 10,346,429 |
| 1970 | 12,393,552 | — | 9,909,873 | 573,712 | 1,347,117 | 11,830,702 |
| 1975 | 17,593,171 | — | 13,612,290 | 1,348,847 | 983,289 | 15,944,426 |
| 1981 | 19,864,012 | 4,293,172 | 18,543,161 | 1,877,670 | 992,658 | 21,413,489 |
| 1982 | 20,115,614 | 2,292,145 | 17,886,531 | 2,326,483 | 651,843 | 20,864,857 |
| 1983 | 19,860,775 | 813,011 | 18,960,133 | 2,073,578 | 635,842 | 21,669,553 |
| 1984 | 21,370,329 | 803,628 | 21,315,571 | 2,250,900 | 587,145 | 24,153,616 |
| 1985 | 22,542,698 | 2,333,428 | 23,100,350 | 1,778,096 | 460,458 | 25,338,904 |
| 1986 | 24,252,700 | 3,914,800 | 24,251,672 | 2,285,243 | 390,329 | 26,326,224 |
| 1987 | 24,273,112 | 2,782,307 | 23,587,813 | 2,443,564 | 304,847 | 26,927,244 |
| 1988 | 24,294,686 | 1,669,855 | 22,926,123 | 2,406,675 | 308,473 | 25,641,271 |
| 1989 | 20,785,028 | 927,000 | 20,054,000 | 2,438,000 | 306,000 | 22,798,000 |
| 1994 | 5,720,000 | 146,000 | 3,005,000 | 2,421,000 | 59,000 | 5,485,000 |

한편 우리나라의 석탄생산량은 민수용탄(民需用炭, 주로 연탄)의 수요증가로 계속 증산추세에 있었다. 생산실적을 보면 1961년의 588.4만 톤에서 1984년에는 2,137.0만톤을 생산하게 되고 연평균 5.8%의 증산을 이룩하여 1988년에는 2,429.5만 톤까지 최고생산량을 보였다. 그러나 1987년부터 민수용탄, 즉 연탄의 수요감퇴와 비경제탄광의 폐쇄로 1989년의 석탄생산은 2,078.5만 톤으로 감산되었고 계속 감산추세에 있다(〈표 2-26〉 참조).

국내 주요 탄광으로는 삼척탄전에는 석공(石公)의 장성, 도계탄광과 민영의 동원·삼척·강원·함태·경동 및 한보탄광이 있으며, 문경탄전에는 민영의 대성과 봉명탄광, 그리고 호남탄전에는 석공의 호남탄광이 이에 해당된다. 우리나라 석탄층의 부존상태는 복잡하고 탄층이 불규칙하며 급경사를 이루고 있는 특징을 지니고 있어 탐탄(探炭) 및 채탄기술에 있어 가채광량확보, 생산성 향상, 탄질향상 및 광산공해방지 등 해결해야 할 과제가 많다.

한편 국내 석탄수요는 유연탄에 있어서 급속한 신장을 이루고 있다. 1989년도에 연간 약 2,150만 톤의 수입 유연탄을 소비하고 있으며, 용도로는 제철용 50%, 발전용 30%, 그리고 시멘트용 20%의 구성을 가지고 계속 증가추세에 있다. 이와 같은 석탄수요의 확대에 대한 안정공급과 자주공급을 위하여, 아직 초기단계이나 해외 자원개발을 촉진중에 있으며 현재 미국, 호주, 캐나다 및 인도네시아에서 사업이 진행중이다. 특히 인도네시아 파시루 탄전은 100% 참여지분을 가지고 개발에 착수한 사례가 된다.

### 2.3.3. 핵연료자원

#### 1. 핵연료의 정의 및 에너지 특성

현재 사용하고 있는 원자력발전의 핵연료는 우라늄이다. 주요 우라늄 광물은 〈표 2-27〉과 같으며, 천연우라늄 상태에서 $U_{238}$(99.285%)과 $U_{235}$(0.71%) 및 $U_{234}$(0.005%)가 공존하고 있고, 그중 $U_{235}$가 원자력발전에 사용되고 있다. 우라늄 원광석을 선광처리하여 $U_3O_8$ 형태로 만든 것을 옐로우 케이크(yellow cake)라 하며, 원자로에 장입(裝入)되려면 이를 $UF_6$ 형태로 전환하고 농축을 시켜야만 한다.

원자력발전은 석유 대체에너지로 매우 높은 수요가 예상되었으나 미국의 드리마일섬 사고, 최근 소련의 체르노빌 사고 등에 따라 각국에서 원자력의 안전문제가 심각하게 대두되어 단기간내에는 큰 수요신장을 기대하기 어려운 사정에 있으나, 장기적으로 볼 때 석탄과 더불어 원자력

〈표 2-27〉 주요 우라늄 광물

| 광 물 명 | 조 성 |
|---|---|
| 섬우라늄석(uraninite) | $UO_2$(Th, $UO_3$, Ra 등이 소량 포함) |
| 역청우라늄석(pitchblende) | 섬우라늄석과 같은 성분의 괴상 비정질 |
| 카아노타이트(carnotite) | $K_2(UO_2)_2(UO_4)_2 \cdot 3H_2O$ |
| 튜야무나이트(tyuyamunite) | $Ca(UO_2)_2(UO_4)_2 \cdot nH_2O$ |
| 인회우라늄석(autunite) | $Ca(UO_2)_2(PO_4)_2 \cdot 10 \sim 12H_2O$ |

발전이 대체에너지의 주종을 이룰 것으로 전망됨에 따라 이들의 수요가 증대될 것으로 판단된다.

원자력 에너지의 특성을 요약하면, 첫째는 매우 풍부한 핵연료자원이 부존되어 있는 점이다. 핵분열에 대하여 볼 때 고속증식로의 개발만 실용화되면, 천연우라늄의 대부분인 $U_{238}$의 이용이 가능하며 토륨(thorium)도 이용 가능하여 활용자원이 비약적으로 증대된다. 둘째는 비축과 수용이 용이하여 공급의 안정성이 크므로 준 국산에너지의 성격을 갖고 있다. 핵연료는 석탄, 석유에 비하여 연료 단위당 방출되는 에너지가 대단히 크다. 예를 들어 경수로(輕水爐)발전은 석유화력에 비하여 약 1만분의 1 중량의 연료로 충당되므로 비축 및 수송기능의 장점이 된다. 셋째로 핵 에너지의 이용에는 장기간의 리드타임(lead time)이 필요하다. 즉, 복잡하고 고급의 설비 및 기술 이외에도 우라늄 자원개발, 핵연료 싸이클 확립, 발전소 입지조사 및 건설 등에 있어 10년 내외의 기간이 소요되며 계획적인 추진이 필요하다. 넷째는 방사능 물질취급의 안전성 문제이다. 이 안전성에 대한 절대적 기술배려와 관리가 타에너지자원에 비하여 강력히 요구되며 이것이 전망의 관건이 된다. 다섯째는 현재 실용되고 있는 원자력 에너지는 취출(取出)온도(약 300°C)가 기술적으로 높지 않기 때문에 주로 발전에 한하여 활용된다. 따라서 원자력은 에너지원으로서 연료자원이 풍부하고, 준 국산에너지의 성격을 지니고 있으며 경제성이 있다는 장점을 지니고 있으나, 원자력이용에는 방사능물질을 취급하는 특성 때문에 안전면, 환경면, 입지면 등에 타에너지 이상의 배려가 필수적으로 수반되어야 하며 신중히 추진되어야 할 것이다.

### 2. 부존, 생산 및 이용

우라늄의 세계 부존현황은 〈표 2-28〉과 같이 확인매장량이 약 200만 톤과 추정추가자원량이 약 120만 톤으로 합계 320만 톤으로 추정된다. 지역적으로 주요 부존국가는 호주, 미국, 남아공화국, 캐나다, 브라질, 나제르 및 나미비아 등이 해당된다. 매장량 추이는 1976~1979년간 사이에

〈표 2-28〉 세계 우라늄의 확인매장량 (단위 : 천 톤 U)

| 국명 | 80달러/kgU 이하 | 80~130달러/kgU | 계 |
|---|---|---|---|
| 알제리 | 26.0 | — | 26.0 |
| 아르헨티나 | 18.8 | 4.5 | 23.3 |
| 호주 | 314.0 | 22.0 | 336.0 |
| 오스트리아 | — | 0.3 | 0.3 |
| 브라질 | 163.3 | — | 163.3 |
| 캐나다 | 176.0 | 9.0 | 185.0 |
| 중앙아시아 | 18.0 | — | 18.0 |
| 칠레 | — | 2.3 | 2.3 |
| 덴마크 | — | 27.0 | 27.0 |
| 이집트 | — | — | — |
| 핀란드 | — | 3.4 | 3.4 |
| 프랑스 | 56.2 | 11.3 | 67.5 |
| 가봉 | 18.7 | 4.7 | 23.3 |
| 서독 | 0.9 | 4.2 | 5.1 |
| 그리스 | 0.4 | — | 0.4 |
| 인도 | 31.7 | 10.9 | 42.6 |
| 일본 | 7.7 | — | 7.7 |
| 한국 | — | 10.0 | 10.0 |
| 멕시코 | 2.9 | — | 2.9 |
| 나미비아 | 119.0 | 16.0 | 135.0 |
| 니제르 | 160.0 | — | 160.0 |
| 포르투갈 | 6.7 | 1.5 | 8.2 |
| 소말리아 | — | 6.6 | 6.6 |
| 남아공화국 | 191.0 | 122.0 | 313.0 |
| 스페인 | 15.7 | 4.5 | 20.2 |
| 스웨덴 | 2.0 | 37.0 | 39.0 |
| 터키 | 2.5 | 2.1 | 4.6 |
| 페루 | 0.5 | — | 0.5 |
| 미국 | 131.3 | 275.9 | 407.2 |
| 자이르 | 1.8 | — | 1.8 |
| 계 | 1,555.0 | 678.0 | 2,233.0 |

자료 : *Uranium: Resources, Production and Demand, OECD*, 1988. 3.

40US 달러/$U_3O_8$ 1 파운드이었던 가격이 공급과잉으로 1984년 이후 20US 달러/$U_3O_8$ 1 파운드 이하 수준을 유지하게 됨에 따라 탐사활동의 약화

〈표 2-29〉 세계 우라늄의 생산량 (단위 : 톤 U)

| 국명 \ 연도 | 1979 | 1980 | 1981 | 1982 | 1983 | 1984 |
|---|---|---|---|---|---|---|
| 아르헨티나 | 745 | 242 | 187 | 659 | 132 | 98 |
| 호주 | 706 | 1,561 | 2,860 | 4,422 | 3,218 | 4,390 |
| 캐나다 | 6,530 | 6,739 | 7,507 | 6,481 | 7,193 | 9,693 |
| 프랑스 | 2,771 | 3,172 | 2,550 | 2,876 | 3,299 | 3,160 |
| 가봉 | 1,100 | 1,033 | 1,022 | 1,077 | 1,000 | 1,000 |
| 일본 | 3 | 5 | 3 | 3 | 3 | — |
| 니제르 | 3,600 | 4,150 | 4,363 | 4,257 | 3,426 | 3,276 |
| 포르투갈 | 134 | 95 | 120 | 132 | 122 | 134 |
| 남아공화국 | 4,780 | 6,186 | 6,135 | 5,820 | 6,044 | 6,734 |
| 나미비아 | 3,831 | 4,039 | 3,969 | 3,777 | 3,774 | 3,141 |
| 스페인 | 296 | 334 | 246 | 155 | 176 | 242 |
| 미국 | 15,518 | 16,813 | 14,728 | 10,004 | 7,722 | 5,002 |
| 계 | 40,014 | 44,369 | 43,690 | 39,663 | 36,109 | 35,870 |

자료 : *Minerals Yearbook, Mining Annual Review. International Mining.*

로 큰 변화가 없다.

우리나라 우라늄자원의 부존지대는 주로 충북 괴산에서 대전 남부지구에 이르는 지역으로 저품위($U_3O_8$:0.03~0.04%)인 우라늄자원을 약 1억톤 이상 매장하고 있다. 이를 회수 가능한 우라늄 정광으로 환산하면 약 2.1만 톤으로 600MW급 6기 소요분(수명 30년)에 해당되며, 개발시 부산물로 석탄 약 2,000만톤(열량 4,000cal 기준) 정도 회수가 가능한 것으로 보고 있다. 세계 우라늄생산량은 〈표 2-29〉에서 나타나 있는것과 같이 U 기준으로 약 36,000톤이다. 생산량 추이는 1975년의 19,000톤 U에서 급격히 증가하여 1980년에는 44,000톤 U까지 생산하였으나, 그 이후 공급과잉으로 감산추세를 보이게 되었다. 지역적으로 캐나다, 남아공화국, 미국, 호주, 니제르 및 나미비아가 주요 생산국이며, 특히 캐나다와 호주는 계속 증산추세를 보이고 있다.

1988년 현재 원자력발전소의 현황은 세계에서 운전중에 있는 발전기수가 439기로서 발전능력은 약 3.4억 kW이며, 건설중 및 계획중인 것까지 합하면 663기에 총 5.4억 kW가 된다. 주요 원자력발전국은 미국, 소련,

프랑스, 일본, 서독, 영국 등이다. 우리나라는 현재 7기의 발전소를 보유하고 있는데 발전용량(1989년 현재)은 약 770만 kW이며 2기(용량 190만 kW)를 건설중에 있고, 발전량의 주에너지원이 1986년을 기준으로 하여 석유에서 원자력으로 바뀌게 되어 1989년에는 발전비중이 50%가 되었다.

### 2. 3. 4. 기타 에너지자원

#### 1. 오일 셰일(oil shale) 및 타르 샌드(tar sand) 자원

석유대체 에너지자원인 석탄, 천연가스, 핵연료 이외에 지하자원으로서 오일 셰일(oil shale)과 타르 샌드(tar sand)가 있다. 오일 셰일은 유기물(kerogen)이 함유된 셰일로서 900°F까지 가열시키면 점성이 떨어져서 석유성분을 추출해 낼 수 있는 것을 말한다. 한편, 타르 샌드는 타르상(tar 狀)내에 중질의 원유가 다량 함유된 모래 또는 사암으로서 석유성분

〈표 2-30(a)〉 오일 셰일의 성분

| 유기물질(13.7%) | | 광물질(86.3%) | |
|---|---|---|---|
| 성분 | 중량(%) | 성분 | 중량(%) |
| 탄소 | 80.5 | 탄산염 | 50.0 |
| 수소 | 10.3 | 장석류 | 19.0 |
| 질소 | 2.4 | 운모류점토 | 15.0 |
| 유황 | 1.0 | 석영 | 10.0 |
| 산소 | 5.8 | analcite | 5.0 |
| | | 황철광 | 1.0 |

자료 : *Energy Fact Book*, 1976.
주 : 미국 유타주 마호가니지역 오일 셰일, 원유성분이 중량비 10.9% 함유되어 있고, 평균 1톤당 28.4갈론의 원유 산출

〈표 2-30(b)〉 타르 샌드의 성분

| 성분 | 구성비(%) | 비고 |
|---|---|---|
| sand | 84 | bitumen의 구성 |
| $H_2O$ | 4 | oil : 50∼60% |
| clay | 1 | resins : 30∼35% |
| bitumen | 11 | asphalt : 12∼25% |

〈표 2-31〉 오일 셰일의 매장량 (단위 : 백만 배럴)

| 국 명 | 매 장 량 | 국 명 | 매 장 량 |
|---|---|---|---|
| A. 소 규 모 광 상 | | 남 아 공 화 국 | 125.8 |
| 호 주(타스마니아) | 18.9 | 스 웨 인 | 251.6 |
| 오 스 트 리 아 | 8 | 태 국 | 817.7 |
| 칠 레 | 18.9 | 유 고 슬 라 비 아 | 188.7 |
| 이 스 라 엘 | 18.9 | C. 대 규 모 광 상 | |
| 요 르 단 | 44.0 | 브 라 질 | 800,842.8 |
| 마 다 가 스 카 르 | 32 | 미 안 마 | 2,012.8 |
| 폴 란 드 | 48 | 캐 나 다 | 44,030.0 |
| 터 키 | 18.9 | 중 국 | 27,864.7 |
| B. 중 규 모 광 상 | | 서 독 | 2,012.8 |
| 아 르 헨 티 나 | 377.4 | 이 탈 리 아(시실리) | 35,224.0 |
| 호 주 | 251.6 | 스 웨 덴 | 2,516.0 |
| 불 가 리 아 | 125.8 | 소 련 | 112,591.0 |
| 프 랑 스 | 440.3 | 영 국 | 1,006.4 |
| 룩 셈 부 르 크 | 691.9 | 미 국 | 2,000,220.0 |
| 모 로 코 | 592 | 자 이 르 | 100,640.0 |
| 뉴 질 랜 드 | 251.6 | 세 계 총 계 | 3,133,659.9 |

자료 : UNESCO 제 5 차 천연자원위원회자료(1977.5).
주 : 톤당 10갈론 이상의 원유를 산출하는 오일 셰일 광상에 대한 추정치임.

을 추출·정제함으로써 직접 석유 대체자원이 되는 것을 말한다. 오일 셰일과 타르 샌드의 성분은 〈표 2-30〉과 같다.

오일 셰일의 세계 부존량은 총매장량이 석유에 버금가는 것으로 약 3조 배럴(〈표 2-31〉 참조)이며, 이중 미국이 약 65%를 점유하고 있고, 다음이 브라질로서 8,000억 배럴이다. 미국의 유타주에 매장되어 있는 오일 셰일의 원유성분 중량비는 10.9%이고, 평균 1톤에서 28.4갤런의 원유를 추출할 수 있다. 우리나라에서는 전라남도 해남군의 남해안에 약간의 유징이 있는 오일 셰일이 분포되어 있으나 경제성은 약한 것으로 보고 있다.

타르 샌드는 세계 부존량이 약 2.1조 배럴로 추정(〈표 2-32〉 참조)하고 있으며, 대부분은 베네수엘라 및 캐나다에 치중하여 매장되어 있다.

오일 셰일과 타르 샌드 자원의 생산방법은 광산에서 개발하고 있는 채

〈표 2-32〉 타르 샌드의 매장량 (단위 : 억 배럴)

| 국 명 | 부존량 | 비율(%) | 국 명 | 부존량 | 비율(%) |
|---|---|---|---|---|---|
| 캐나다 | 9,670 | 44.1 | 베네수엘라 | 10,550 | 47.9 |
| 미국 | 270 | 1.2 | 말라가시 | 20 | 0.2 |
| 소련 | 1,440 | 6.6 | 계 | 21,900 | 100 |

자료 : *Oil and Gas Journal*, 1978.10.

광기술을 응용하는 것으로서 기술적으로 곤란하지 않으나, 채광비용, 채광에 의한 주변환경문제, 원유회수 후의 회(灰)의 처리문제 등이 있다. 이와 같은 문제점을 해결하기 위하여 캐나다에서 타르 샌드에 대하여, 또한 미국에서 오일 셰일에 대하여 효율적인 개발을 위한 연구 및 실험을 계속하고 있으나, 채광기술, 원유추출 및 정제기술이 초기단계에 있으며, 이와 같은 기술문제에 초기투자가 막대하여 채산성에 난점이 있어, 원유가의 상당한 상승이 예상되는 미래에 활용이 기대된다.

## 2. 기타 에너지원

현재 인류가 사용하고 있는 에너지원인 석유, 석탄, 천연가스 및 핵연료 이외에 장래 연구개발로서 이용 가능한 에너지원인 신·재생에너지원이 있다. 신·재생에너지원에는 태양에너지, 지열에너지, 해양에너지, 풍력에너지, 석탄액화, 가스화(COM, CWM 포함), 오일 셰일 및 타르 샌드, 바이오매스(biomas)들이 해당된다. 이와 같은 신에너지 기술개발은 거액의 자금과 장기간의 소요, 실용화 후에 초기단계의 보급문제, 그리고 타에너지원과의 가격경쟁이 요구되는 성격을 지니고 있다. 1970년대의 석유파동에 의하여 각 선진국에서는 신·재생에너지 기술개발 및 실용화에 박차를 가하였으나, 1983년 이후 석유가격이 30US 달러/배럴 이하로 떨어지게 됨에 따라 가격경쟁상의 불투명 때문에 경제화와 보급이 지연되고 있다. 그러나 장기적인 안목을 가지고 꾸준히 신·재생에너지개발에 노력하여야 할 것이다. 신·재생에너지 중에 석탄 액화, 가스화의 자원과 오일 셰일 및 타르 샌드는 지하자원이며 지열에너지는 지하에서 얻어지는 열이기 때문에 지하자원의 범위에 속한다고 볼 수 있다.

지열은 지각 내부에서 발생한 열이 외부로 방출되는 것으로서, 지표부근에서는 100m 심도마다 평균 3℃ 상승하는 것으로 알려져 있다. 지열에너지의 추정자원량은 2,115×10²¹Joule로 보고되어 있으며, 석유로 환산하면 약 350조 배럴이란 막대한 수치이나, 실제로 발전과 열원으로서 이용될 수 있는 양은 상당히 제한되어 있다고 보고 있다. 지열자원을 대별하면 화산성과 비화산성으로 분류한다.

화산성 지열은 화산활동과 관련된 지대의 지열을 대상으로 하는 것으로서 천부지열, 심부지열, 고온암체와 화산암체로 구분한다. 천부지열은 지하 2km 이내의 열원에 의하여 지하수가 가열된 증기 또는 열수를 이용하는 것이며, 심부지열은 지하 2~5km의 지열을 대상으로 하고, 고온암체는 고열원은 부존하나 불투수층으로 열수(熱水)가 없는 경우를 말하는데, 이를 활용하는 방법으로서 물을 주입하여 열수를 취득하는 기술개발이 수행중에 있다. 또한 화산에너지에 대해서는 산 중턱으로부터 화도(火道)에 시추하여 증기, 분연(噴煙)을 채집하여 그 열로 발전을 시도하고자 고려중에 있다. 한편 비화산성 지열은 심층열수로서 지하심부가 투수층으로 구성되고 열수가 존재할 때 이용하는 것이다.

현재 지열은 주로 발전용에 사용하는데 미국, 이탈리아, 뉴질랜드, 일본 등에서 수십만 kW의 발전을 하고 있으며, 이들 지역은 대부분 화산지대로서 지각의 온도상승률이 평균보다 훨씬 높은 지역이다. 우리나라는 현재 화산활동지대가 아니기 때문에 크게 기대하기 어려우나 고온암체, 심층열수 등의 부존성과 에너지 보존 및 절약을 위한 지하구조물의 특성에 대하여 연구를 계속하여야 할 것이다.

그 외에 자원공학의 인접 분야인 해양과학과 관련하여 해양에너지가 있다. 해양에너지를 이용한 발전으로 파력(波力), 온도차 및 조력 등에 대한 연구·개발이 진행중이다. 우리나라에서는 조석차가 약 10m되는 서해안이 조력발전의 타당지역으로 인정받고 있다. 그러나 조력발전은 막대한 시설투자가 소요되므로 현재는 실용화되고 있지 못하다.

# 3
# 광물 및 기타 자원

과학기술의 발전으로 인류는 여러 형태의 재료를 이용하여 물질문명의 혜택을 받고 있다. 이 재료는 목재와 같은 식물성 재료 이외에는 대개 지하자원이 그 주된 원료가 되고 있다. 즉, 이들 재료는 지하에서 얻어지는 금속 및 비금속광물 등을 처리하여 생산된 금속 및 무기재료와 석유 또는 석탄을 원료로 하는 고분자 유기재료 등이다.

지하자원 중 경제적으로 금속성분을 추출할 수 있는 광물을 대상으로 할 때 이를 금속자원이라 말한다. 한편 금속성분의 추출을 목적으로 하지 않고, 어떤 화학적 또는 물리적 성질을 이용하는 것을 목적으로 생산된 광물을 비금속광물이라 하며, 이들이 경제성을 가질 때 비금속자원이라 한다. 정장석($KAlSi_3O_8$)은 알루미늄 같은 금속이 포함되어 있으나 비금속광물로 취급되며, 보크사이트($Al_2O_3 \cdot 2H_2O$)는 알루미늄을 추출하는 원료광물이므로 금속광물로 취급된다. 여기서 광물이라 함은 천연산의 무기물로서 고체이며, 일정한 범위내의 화학조성과 규칙적인 원자배열을 가지고 있는 물질을 말한다.

세계 광물자원의 부존상황은 〈표 3-1〉과 같은데, 주요 광물자원의 매장량은 현 생산량을 참작할 때 향후 20~30년간의 세계 수요에 충분한 양으로 볼 수 있다. 그러나 자원은 부존의 편재성과 국제정치정세에 민감한

〈표 3-1〉 세계 주요 광물자원의 매장량

| 광 물 명 | 매 장 량 | 생 산 량 | 가채연수 | 주 요 보 유 국 |
|---|---|---|---|---|
| 금 | 42,000톤 | 1,910톤 | 22 | 남아공화국, 소련, 미국, 캐나다 |
| 은 | 28만톤 | 14,000톤 | 20 | 소련, 캐나다, 미국, 호주, 멕시코 |
| 동 | 352백만톤 | 883만 톤 | 40 | 칠레, 미국, 잠비아, 자이르 |
| 납 | 7천만톤 | 345만 톤 | 20 | 미국, 호주, 소련, 캐나다 |
| 아 연 | 1.47억 톤 | 704만 톤 | 21 | 캐나다, 호주, 미국, 남아공화국, 소련 |
| 철 광 석 | 661억톤 | 9.43억 톤 | 70 | 소련, 호주, 브라질, 캐나다 |
| 중 석 | 256.6만 톤 | 42,800톤 | 60 | 중국, 소련, 캐나다, 미국 |
| 몰리브덴 | 554만 톤 | 12.1만 톤 | 46 | 미국, 칠레, 소련, 캐나다 |
| 알루미늄 | 218억 톤 | 101백만 톤 | 216 | 호주, 기니, 브라질, 자메이카 |

주 : 1) 매장량은 USBM의 reserve로만 제한.
2) 생산량은 1989년 추정치 적용.

요인을 가지고 있고, 또한 세계 산업구조의 변화에 따른 신소재 및 미활용자원의 수요증대 등으로 일부 광종은 수급에 있어 유동적인 면도 있다.

〈표 3-2〉 국내 주요 광물자원의 매장량

| 광 물 명 | 매장량(천 톤) 1988.12 | | | 1989년 생산실적 | | 가채 |
|---|---|---|---|---|---|---|
| | 품 위 | 매장량 | 가채광량 | 품 위 | 생산량 | 연수 |
| 금 | Au : 12.18g/톤 | 12,082 | 5,941 | Au : 99.9% | 1.3톤 | 56 |
| 은 | Ag : 178.2g/톤 | 17,271 | 9,112 | Ag : 99.9% | 53.4톤 | 30 |
| 동 | Cu : 1.13% | 20,302 | 11,156 | Cu : 25% | 13톤 | — |
| 납 | Pb : 3.95% | 37,491 | 20,917 | Pb : 50% | 33천 톤 | 50 |
| 아 연 | Zn : 7.3% | 37,491 | 20,917 | Zn : 50% | 46천 톤 | 66 |
| 철 | Fe : 34.9% | 175,120 | 73,533 | Fe : 56% | 344천 톤 | 124 |
| 중 석 | $WO_3$ : 0.4% | 59,868 | 28,560 | $WO_3$ : 70% | 3,064톤 | 53 |
| 몰리브덴 | $MoS_2$ : 0.51% | 78,423 | 28,588 | $MoS_2$ : 90% | 244톤 | — |
| 활 석 | 각 급 | 43,942 | 19,562 | 각 급 | 162천 톤 | 120 |
| 납 석 | 각 급 | 86,760 | 34,199 | 각 급 | 770천 톤 | 44 |
| 장 석 | 각 급 | 32,744 | 15,875 | 각 급 | 233천 톤 | 68 |
| 고 령 토 | 각 급 | 233,078 | 112,661 | 각 급 | 1,219천 톤 | 92 |
| 석 회 석 | 각 급 | 41,745,867 | 17,210,990 | 각 급 | 48백만 톤 | 358 |
| 규 석 | 각 급 | 1,912,181 | 964,107 | 각 급 | 1,554천 톤 | 620 |
| 규 사 | $SiO_2$ : 87.2% | 123,397 | 45,146 | — | 1,358천 톤 | 33 |

우리나라의 광물자원 중에서 부존광물의 수는 330종이 되나 실제 가행되고 있는 광종은 40여 종이 된다. 부존의 특성은 대체로 광체규모가 작고 저품위가 많으며, 지질변화가 심하여 탐사하기 힘든 여건에 있다. 매장량에 있어서는 〈표 3-2〉에서 나타나 있는 것과 같이 금속광보다 비금속광의 부존이 비교적 풍부하다. 한편 국내 산업구조가 중공업 중심으로 변환됨에 따라 원료자원의 수요가 증대되고 국내 생산의 한계 때문에 광물자원의 수입이 계속 증가되어 1989년 현재 광물자원의 해외 의존도가 70%를 나타내고 있다.

## 3.1. 금 속 자 원

금속자원은 철강원료자원과 비철금속자원으로 분류할 수 있다. 철강원료자원은 철강과 관련되어 합금철원료로 많이 사용되는 자원으로서 철광석, 망간, 몰리브덴, 중석, 니켈, 코발트 등을 들 수 있다. 우리나라의 경우 포철이 1,720만 톤의 제철능력을 갖고 있으며, 광양 제 2 제철의 설비확장이 4기까지 완료되면 철광석·망간 등의 수요가 크게 증가될 것이다.

비철금속자원은 철강원료자원을 제외한 금속자원을 말하며, 동·납·아연 등 주요 금속자원, 알루미늄·마그네슘 등 경금속자원과 금·은 등 귀금속자원으로 분류하고 있다. 비철금속은 각각 그들이 가지는 고유한 물리적 및 화학적 성질을 이용하여 단일성분 또는 합금용도에 사용된다. 뉴세라믹 분야와 프라스틱 분야의 기술발달로 일부 금속자원의 대체가 점차 이루어질 전망이나, 우리나라의 산업구조가 팽창하고 고도화됨에 따라 철·알루미늄·동·아연 등 전통적인 기초금속자원의 수요증가와 함께 크롬·희토류(稀土類)금속·바나듐 등 신소재 자원의 수요증가도 클 것으로 예상된다.

### 3.1.1. 철강원료자원

**1. 철(iron, Fe)**

인류의 문명은 철을 이용할 수 있게 됨에 따라 오늘날과 같은 발전을 이룩하게 되었고 철은 산업의 핵 역할을 하고 있다. 철은 지각을 구성하는 물질에서 그 함유량이 평균 5.05%로 산소, 규소, 알루미늄 다음으로 많은 원소인데 전부가 화합물로서 존재하며, 원소 자체로 부존하는 것은 극히 드물다.

〈표 3-3〉 세계 철광석의 매장량 (단위 : 백만 톤)

| 국 명 | 총 매 장 량 | 비 율 (%) |
|---|---|---|
| 미 국 | 3,800 | 5.7 |
| 캐 나 다 | 4,600 | 7.0 |
| 브 라 질 | 6,500 | 9.8 |
| 소 련 | 25,000 | 37.8 |
| 인 도 | 3,300 | 5.0 |
| 중 국 | 3,500 | 5.3 |
| 호 주 | 10,200 | 15.4 |
| 기 타 | 9,200 | 13.9 |
| 세 계 총 계 | 66,100 | 100.0 |

자료 : USBM, *Mineral Commodity Summaries*, 1990.

〈표 3-4〉 세계 철광석의 생산추이 (단위 : 백만 톤)

| 국명＼연도 | 1984 | 1985 | 1986 | 1987 | 1988 |
|---|---|---|---|---|---|
| 프 랑 스 | 15.0 | 14.7 | 11.82 | 11.24 | 9.87 |
| 스 웨 덴 | 18.1 | 20.6 | 20.49 | 19.71 | 20.44 |
| 소 련 | 247.1 | 248.0 | 250.0 | 250.9 | 249.7 |
| 미 국 | 52.1 | 48.8 | 39.45 | 47.57 | 56.44 |
| 브 라 질 | 112.1 | 120.0 | 129.54 | 134.0 | 145.0 |
| 베네수엘라 | 13.1 | 14.8 | 16.72 | 17.2 | 18.22 |
| 라이베리아 | 16.1 | 16.1 | 15.6 | 13.74 | 12.77 |
| 남아공화국 | 24.6 | 24.4 | 24.48 | 22.0 | 23.0 |
| 중 국 | 121.9 | 130.0 | 142.48 | 157.0 | 154.78 |
| 인 도 | 40.8 | 42.5 | 48.82 | 48.42 | 54.0 |
| 캐 나 다 | 37.8 | 39.0 | 36.17 | 37.7 | 39.91 |
| 호 주 | 91.6 | 95.3 | 97.35 | 105.06 | 100.4 |
| 기 타 | — | — | 80.23 | 74.58 | 74.11 |
| 세 계 총 계 | 873.0 | 896.4 | 913.15 | 939.12 | 958.64 |

자료 : *Mining Annual Review*, 1989.

철(鐵)은 세계적으로 풍부하게 매장되어 있어 가채연수가 약 70년이 되나 <표 3-3>에 나타나 있는 것과 같이 소련, 브라질, 캐나다, 호주 및 미국의 5개국에 70% 이상 편재되어 있다.

세계 철광석의 생산량은 약 9.5억 톤이며 생산국은 소련, 브라질, 호주, 중국, 미국, 인도, 캐나다 등으로 이들 7개국이 세계 생산량의 약 80%를 점유하고 있다. 그러나 브라질, 호주, 캐나다, 인도 4개국이 자유세계 수출량의 약 75%를 차지하고 있다. 1979년부터 1983년까지 생산량은 제 2 차 석유파동 이후 세계 산업활동의 둔화에 의한 수요감소에 따라 줄었으나 그 후 세계 경제의 완만한 회복세에 힘입어 <표 3-4>와 같이 생산량도 증가추세를 보이고 있다.

우리나라는 1973년 포항종합제철소가 건설된 후 철광석의 수요가 급증하게 되어 1989년 현재 Fe 함량 60%를 기준으로 하여 2,169만 톤을 수입하고 있으며 앞으로 광양제철소의 제 4 기 설비확장공사가 완료되는 2000년에는 약 4,200만 톤으로 증가될 것으로 예상하고 있다. 1989년 현재 세계 조강(粗鋼)생산량은 약 8.8억 톤이며, 우리나라는 이의 약 2.3%에 해당하는 2,000만 톤을 생산하고 있다. 국내 철광석의 매장량은 <표 3-2>와 같이 Fe 함량 34.9%를 기준으로 가채광량이 약 7,350만 톤으로 포천, 물금, 울산, 양양, 충주 및 홍천 지역에 분포되어 있다. 생산량은 1989년 현재 Fe 56% 기준으로 약 34만 톤(양양 25만, 신예미 4만, 울산 3만, 기타 2만)을 유지하고 있어 국내 수요의 1%에도 미치지 못하고 있다. 국내 철광석생산이 한계를 나타내는 이유는 우리나라 철광상의 부존상태가 대체로 소규모이며 갱내 채광광산이므로 상대적으로 낮은 철광석의 수입가격(CIF 가격 약 23달러/톤, 1989년 현재)과의 가격경쟁에 약하기 때문이다. 따라서 해외의존율이 계속 심화될 전망에 있어 수입선 다변화와 장기구매방식의 확대로 원료확보가 요구되고 있다.

철재료는 강철에 소량의 다른 금속을 첨가하여 합금철강, 즉 특수강을 생산하여 사용한다. 주요 특수강은 <표 3-5>와 같다.

〈표 3-5〉 특수강의 종류

| 명 칭 | Fe 이외의 성분 % | 용 도 |
|---|---|---|
| 니 켈 강 | Ni 1～3.5<br>Co 1～0.5 | 일반 구조용, 기어, 볼트 |
| 스테인레스강 | Cr 13～25<br>Ni 7～12<br>C 0.1～0.4 | 기구류 |
| 규 소 강 | Si 2～4<br>C <0.1 | 발전기, 변압기용 박판 |
| 고 속 도 강 | W 18<br>V 0.3<br>Cr 6<br>C 0.8 | 절삭 공구 |

## 2. 철강합금원료

철강합금(鐵鋼合金)원료로서 망간, 몰리브덴, 중석, 니켈, 코발트, 크롬, 니오븀, 탄탈, 바나듐 등을 들 수 있다. 이중 망간이 가장 수요가 많은 금속이다.

망간(manganese, Mn)은 자연에서 〈표 3-6〉과 같이 여러 가지 화합물로 산출되나, 연망간석과 능망간석이 양적으로 많다. 망간의 용도는 철강제조 및 건전지제조에 활용되나 최대 수요처는 망간강제조 분야이다. 망간강은 강도가 높아 건설기계, 공구 등의 재료가 된다. 세계 총매장량(〈표 3-7〉 참조)은 육상에만 30억 톤으로 이중 9억 톤이 경제성이 있다고 보

〈표 3-6〉 망간원료의 주요 광물

| 광 물 명 | 화 학 식 | 망간의 함유량 (%) |
|---|---|---|
| 연망간석(pyrolusite) | $MnO_2$ | 63.2 |
| 경망간석(psilomelane) | $(Ba, H_2O)_2Mn_5O_{10}$ | 45～60 |
| 능망간석(rhodochrosite) | $MnCO_3$ | 47.7 |
| 장미휘석(rhodonite) | $MnSiO_3$ | 42 |
| 망가나이트(manganite) | $Mn_2O_3 \cdot H_2O$ | 62.4 |

〈표 3-7〉 세계 망간의 매장량 (단위 : 천 톤)

| 국 명 | 매 장 량 | 비 율 (%) |
|---|---|---|
| 남 아 공 화 국 | 407,000 | 45.2 |
| 소 련 | 325,000 | 36.1 |
| 가 봉 | 58,000 | 6.4 |
| 호 주 | 44,000 | 4.9 |
| 브 라 질 | 23,000 | 2.6 |
| 인 도 | 19,000 | 2.1 |
| 중 국 | 15,000 | 1.7 |
| 멕 시 코 | 4,000 | 0.4 |
| 세 계 총 계 (육지) | 900,000 | 100.0 |

자료 : USBM, *Mineral Commodity Summaries*, 1990.

며, 또한 심해저(深海底)의 해상(海床)에 분포되어 있는 망간단괴는 약 180억 톤이 존재하는 것으로 알려져 인류에 풍부한 자원이다. 그러나 부존지역에서는 편재성을 보여 남아공화국, 소련, 가봉, 호주, 브라질, 인도의 6개국이 세계 매장량의 98%를 차지하고 있다.

〈표 3-8〉 세계 망간의 생산추이 (단위 : 천 톤)

| 국 명 | Mn% | 1983 | 1984 | 1985 | 1986p | 1987e |
|---|---|---|---|---|---|---|
| 멕 시 코 | 27~50 | 386 | 525 | 437 | 506 | 425 |
| 브 라 질 | 30~50 | 2,306 | 2,969 | 2,781 | 2,866 | 2,650 |
| 헝 가 리 | 30~33 | 65 | 74 | 69 | 69 | 71 |
| 소 련 | 29~30 | 10,890 | 11,100 | 10,900 | 10,300 | 10,300 |
| 가 봉 | 50~53 | 2,047 | 2,336 | 2,579 | 2,767 | 2,650 |
| 가 나 | 30~50 | 191 | 296 | 348 | 375 | 325 |
| 모 로 코 | 50~53 | 81 | 65 | 48 | 44 | 47 |
| 남아공화국 | 30~48 | 3,181 | 3,361 | 3,969 | 4,100 | 3,188 |
| 중 국p | 30 | 1,760 | 1,760 | 1,760 | 1,760 | 1,760 |
| 인 도 | 10~54 | 1,412 | 1,246 | 1,367 | 1,337 | 1,436 |
| 호 주 | 37~53 | 1,510 | 2,038 | 2,208 | 1,818 | 2,043 |
| 기 타 | | 318 | 330 | 276 | 216 | 206 |
| 총 계 | | 24,147 | 26,100 | 26,742 | 26,158 | 25,101 |

자료 : *Minerals Yearbook*, 1987.
주 : p; preliminary, e; estimated

생산량은 철강경기와 밀접한 관계를 갖고 변동되고 있고, 1989년 현재 세계 생산량은 약 2,650만 톤이며, 세계 최대 생산국은 소련으로 세계의 38%를 산출하며 자유세계로는 남아공화국이 약 15%를 생산하고 있다. 우리나라는 망간매장량이 약 100만 톤(품위 Mn ; 17.61% 기준) 정도로 부존성이 빈약하며 생산량도 거의 없는 실정(1989년도 244톤)에 있는 반면, 수입량은 수요증가추세에 따라 1989년 현재 약 51만 톤(4,545만 달러)이다.

몰리브덴(水鉛, molybdenum, Mo)은 대표적 광물이 휘수연석(molybdenite, $MoS_2$)이고 비중 10.22로 매우 높은 용융점(2,410°C)을 갖는 은백색 금속으로 열전도율이 좋으며 낮은 열팽창률을 갖고 있어 몰리브덴강(FeMo) 등 합금용으로 주로 쓰이며 일부는 화학제품으로 사용된다.

세계 총매장량은 〈표 3-9〉와 같이 약 460억 lb이고 경제적으로 확인된 양은 약 120억 lb이며 미국, 칠레에 집중적으로 부존되어 있다. 한편 1979～1980년의 공급부족으로 가격이 크게 상승(9달러/lb선, $MoS_2$ 95% 기준)한 적도 있었으나, 그 후 대규모 광산의 가행과 세계 경기후퇴로 몰리브덴도 심한 공급과잉상태에 들어가 가격이 크게 하락(3달러/lb선)되어 당분간은 회복이 어려운 것으로 예상하고 있다. 이와 같은 현상은 세계 생산량(〈표

〈표 3-9〉 세계 몰리브덴의 매장량 (단위 : 백만 lb)

| 국명 | 매장량 | 비율 (%) |
|---|---|---|
| 미국 | 6,000 | 48.7 |
| 캐나다 | 1,000 | 8.1 |
| 멕시코 | 200 | 1.6 |
| 칠레 | 2,500 | 20.3 |
| 페루 | 300 | 2.4 |
| 소련 | 1,000 | 8.1 |
| 중국 | 1,000 | 8.1 |
| 이란 | 150 | 1.2 |
| 기타 | 850 | 6.9 |
| 세계총계 | 12,330 | 100.0 |

자료 : *Mineral Facts and Problemes*, 1985.

〈표 3-10〉 세계 몰리브덴의 생산추이　　(단위 : 천 톤)

| 국명 \ 연도 | 1984 | 1985 | 1986 | 1987 |
|---|---|---|---|---|
| 미 국 | 47.0 | 49.2 | 42.6 | 34.1 |
| 칠 레 | 16.9 | 18.4 | 16.6 | 16.9 |
| 캐 나 다 | 11.6 | 7.9 | 11.3 | 11.6 |
| 멕 시 코 | 4.1 | 4.3 | 3.4 | 4.4 |
| 페 루 | 3.1 | 3.7 | 3.5 | 3.6 |
| 이 란 | 0.5 | 0.5 | 0.5 | 0.5 |
| 소 련 | 11.0 | 11.0 | 11.4 | 11.5 |
| 중 국 | 2.0 | 2.0 | 1.8 | 2.0 |
| 몽 고 | 0.7 | 0.7 | 1.0 | 1.0 |
| 기 타 | 0.7 | 0.8 | 0.7 | 0.7 |
| 세 계 총 계 | 97.6 | 98.5 | 92.8 | 86.3 |

자료 : *World Metal Statistics*, 1990. 2.

3-10〉 참조) 추이에 나타나고 있는데, 1989년 현재 총생산량은 2.6억 lb이고 주요 생산국은 미국, 칠레, 소련 및 캐나다이며, 최근에 와서는 동(銅)의 부산물(예 : 멕시코)로서 회수하는 광산이 생산량을 늘이고 있다.

우리나라는 몰리브덴 매장량이 $MoS_2$ 0.51% 품위로 7,840만 톤이며, 이 중 대부분(6,860만 톤)은 강원도 상동광산에 부존되어 있다. 생산은 가격의 하락으로 거의 모두 휴광상태이고, 상동광산에서 부산물로 1989년에 약 244톤($MoS_2$ 90% 기준)을 생산하고 있으며, 수입량은 약 560톤이다.

중석(tungsten, W)은 회중석($CaWO_4$)과 철망간중석($(Fe,Mn)WO_4$)의 형태로 산출되며, 모든 금속 중에서 가장 높은 용융온도(3,410℃)를 갖고 있고 내식성이 강하며, 전기전도도와 열전도도가 양호할 뿐 아니라 열팽창률이 낮아 특수강 및 초경합금원료로 가장 많이 쓰이고 있다.

세계 총매장량은 금속량으로 약 150억 lb이며 이중 경제성 있는 양은 약 280만 톤이다. 매장량의 비율은 〈표 3-11〉과 같이 중국이 약 43%로서 절대적인 위치에 있으며 남북한을 합한 매장량은 캐나다, 소련, 미국과 더불어 주요 국가에 해당된다. 중석도 철강경기침체로 인한 수요의 감퇴로 공급과잉상태가 지속되어 세계 생산량(〈표 3-12〉 참조)은 1979년의 약

〈표 3-11〉 세계 중석의 매장량 (단위 : 천 톤)

| 국명 | 매장량 | 비율 (%) |
|---|---|---|
| 캐나다 | 260 | 9.3 |
| 미국 | 150 | 5.4 |
| 볼리비아 | 45 | 1.6 |
| 미안마 | 15 | 0.5 |
| 터키 | 65 | 2.3 |
| 한국 | 58 | 2.1 |
| 북한 | 80 | 2.9 |
| 소련 | 280 | 10.0 |
| 중국 | 1,200 | 42.9 |
| 호주 | 130 | 4.6 |
| 기타 | 517 | 18.5 |
| 세계총계 | 2,800 | 100.0 |

자료 : *Mineral Facts and Problems*, 1985.

〈표 3-12〉 세계 중석의 생산량 (단위 : 톤)

| 국명＼연도 | 1983 | 1984 | 1985 | 1986p | 1987e |
|---|---|---|---|---|---|
| 미국 | 980 | 1,203 | 996 | 780 | 34 |
| 캐나다 | 328 | 3,715 | 3,174 | 1,416 | — |
| 오스트리아 | 1,408 | 1,632 | 1,481 | 1,387 | 1,250 |
| 페루 | 762 | 699 | 723 | 593 | 600 |
| 포루투갈 | 1,183 | 1,509 | 1,715 | 1,637 | 1,500 |
| 호주 | 2,015 | 1,709 | 1,971 | 1,600 | 1,150 |
| 한국 | 2,480 | 2,702 | 2,579 | 2,455 | 2,500 |
| 볼리비아 | 2,449 | 1,893 | 1,643 | 1,095 | 500 |
| 일본 | 475 | 477 | 568 | 579 | 170 |
| 브라질 | 1,026 | 1,037 | 1,090 | 875 | 672 |
| 태국 | 562 | 741 | 586 | 475 | 660 |
| 터키 | 390 | 153 | 100 | 50 | 262 |
| 소련 | 9,100 | 9,100 | 9,200 | 9,200 | 9,200 |
| 중국 | 12,500 | 13,500 | 15,000 | 15,000 | 18,000 |
| 기타 | 5,267 | 7,587 | 5,687 | 5,514 | 3,734 |
| 세계총계 | 40,925 | 46,148 | 46,513 | 42,656 | 40,232 |

자료 : *Minerals Yearbook*, 1987.
주 : 1) p ; preliminary, e ; estimated
2) 수량은 함유금속량임.

45,000톤에서 1983년에는 40,000톤으로 감소되었으나, 세계 경기의 회복에 따라 1989년에는 43,000톤 수준으로 다시 증가되었다.

우리나라는 비교적 풍부한 중석매장량을 가지고 있으며 $WO_3$ 0.4% 기준으로 약 6,000만 톤이고 가채광량은 약 2,850만 톤이다. 이중 가장 주요한 광산은 강원도 상동광산으로 세계적인 회중석광의 생산지로 알려져 있다. 우리나라의 생산량은 1984년 현재 약 4,900톤이었으나 중국의 덤핑에 의한 가격하락으로 채산성이 악화되어 1989년도에는 3,064톤의 생산에 그쳤고, 수요량의 약 40%를 수입하여 가공·수출하고 있다.

〈표 3-13〉 주요 합금용 금속

| 원소 | 대표적 광물 | 화학식 | 원광생산국 | 전세계 소비량(1988) |
|---|---|---|---|---|
| 텅스텐 | 회중석 (scheelite)<br>철망간중석 (wolframite) | $CaWO_4$<br>$(Fe, Mn)WO_4$ | 미국, 캐나다, 소련 중국, 볼리비아, 한국, 태국 | 약 38,000톤 |
| 몰리브덴 | 휘수연석 (molybdenite) | $MoS_2$ | 미국(전체의 약 30%), 소련, 캐나다, 칠레 | 약 10만 톤 |
| 니켈 | 펜트란다이트<br>가아니어라이트<br>니콜라이트 | $(Fe,Ni)S$<br>$(Ni,Mg)SiO_4\cdot nH_2O$<br>$NiAs$ | 소련, 뉴칼레도니아, 캐나다, 호주, 인도네시아 | 65만 톤 (자유세계) |
| 코발트 | 휘코발트석 (cobaltite) | $CoAsS$ | 자이르, 잠비아, 모로코, 호주, 뉴칼레도니아 | 21,000톤 |
| 크롬 | 크롬철석 (chromite) | $FeCr_2O_4$ | 남아공화국, 소련, 알바니아 | 1,180만 톤 |
| 니오브 | 콜룸바이트 (columbite) | $(Fe,Mn)Nb_2O_6$ | 캐나다, 브라질, 나이지리아 | 1만 3천톤 |
| 탄탈륨 | 탄탈라이트 (tantalite) | $(Fe,Mn)Ta_2O_6$ | 캐나다, 말레이시아, 태국, 소련, 호주 | 1,500톤 |
| 바나듐 | 바나디나이트 (vanadinite) | $Pb_5Cl(VO_4)_3$ | 남아공화국, 소련 | 3만 4천 톤 (광석 생산량) |

니켈(nickel, Ni)은 은백색을 띠며 대기중이나 수중에서 철보다 안정하고 산화되기 어려우며 알칼리성에 강한 내식성을 갖기 때문에 스테인레스강, 니크롬 강, 도금, 내식 및 내열성 등으로 다양하게 쓰이고 있다. 니켈 자원은 뉴칼레도니아·캐나다·소련·호주·필리핀 등에 분포되어 있고, 경제성 있는 매장량은 약 5,400만 톤(1989년 현재)이며, 주요 생산국은 소련·캐나다·호주·인도네시아 등이다. 우리나라는 현재 가행하고 있는 광산은 없으며 1989년 현재 연간 17,800톤(1억 9,400만 달러) 수준의 니켈 금속괴 및 제품을 주로 캐나다, 호주 등에서 수입하고 있다.

위에서 설명한 철강합금자원 이외에 코발트·크롬·니오븀·탄탈륨·바나듐을 들 수 있으며, 이들의 대표적인 광물 및 생산국 등은 〈표 3-13〉과 같다. 이들 자원은 우리나라에서 바나듐을 제외하고는 부존성이 빈약하나, 바나듐은 옥천계에 분포되어 있는 우라늄 원광(품위 $V_2O_3$ 0.4~1.5%)에 넓게 매장되어 있어 앞으로 우라늄광을 개발할 때 부산물로 회수가 가능하다고 보고 있다.

### 3.1.2. 비철금속자원

#### 1. 주요 금속자원

동(銅), 납(鉛), 아연(亞鉛) 및 주석은 우리 일상생활에 밀접한 관계를 갖고 있으며, 오늘날에 와서는 전기, 전자산업의 발달과 각종 기계공업의 발전에 따라 그 수요가 꾸준히 늘고 있다.

동(copper, Cu)은 연성이 우수하고 전기전도성도 좋을 뿐 아니라, 다른 금속과도 쉽게 합금을 만들 수가 있어서 매우 다양하게 이용되고 있다. 주요 수급분야는 전선을 포함한 전기기기에 50% 이상 활용되며, 그 밖에 합금재료, 탄환 등 군수품 및 건축재료에 널리 사용된다.

동광석의 주요 광물은 적동석(cuprite, $Cu_2O$), 휘동석(chalcocite, $Cu_2S$), 황동석(chalcopyrite, $CuFeS_2$) 등인데, 부존지역은 북미의 록키산맥과 남미의 안데스산맥의 동 광산지대가 유명하며, 세계 매장량은 3.5억 톤으로 비교적 풍부한 자원이다(〈표 3-14〉 참조). 한편 생산량은 1989년 현재 약 880

〈표 3-14〉 세계 동(銅)의 매장량 (단위 : 백만 톤)

| 국명 | 매장량 | 비율 (%) |
|---|---|---|
| 미국 | 57 | 16.2 |
| 캐나다 | 17 | 4.8 |
| 칠레 | 85 | 24.1 |
| 페루 | 12 | 3.4 |
| 자이르 | 26 | 7.4 |
| 잠비아 | 16 | 4.5 |
| 오세아니아 | 14 | 4.0 |
| 기타 | 125 | 35.5 |
| 세계총계 (육지) | 352 | 100.0 |
| 세계총계 (해저) | 700 | 100.0 |

자료 : *Mineral Facts and Problems*, 1985

〈표 3-15〉 세계 동광석의 생산추이 (단위 : 천 톤)

| 국명＼연도 | 1984 | 1985 | 1986 | 1987 | 1988 |
|---|---|---|---|---|---|
| 남아공화국 | 212.0 | 203.9 | 203.2 | 197.1 | 174.6 |
| 자이르 | 500.7 | 502.1 | 502.6 | 500.0 | 465.1 |
| 잠비아 | 576.0 | 510.8 | 512.9 | 527.0 | 476.1 |
| 필리핀 | 233.6 | 222.2 | 217.0 | 216.3 | 218.3 |
| 캐나다 | 721.8 | 738.6 | 698.5 | 794.1 | 721.6 |
| 미국 | 1,102.6 | 1,105.8 | 1,147.3 | 1,255.9 | 1,419.6 |
| 칠레 | 1,290.7 | 1,356.2 | 1,401.1 | 1,418.1 | 1,451.0 |
| 페루 | 364.7 | 385.0 | 386.1 | 406.4 | 298.3 |
| 호주 | 235.7 | 259.8 | 248.4 | 232.7 | 238.3 |
| 파푸아뉴기니 | 164.4 | 175.0 | 178.6 | 217.7 | 213.7 |
| 기타 | 967.0 | 973.1 | 947.9 | 946.1 | 985.1 |
| 자유세계 계 | 6,369.2 | 6,432.5 | 6,443.6 | 6,711.4 | 6,661.7 |
| 폴란드 | 431.0 | 432.0 | 435.0 | 438.0 | 441.0 |
| 소련 | 1,020.0 | 1,030.0 | 1,030.0 | 1,010.0 | 990.0 |
| 기타 | 460.0 | 494.2 | 516.3 | 630.3 | 658.0 |
| 공산권계 | 1,911.0 | 1,956.2 | 1,981.3 | 2,078.3 | 2,089.0 |
| 세계총계 | 8,280.2 | 8,388.7 | 8,424.9 | 8,789.7 | 8,750.7 |

자료 : *World Metal Statistics*, 1990. 2.
주 : 수량은 함유금속량임.

만 톤으로 생산추이는 〈표 3-15〉와 같이 점차 증가하고 있으며, 주요 생산국은 칠레·소련·미국·캐나다·잠비아·자이르·페루 등이며, 아시아에서는 필리핀이 가장 많이 생산하고 있다. 우리나라는 1.13% 품위기준으로 약 2,000만 톤의 매장량을 가지나 그 규모가 작아 경제성이 적어 대부분 휴광중에 있으며 Cu 25% 기준하여 납, 아연광의 부산물로 13톤(1989)을 생산하고 있다. 이와는 반대로 연간(1989) 상위 품위기준의 광석 약 46만톤(4.4억 달러 상당)을 필리핀, 캐나다, 멕시코 및 칠레 등에서 수입하고 있어 수입의존율이 거의 100%이다. 상위 동광석은 온산 동제련소(15만톤/년)에서 처리되고 있다.

납(lead, Pb)과 아연(zinc, Zn)은 자연에서 같이 수반되어 산출되는 경우가 대부분이다.

납의 주요 광물로서는 방연석(galena, PbS)과 백연석(cerussite, $PbCO_3$) 등이며 납은 비중이 11.34나 되는 무거운 금속이나 쉽게 자르거나 압연시킬 수 있는 성질을 갖고 있다. 가장 많이 사용되는 용도는 축전지 재료(약 60% 함유)이며 기타 건물 등 배관용의 연관재료, 무기, 약품을 비롯하여 방사능 차단재 등에 이용된다.

〈표 3-16〉 세계 납(鉛)의 매장량 (단위 : 백만 톤)

| 국명 | 매장량 | 비율 (%) |
|---|---|---|
| 미국 | 11 | 15.7 |
| 캐나다 | 7 | 10.0 |
| 멕시코 | 3 | 4.3 |
| 페루 | 2 | 2.9 |
| 소련 | 12 | 17.1 |
| 유고슬라비아 | 2 | 2.9 |
| 남아공화국 | 2 | 2.7 |
| 중국 | 2 | 2.9 |
| 인도 | 2 | 2.9 |
| 호주 | 14 | 20.0 |
| 기타 | 13 | 18.6 |
| 세계총계 | 70 | 100.0 |

자료 : USBM, *Mineral Commodity Summaries*

납의 세계 총매장량은 약 13.25억 톤(금속량)이나 이중 경제성 있는 양은 약 7천만 톤(1989)으로 보며 〈표 3-16〉과 같이 주요 부존국은 미국, 호주, 소련, 캐나다 등이다. 한편 납의 생산량(〈표 3-17〉 참조)은 약 340만 톤(1989)이며 주요 생산국은 미국, 호주, 캐나다, 소련, 멕시코, 페루, 중국 등이다.

우리나라의 연광석매장량은 Pb 3.95% 기준하여 약 3,700만 톤이고, 이중 가채광량은 2,100만 톤으로 잡고 있으며, 생산량(1989)은 Pb 50% 품위기준으로 3.3만 톤이다. 주요 연광산은 연화(경북 봉화), 장군(경북 봉화), 삼보(경기 화성)광산이다. 이들 광석은 장항제련소에서 처리하여 내수에 이용되어 왔으나 공해문제로 시설이 폐쇄되어, 1991년 3/4분기에 준공예정인 고려아연(6만 톤)이 국내산을 처리할 예정이다. 그 외에 연괴 등이 연간(1989) 약 14,000톤(약 9,200만 달러 상당) 수입되고 있다.

〈표 3-17〉 세계 연(鉛)광석의 생산추이 (단위 : 천 톤)

| 국명 \ 연도 | 1984 | 1985 | 1986 | 1987 | 1988 |
|---|---|---|---|---|---|
| 유고슬라비아 | 113.6 | 115.1 | 103.0 | 82.0 | 95.5 |
| 캐나다 | 307.4 | 284.6 | 349.3 | 413.7 | 366.6 |
| 미국 | 334.5 | 424.4 | 348.2 | 318.3 | 395.7 |
| 멕시코 | 183.3 | 206.7 | 196.9 | 190.0 | 171.2 |
| 페루 | 198.4 | 200.6 | 194.4 | 204.0 | 149.0 |
| 호주 | 440.4 | 497.6 | 447.7 | 489.2 | 465.5 |
| 기타 | 811.2 | 812.0 | 742.6 | 720.0 | 700.4 |
| 자유세계 계 | 2,388.8 | 2,541.0 | 2,382.1 | 2,417.2 | 2,343.9 |
| 불가리아 | 95.0 | 97.0 | 97.0 | 95.0 | 90.0 |
| 소련 | 570.0 | 580.0 | 520.0 | 510.0 | 520.0 |
| 중국 | 210.0 | 220.0 | 226.8 | 267.2 | 311.6 |
| 기타 | 176.5 | 168.1 | 166.5 | 171.7 | 175.1 |
| 공산권계 | 1,051.5 | 1,065.1 | 1,010.3 | 1,043.9 | 1,096.7 |
| 세계총계 | 3,440.3 | 3,606.1 | 3,392.4 | 3,461.1 | 3,440.6 |

자료 : *World Metal Statistics*, 1990.2.
주 : 수량은 함유금속량임.

〈표 3-18〉 세계 아연의 매장량　　(단위 : 백만 톤)

| 국　명 | 총 매 장 량 | 비　율 (%) |
|---|---|---|
| 미　국 | 65 | 20.0 |
| 캐 나 다 | 63 | 19.4 |
| 페　루 | 11 | 3.4 |
| 아 일 랜 드 | 10 | 3.1 |
| 브 라 질 | 12 | 3.7 |
| 스 페 인 | 10 | 3.1 |
| 소　련 | 22 | 6.8 |
| 남 아 공 화 국 | 19 | 5.8 |
| 호　주 | 40 | 12.3 |
| 기　타 | 73 | 22.4 |
| 세 계 총 계 | 325 | 100.0 |

자료 : *Mineral Facts and Problems*, 1980.

아연은 그 주요 광물이 섬아연석(zinblend, ZnS)과 능아연석(smithsonite, ZnCO)이며, 공기중에서 표면에 피막을 만들어 내부를 보호해 줄 뿐만 아니라 열을 가하면 연성이 커져서 가공이 손쉬운 장점이 있다. 아연은 부식방지용 도금(아연도금판)재료, 피복재료로 많이 이용되며 주물용 합금, 염료 등에도 사용된다.

아연의 세계 총매장량은 약 3.25억 톤이나 이중 경제성 있는 양은 1.47억 톤(1989)이며 주요 부존국가는 미국, 캐나다, 호주, 소련이다(〈표 3-18〉 참조). 또한 세계 생산량은 700만 톤(1989)이며, 주요 생산국은 캐나다·소련·호주·페루·미국 등(〈표 3-19〉 참조)이고, 아연괴는 미국·일본·소련·서독·영국·프랑스의 6개국에서 약 60%를 소비하고 있다.

우리나라의 아연광석매장량은 Zn 7.3% 품위기준으로 약 3,700만 톤이며 가채광량은 2,100만 톤이다. 생산량은 1989년 현재 Zn 50% 품위기준으로 4.6만 톤이며 주요 광산은 연화, 삼보, 장군광산이다. 또한 아연제련능력(1990년 상반기)은 석포(경북 봉화)의 8.5만 톤과 온산(경남 울주)의 15만 톤으로 합계 23.5만 톤이 되며 국내 정광과 해외수입 정광(1989년도 약 45만 톤, 금액 2억 1,600만 달러)을 소비하고 있다.

〈표 3-19〉 세계 아연광석의 생산추이 (단위 : 천 톤)

| 국명＼연도 | 1984 | 1985 | 1986 | 1987 | 1988 |
|---|---|---|---|---|---|
| 서 독 | 113.1 | 117.6 | 103.7 | 98.9 | 75.6 |
| 스 웨 덴 | 210.0 | 216.4 | 219.3 | 218.6 | 193.1 |
| 유고슬라비아 | 85.8 | 89.3 | 94.6 | 74.0 | 71.2 |
| 일 본 | 252.7 | 253.0 | 222.2 | 165.8 | 147.2 |
| 캐 나 다 | 1,207.1 | 1,172.2 | 1,262.1 | 1,504.4 | 1,347.4 |
| 멕 시 코 | 303.6 | 291.9 | 278.1 | 271.5 | 261.1 |
| 페 루 | 568.3 | 582.6 | 597.6 | 612.5 | 485.4 |
| 미 국 | 277.0 | 251.9 | 216.0 | 232.9 | 256.4 |
| 호 주 | 658.7 | 734.0 | 712.0 | 778.4 | 759.2 |
| 기 타 | 1,452.0 | 1,431.6 | 1,403.2 | 1,455.0 | 1,476.1 |
| 자유세계 계 | 5,128.3 | 5,140.5 | 5,108.8 | 5,412.0 | 5,072.7 |
| 소 련 | 980.0 | 1,000.0 | 970.0 | 950.0 | 960.0 |
| 폴 란 드 | 190.7 | 190.9 | 183.9 | 185.8 | 183.4 |
| 중 국 | 300.0 | 350.0 | 395.7 | 458.2 | 527.3 |
| 기 타 | 273.1 | 312.2 | 350.7 | 341.9 | 33.9.0 |
| 공 산 권 계 | 1,743.8 | 1,853.1 | 1,900.3 | 1,935.9 | 2,009.7 |
| 세 계 총 계 | 6,872.1 | 6,993.6 | 7,009.1 | 7,347.9 | 7,082.4 |

자료 : *World Metal Statistics*, 1990.2.
주 : 수량은 함유금속량임

주석(朱錫, tin, Sn)은 무독성이며 용융되기 쉽고 용융상태에서는 유동성이 매우 커 다른 금속과의 도금이 용이한 광물로서 석석(錫石, cassiterite, $SnO_2$) 등으로 자연에서 산출된다. 그 용도는 주로 양철과 땜납에 사용되며 기타 합금, 도금과 화학약품에 사용된다.

세계 총매장량은 3,700만 톤이나 현재 경제성 있는 가채매장량은 약 428만 톤이며, 말레이시아, 인도네시아, 중국, 태국, 볼리비아가 주 부존국이다. 생산량은 약 21만 톤이고 브라질, 말레이시아, 인도네시아, 중국 4개국에서 총생산량의 약 63%를 생산하고 있다. 주 소비국은 미국, 일본, 영국, 프랑스, 서독의 선진공업국으로 총소비량의 50%를 소비하고 있다. 우리나라는 극히 소량이 부존되어 있을 뿐이며 국내 제련은 거의 모든 광석을 해외에서 수입(약 3,690톤, 1,740만 달러, 1989)에 의존하고 있고, 그 외에도 석괴 등이 약 12,000톤(약 4,660만 달러, 1989)이 외국에서 도입되고 있다.

## 2. 경금속자원

알루미늄, 마그네슘 및 티타늄은 모두 가벼운 성질을 가진 공통점을 지니고 있어 항공산업의 발달과 함께 경량재료로서의 수요가 증대되고 있는 자원이다.

알루미늄(aluminum, Al)은 지각에서 3번째로 많이 들어 있는 원소이나 생산하기 시작한 지는 100년이 채 안되는 새로운 금속이다. 가볍고, 부식에 강하며 쉽게 가공할 수 있는 장점 때문에 세계적으로 철 다음으로 많이 쓰이고 있다. 그 용도는 항공기 기체, 건축자재(경량 골조, 창틀), 가정용품(냉장고, 세탁기, 에어컨 등)과 전기통신기기에 사용되고 있다.

〈표 3-20〉 세계 알루미늄의 매장량

| 국 명 | 보크사이트 매장량 | | 추출 가능 알루미늄 환산량 | |
|---|---|---|---|---|
| | 매 장 량 (백만 Dry M/T) | 비 율 (%) | 수 량 (백만 톤) | 비 율 (%) |
| 자메이카 | 2,000 | 8.8 | 520 | 5.9 |
| 브라질 | 2,500 | 11.0 | 1,220 | 13.8 |
| 가이아나 | 700 | 3.1 | 270 | 3.1 |
| 수리남 | 490 | 2.2 | 210 | 2.4 |
| 그리스 | 700 | 3.1 | 220 | 2.5 |
| 카메룬 | 1,000 | 4.4 | 320 | 3.6 |
| 기니 | 6,500 | 28.7 | 1,900 | 21.5 |
| 가나 | 570 | 2.5 | 180 | 2.0 |
| 인도 | 1,000 | 4.4 | 450 | 5.1 |
| 인도네시아 | 700 | 3.1 | 215 | 2.4 |
| 호주 | 4,500 | 19.9 | 1,550 | 17.5 |
| 기타 | 2,010 | 8.8 | 1,795 | 20.2 |
| 세계총계 | 22,670 | 100.0 | 8,850 | 100.0 |

자료 : *Mineral Facts and Problems*, 1980.

알루미늄을 함유하고 있는 광물은 매우 많지만 원료로 이용되는 것은 보크사이트(bauxite, $Al_2O_3 \cdot 2H_2O$)이다. 보크사이트의 세계 매장량(<표 3-20> 참조)은 210억 톤이 넘으며 이는 추출 가능 알루미늄량으로 약 89억 톤이고 주로 기니, 호주, 브라질, 자메이카에 부존되어 있다. 보크사이트의 생산량은 연간 약 1억 톤(1988)이며 주요 생산국(<표 3-21> 참조)은 호주, 기니, 자메이카, 소련, 유고슬라비아, 수리남, 헝가리 등이다. 한편 알루미늄 생산은 연간 약 1,700만 톤(1988)이며 미국, 소련, 캐나다 등이 주요 생산국에 속하고 있다. 에너지가격 상승으로 비롯된 알루미늄 제련업계의 재편결과, 일본의 제련능력은 크게 감소되고 대신 브라질, 호주와 같은 값싼 전력량을 얻을 수 있는 자원보유국의 제련능력은 크게 증가되었다.

우리나라는 1975년의 1.6만 톤의 알루미늄 수입이 1984년에는 약 15만 톤(2.1억 달러 상당), 1989년에는 약 63만 톤(10.5억 달러 상당)이 되어

<표 3-21> 세계 보크사이트의 생산추이 (단위 : 천 톤)

| 국명 \ 연도 | 1984 | 1985 | 1986 | 1987 | 1988 |
|---|---|---|---|---|---|
| 프랑스 | 1,529.5 | 1,529.6 | 1,379.0 | 1,388.2 | 977.7 |
| 그리스 | 2,296.2 | 2,453.8 | 2,231.4 | 2,466.5 | 2,533.0 |
| 유고슬라비아 | 3,347.0 | 3,528.0 | 3,459.0 | 3,394.0 | 3,034.0 |
| 기니 | 14,738.0 | 13,956.0 | 14,835.0 | 16,282.0 | 16,834.0 |
| 가이아나 | 2,485.0 | 2,206.0 | 2,600.0 | 2,784.6 | 1,773.9 |
| 자메이카 | 8,734.9 | 6,239.3 | 6,963.9 | 7,659.9 | 7,408.4 |
| 수리남 | 3,374.9 | 3,738.3 | 3,730.6 | 2,581.1 | 3,434.4 |
| 호주 | 31,537.0 | 31,839.0 | 32,384.0 | 34,102.0 | 36,192.0 |
| 기타 | 12,302.4 | 11,784.8 | 12,592.3 | 13,336.0 | 15,287.9 |
| 자유세계 계 | 80,344.9 | 77,274.8 | 80,175.2 | 83,994.3 | 87,475.3 |
| 헝가리 | 2,994.0 | 2,815.0 | 3,022.3 | 3,101.1 | 2,906.4 |
| 소련 | 6,200.0 | 6,400.0 | 6,275.0 | 5,700.0 | 5,900.0 |
| 기타 | 2,760.0 | 3,090.0 | 3,150.0 | 3,230.0 | 3,350.0 |
| 공산권계 | 11,954.0 | 12,305.0 | 12,447.3 | 12,031.1 | 12,156.4 |
| 세계총계 | 92,298.9 | 89,579.3 | 92,622.5 | 96,025.4 | 99,631.7 |

자료 : *World Metal Statistics*, 1990.2.

국내 수요가 급증하고 있으며, 보크사이트의 중간제품인 알루미나($Al_2O_3$)도 수입(7.8만 톤, 5,200만 달러)하여 연간 17,000톤을 정제하고 있다.

마그네슘(magnesium, Mg)은 경금속 합금재료로서 알루미늄의 용도와 비슷하다. 금속재료로서 알루미늄과 경쟁상대가 되고 있으며 항공기재료 및 차량부품 등의 합금용 및 마그네슘 금속이 용도의 약 70%를 점유하고 있고 나머지는 화합물로 만들어 고무, 페인트, 유리, 요업, 의약품 등에 사용되어 이용범위가 넓은 원료이다.

주요 광물은 마그네사이트(magnesite, $MgCO_3$)이며 세계 총매장량은 약 37억 톤(금속량 기준)이며, 이중 경제성 있는 가채매장량은 25억 톤이고 중국, 소련, 북한 등이 주요 부존지역이다. 광석생산국은 소련, 그리스, 중국, 북한 및 오스트리아이며 세계 생산량은 연간 350만 톤(금속환산기준)이다. 또한 최근에는 해수중에 소석회(消石灰, $Ca(OH)_2$)를 첨가하여 해수중의 마그네슘을 $Mg(OH)_2$로 침전시킨 다음 소성시켜 MgO를 추출하여 이용하고 있다. 1989년에 생산된 금속 마그네슘은 약 35만 톤이며 미국이 약 42%를 점유하고 있다. 우리나라는 1989년 산화 마그네슘과 마그네사이트 등 약 2,800만 달러 상당의 재료를 수입하였다.

티타늄(titanium, Ti)은 주로 산화티타늄으로서 페인트, 제지, 플라스틱 제품에 주로 이용되고 있으며, 금속 티타늄으로서 최근에는 경금속재료인 항공기제작에 수요량이 증가되어 소비량이 늘어가고 있다.

티타늄의 주요 광물로는 티탄 철석(ilmenite, $FeTiO_3$)와 금홍석(金紅石, rutile, $TiO_2$)이 있으며, 티탄 철석은 미국·캐나다·노르웨이·남아공화국 등에 주로 매장되어 있고, 금홍석은 브라질·호주·남아공화국 등에 많이 부존되어 있다. 총매장량은 3.4억 톤이며, 이중 티탄 철석은 2.6억 톤, 그리고 금홍석은 0.8억 톤으로 추정하고 있다. 한편 티타늄 광석의 세계 생산은 티탄 철광석이 호주·노르웨이·소련 등에서 생산되어 총 400만 톤이고, 금홍석은 호주·시에라레온·스리랑카 등지에서 산출되며 총 50만 톤이다.

우리나라는 서해의 소연평도 등에 티탄 철석($FeTiO_3$, 17% 품위)이 약

900만 톤, 중사(重砂)에 금홍석($TiO_2$, 5.7% 품위)이 약 740만 톤 부존되어 있으나 중사는 생산하고 있지 않다. 현재 티타늄 광석은 연간(1989) 약 7만 톤(990만 달러)을 수입하고 있으며, 산화 티타늄 및 티타늄 가공품 등도 수입되고 있다.

### 3. 귀금속자원

금, 은 및 백금은 귀금속자원에 속하며 고대로부터 장식용 및 화폐로 사용되어 왔다.

금(gold, Au)은 거의 모두 자연금(native gold)상태로 산출되며 변질이 되지 않기 때문에 옛부터 장식용 또는 물품교환의 화폐로 금의 용도의 60% 이상 사용되어 왔다. 오늘날 전자공업의 발달로 인하여 매년 공업용의 수요(선진국에서 20% 이상)가 늘고 있으며, 그 외에 치과용으로 이용한다.

세계 총매장량은 75,000톤(금속량)이며 이중 경제성 있는 가채매장량은 42,000톤로 알려져 있으나 남아공화국이 48%, 소련이 15%, 미국이 12%를 점유하여 이들 3개국이 세계의 75%를 차지하고 있다. 세계 금생산추이는 1989년에 1,910톤이며 그중 남아공화국이 610톤으로 32%를 점유하나 1984년의 58%이상 생산에 비하면 점유비가 크게 하락되었다. 이는 다량처리 및 새로운 처리기술개발에 힘입어 미국, 호주, 브라질 등 신흥생산국의 생산증대가 현저해졌기 때문이다.

우리나라는 매장량이 Au 12.18gr/t 품위로 1,200만 톤(가채광량 590만 톤)이며, 과거에는 상당한 양의 금(1929년에 29톤 생산)을 생산하였으나 최근에는 14.3톤(1989) 정도를 생산하고 있으며, 그중 13톤은 동광석 제련 부산물로 생산되고 있다. 국내 주요 금광산은 무극(충북 음성), 삼광(충남 청양), 금왕(충북 음성)광산 등이다. 1989년도 우리나라 금(관련제품)수입은 약 13.7톤(1억 1,600만 달러)으로 계속 증가추세에 있다.

은(silver, Ag)은 금과 함께 장식용 및 화폐용으로 오래 전부터 이용되어 왔으나, 현재는 산업용으로 훨씬 많이 사용되고 있다. 주요 용도를 보면 사진재료, 전기전자제품재료, 은 및 도금제품 등에 사용되고 있다. 자연에서 산출되는 은은 자연은(native silver) 이외에도 휘은석(argentite, $Ag_2S$) 등 여러 화합물로서 산출되고 있다. 캐나다, 소련, 미국, 멕시코 및 호주가 경제성 있는 세계 가채매장량 28만 톤(금속량)의 60% 정도를 보유하고 있다. 세계 생산량은 14,000톤(1989)이며 상위 주요 5개 부존국이 약 60%를 생산·주도하고 있다.

우리나라는 매장량이 Ag 178.2g/t 품위기준의 1,700만 톤(가채광량 910만 톤)이며 생산량(1989)은 239톤(금속량)이다. 생산량 중 186톤은 동 및 아연광제련의 부산물로 회수된 것이고 광산생산량은 53톤에 불과하다. 주요 가행광산은 장군(경북 봉화)광산이며, 기타 전주일(전북 완주), 동보(강원 고성), 월유(충북 영동)광산 등이다.

백금(platinum, Pt)은 자연백금(native platinum)인 광물이 광산개발의 주대상이며, 염기성 및 초염기성 암석에 배태되고 있어 우리나라에서는 지질조건상 산출이 기대되지 않는다. 세계 최대의 보유국은 남아공화국으로 89% 이상을 점유하고 있으며 세계 공급 연간(1989) 110톤 중 74%를 남아공화국에서 공급하고 있다. 그 외에 소련과 캐나다도 주요 자원국이나 거의 모두 니켈에 수반되어 있어 니켈광상과 밀접한 관계를 갖고 있다.

백금은 고급 장식용으로 일부 이용되고 있으나 촉매재료(석유정제, 합성섬유, 화약제조 등)로 가장 많이 쓰이며 전기전자공업의 발달로 그 수요가 늘어가고 있다.

## 3.2. 비금속자원

비금속자원은 화학공업원료, 요업원료, 건축재료, 기타 재료로 분류할 수 있다. 비금속자원은 금속자원에 비하여 세계적으로 풍부하게 부존되어 있으며 우리나라의 경우도 같은 부존여건에 있다.

화학공업원료로는 광물의 종류에 따라 세계적으로 연간 수천만 톤이 소비되는 것도 많으며 화학공업에서 비료에 주로 활용되고 있는 원료는 인

광석, 유황, 칼륨, 형석, 활석, 중정석, 소다회(灰), 불석 등이 속한다. 요업원료는 고온으로 처리하여 어떤 물질이나 또는 형태를 만드는 무기(無機)재료가 되는 것을 의미한다. 내화재자원은 요업원료에 속하며, 일부 화학공업원료도 요업원료로서 광물이 이용되기도 한다. 요업제품으로 대표적인 것은 시멘트, 도자기, 타일, 내화벽돌, 유리제품 등을 들 수 있다. 요업원료에는 점토류, 석회석, 장석, 흑연 및 납석 등이 이에 속한다.

건축재료는 그 종류가 매우 많으나, 그중 중요한 건축재료는 시멘트, 벽돌, 타일 등 요업자원에 속하는 재료와 이 밖에 석재, 골재, 석면, 질석 등이 있다.

기타 비금속자원으로는 전자공업용 원료자원과 연마제자원들로 분류할 수 있다.

### 3.2.1. 화학공업원료

**1. 인광석**(phosphate, P)

자연에서 산출되는 인광석광물은 인회석(apatite, $Ca_5(F,Cl,OH)(PO_4)_3$)인데, 대부분 인산비료(미국의 경우, 용도 90% 이상)인 인산암모늄 제조에 소비되며, 그 외에 합성세제・도금표면처리제・가축사료제조 등에 이용되고 있다.

세계의 총매장량은 약 410억 톤인데, 이중 139억 톤(1989)이 경제성 있는 양이며 모로코・소련・미국・남아공화국 등에 세계 총매장량의 약 86%가 편재되어 있다. 세계 생산량은 약 1.7억 톤(1989)에 이르며 1984~1989년 기간에 연평균 3.5% 증가율을 보이고 있다. 주요 생산국은 미국(30%), 소련(23%), 모로코(15%), 중국(9%)이다.

우리나라는 인광석이 산출되지 않아 전량을 해외에 의존하고 있으며 영남화학, 진해화학, 남해화학 등 비료공장에서 154만 톤(1989)의 인광석을 주로 미국에서 도입하여 연간 약 9,000만 달러 정도가 수입대금으로 자출되고 있다.

### 2. 유황(sulfur, S)

여러 종류의 화학공업에 광범위하게 필수적으로 이용되는 황산의 제조 원료가 유황이며, 황산은 비료, 비철금속, 정유, 제지, 페인트, 플라스틱 제조, 화약 등 여러 분야에 걸쳐 탈수·탈색·정제 및 원료로 이용된다.

유황은 자연에 부존되어 있는 자연황(native sulfur, S)·황철석(pyrite, $FeS_2$)·자류철석(pyrrhotite, FeS) 등 광물에서 산출되며, 다른 황화 금속 광물의 처리 및 원유의 처리과정에서 회수되어 이용되기도 한다. 세계의 총매장량은 64억 톤이나 경제성 있는 양은 약 14억 톤으로 캐나다, 소련, 미국, 폴란드, 중동 등지를 비롯하여 비교적 넓게 분포되어 있다. 1989년 전세계 유황산출량은 5,850만 톤인데 이중 60% 이상이 유황광석으로 산출되고 북미와 동구권에서 전체의 66%를 공급하고 있으며, 2000년도까지 연 4.6%의 수요증대를 전망하고 있다. 우리나라는 유황의 수요를 전량 해외에 의존하고 있는데, 연간 수입량(1989)은 약 55만 톤(6,400만 달러 상당)이다.

### 3. 칼륨(potasium, potash, K)

칼륨은 거의 농업용인 칼리비료(미국의 용도 90% 이상)의 원료로 이용되며, 화학공업으로는 화약, 염료, 성냥, 무기약품, 의약품 등으로 이용된다. 칼륨은 자연에서 여러 가지 화성암에 함유되어 있으나 경제성이 있는 것은 염화물과 유화물의 광물로 부존하고 있으며, 대표적인 광물은 칼륨염(sylvite, KCl)이다.

세계 총매장량은 산화칼륨($K_2O$)으로 510억 톤이며 이중 170억 톤이 경제성 있는 매장량이다. 매장량의 분포는 캐나다(세계 총매장량의 88%)·소련(7.5%)·동독(2.0%)에 주로 편재되어 있으며, 주요 생산국은 캐나다·소련·동독·서독·프랑스 및 미국이고, 1989년도 세계 생산량은 3,100만 톤($K_2O$ 기준)이다. 우리나라는 연간 $K_2O$로 68만 톤(약 8천만 달러 상당)을 주로 캐나다에서 수입하고 있다.

**4. 형석(螢石, fluorite, $CaF_2$)**

불소(弗素, fluorine, F)의 원료광물로 형석($CaF_2$)과 빙정석(cryolite, $Na_3AlF_6$)이 있으나 빙정석의 산출은 매우 적다. 형석 그 자체는 용광로, 전기로 등에 용제로 사용되며, 빙정석은 알루미늄 정제에서 용제로 이용된다. 불소는 불화수소산(弗化水素酸)과 불화규산염(弗化硅酸鹽) 등을 만드는 원료로서 유리, 에나멜 및 도자기류, 치약원료에 이용되고, 불화탄소(弗化炭素)는 냉동제로 사용된다.

형석의 세계 총매장량(〈표 3-22〉 참조)은 $CaF_2$ 35% 기준으로 8.6억 톤이며, 이중 2.4억 톤이 경제성 있는 양이다. 주요 부존국가는 중국, 멕시코, 몽고, 남아공화국, 소련 등이다. 한편 세계 생산량은 〈표 3-23〉과 같이 520만 톤(1987)이며, 이중 멕시코·몽고·소련·중국 등이 주요 생산국에 해당된다.

우리나라의 형석은 강원도 춘천지역과 충청남도 금산지역에 분포되며, $CaF_2$ 40∼55% 품위기준으로 약 200만 톤의 매장량을 가지고 있으며 생산

〈표 3-22〉 세계 형석의 매장량 (단위 : 천 톤)

| 국명 | 총매장량 | 비율(%) |
|---|---|---|
| 미국 | 16,700 | 19.4 |
| 멕시코 | 8,300 | 9.7 |
| 이탈리아 | 4,700 | 5.5 |
| 스페인 | 2,600 | 3.0 |
| 프랑스 | 1,900 | 2.2 |
| 영국 | 5,500 | 6.4 |
| 소련 | 3,700 | 4.3 |
| 중국 | 2,400 | 2.8 |
| 남아공화국 | 15,800 | 18.4 |
| 몽고 | 2,600 | 3.0 |
| 태국 | 6,100 | 7.0 |
| 기타 | 15,700 | 18.3 |
| 세계총계 | 86,000 | 100.0 |

자료 : *Mineral Facts and Problems*, 1980.

〈표 3-23〉 세계 형석의 생산추이 (단위 : 톤)

| 국명 \ 연도 | 1983 | 1984 | 1985 | 1986p | 1987e |
|---|---|---|---|---|---|
| 멕시코 | 666,897 | 770,989 | 803,156 | 845,277 | 908,184 |
| 미국 | 61,000 | 72,000 | 66,000 | 78,000 | 70,000 |
| 남아공화국 | 294,980 | 351,865 | 384,935 | 368,044 | 349,000 |
| 아르헨티나 | 31,950 | 25,526 | 35,100 | 26,500 | 26,500 |
| 브라질 | 77,854 | 83,456 | 79,802 | 93,228 | 99,500 |
| 프랑스 | 216,445 | 255,847 | 246,918 | 218,142 | 220,000 |
| 이탈리아 | 195,848 | 207,522 | 167,784 | 160,316 | 161,600 |
| 소련e | 595,000 | 606,000 | 617,000 | 617,000 | 617,000 |
| 몽고e | 780,400 | 823,400 | 867,500 | 870,800 | 880,000 |
| 중국e | 550,000 | 716,000 | 716,000 | 716,000 | 716,000 |
| 태국 | 227,790 | 316,781 | 329,478 | 185,088 | 144,000 |
| 기타 | 969,679 | 1,057,820 | 1,112,602 | 1,053,519 | 1,052,293 |
| 세계총계 | 4,667,843 | 5,287,206 | 5,426,275 | 5,231,914 | 5,244,077 |

자료 : *Minerals Yearbook*, 1987.
주 : p;preliminary, e;estimated

은 1984년에 856톤으로 채광조건이 어려워져 감산추세(1975년 29,000톤)에 있다. 이와 반대로 수입량은 6,700톤(1975)에서 74,000톤(주로 태국, 1989)으로 급증하고 있다.

### 5. 활석(滑石, Talc, $3MgO \cdot 4SiO_2 \cdot H_2O$)

매우 부드럽고 촉감이 매끄러우며 전기에 대해 절연성을 갖는 활석은 자연산의 광물 중에서 마멸에 대한 굳기가 가장 약한 광물이다. 활석은 분말상일 때 흡수성·고착성이 강하며 내화성도 우수하여 타일, 도자기 등 요업재료에 많이 쓰고 있으나 우리나라에서는 아직 내화재로 쓰이지 않고 순도가 높은 것은 제지로, 순도가 낮은 것은 농약에 주로 이용되며, 기타 화장품 및 페인트 등에서 사용된다.

세계 활석군(활석, 납석 등 전체)의 잠재량을 포함한 총매장량은 16억 톤(〈표 3-24〉 참조)이며 이중 4.1억 톤이 경제성 있는 매장량이고, 생산량(활석군)은 〈표 3-25〉와 같이 1987년에 831만 톤으로서 일본, 미국, 중

〈표 3-24〉 세계 활석의 매장량 (단위 : 백만 톤)

| 국명 | 총매장량 | 비율 (%) |
|---|---|---|
| 북미 | 800 | 50.0 |
| 미국 | 750 | 46.9 |
| 기타 | 50 | 3.1 |
| 남미 | 25 | 1.6 |
| 유럽 | 250 | 15.6 |
| 아프리카 | 25 | 1.6 |
| 아시아및대양주 | 500 | 31.2 |
| 세계총계 | 1,600 | 100.0 |

자료 : *Mineral Facts and Problems*, 1980.
주 : 활석, 납석 등 활석군 전체량임.

〈표 3-25〉 세계 활석의 생산추이 (단위 : 톤)

| 국명 \ 연도 | 1983 | 1984 | 1985 | 1986p | 1987e |
|---|---|---|---|---|---|
| 미국 | 1,066,400 | 1,127,421 | 1,268,750 | 1,302,179 | 1,349,440 |
| 브라질 | 437,025 | 455,637 | 426,647 | 463,742 | 468,500 |
| 핀란드 | 351,009 | 360,976 | 351,138 | 313,253 | 364,000 |
| 프랑스 | 315,812 | 322,315 | 342,705 | 347,189 | 346,000 |
| 이탈리아 | 175,239 | 157,329 | 142,875 | 166,676 | 166,400 |
| 노르웨이 | 110,000 | 124,561 | 110,000 | 110,000 | 110,000 |
| 소련e | 560,000 | 570,000 | 570,000 | 570,000 | 580,000 |
| 중국e | 1,050,000 | 1,050,000 | 1,100,000 | 1,100,000 | 1,100,000 |
| 인도 | 389,162 | 460,473 | 422,111 | 436,520 | 457,500 |
| 일본 | 1,654,791 | 1,652,303 | 1,580,978 | 1,470,441 | 1,380,000 |
| 한국 | 696,810 | 935,475 | 1,027,880 | 879,291 | 880,000 |
| 기타 | 974,942 | 1,086,142 | 1,089,010 | 1,096,435 | 1,108,618 |
| 세계총계 | 7,781,190 | 8,302,632 | 8,432,094 | 8,255,726 | 8,310,458 |

자료 : *Minerals Yearbook*, 1987.
주 : 1) 납석 및 기타 활석군 광물생산량임.
2) p;preliminary, e;estimated

국, 한국, 소련 등이 주요 생산국인데 한국도 대량 생산국 중의 하나이다.

우리나라의 활석매장량은 4,400만 톤이며, 생산량(1989)은 약 16만 톤이다. 생산되는 주요 광산은 동양 활석(충북 중원)과 평안 활석(충남 공주)

인데, 특히 동양 활석은 품질이 우수(백색도 80 이상)하며 국내 생산의 67%를 점유하고 있는 광산이다. 근래들어 중국산 고품질 활석의 저가수출 공세로 인하여 국내에서는 저급품을 고품질 수입품과 섞어 사용하는 비중이 높아져 매년 수입량이 증가되는 추이를 보이고 있다.

### 6. 중정석(重晶石, barite, $BaSO_4$)

중정석은 바륨의 원료광물로서, 각종 바륨 화합물을 제조하여 화학공업 분야와 페인트, 특수유리 등에 이용되고 있으나, 대부분의 중정석(용도의 90% 이상)은 석유탐사 등 목적의 시추작업에서 이수(泥水)의 비중가중제로 사용하고 있다.

주요 부존지역은 미국·인도·중국·소련 및 모로코이며, 세계의 매장량(경제성 있는 양)은 1.7억 톤이고, 세계 산출량은 1989년에 530만 톤인데 이들 주요 5개 부존국에서 생산되는 양이 세계 생산량의 56% 가량 된다. 우리나라의 산출량은 연간 3,700톤(1989)이며 주로 삼보광산(경기, 화성)에서 생산하고 있다.

### 7. 기타 화학공업원료

기타 화학공업원료자원으로 소다회(soda ash), 불석(zeolite) 등이 있다.

소다회($Na_2CO_3$)는 유리제조(미국의 용도 53%) 및 화학공업제(20%)와 제지용에 이용되고 있다. 자연산은 대부분 미국의 와이오밍(Wyoming)주에서 산출되고 있다. 우리나라에서는 석회석을 원료로 하여 합성 소다회를 제조하여 유리공업 등에 공급하고 있다. 세계 연간 산출량은 3,500만 톤(1989)이며 국내 산출은 31만 톤(1987)으로 자급도(自給度)가 거의 100%이다.

불석(沸石)의 화학성분은 장석(칼륨장석 $K_2O \cdot Al_2O_3 \cdot 6SiO_2$ 및 소다장석 $Na_2O \cdot Al_2O_3 \cdot 6SiO_2$, 석회장석 $CaO \cdot Al_2O_3 \cdot 2SiO_2$)과 비슷하나, 결정수가 들어 있는 것으로 나트륨, 칼슘 등의 함유성분에 따라 몇 종류의 광물로 나누어진다. 이 자원은 1920년대부터 활용된 것으로 제지용과 농업용으로 이용되었으며, 요즈음은 강한 흡착성을 이용하여 공해방지용으로 사용하고 있다. 자연산의 불석은 흔하지 않은데, 우리나라에서는 경북의 영일 및 월성지역에 부존되어 있고 연간 10만 톤(1989)을 생산하며 대표적인 광산은 달신(경북, 영일)광산으로 약 4만 톤을 생산하고 있다. 한편 최근에는 인공합성으로도 만들어져 공급되고 있다.

### 3.2.2. 요업원료자원

#### 1. 점토광물(clay minerals)

점토는 광물입자가 너무 작기 때문에 X선을 이용하거나 전자현미경에 의해서 그 결정을 감정한다. 대표적인 점토광물은 고령토(高嶺土, kaolin), 산성백토(酸性白土, fuller's earth), 벤토나이트(bentonite) 및 내화점토(耐火粘土, fire clay) 등이다. 점토류는 불순물의 함유량에 따라 색깔, 성질 등에 차이가 많으며, 이러한 성질의 차이에 따라 만드는 제품도 다르다.

고령토의 주요 구성광물은 카올리나이트(kaolinite, $Al_4(Si_4O_{10})$)와 핼로이사이트(halloysite, $Al_4(Si_4O_{10})(OH)_8$)이며 주로 타일, 일반 내화벽돌 등

〈표 3-26〉 세계 고령토의 매장량 (단위 : 백만 톤)

| 국명 | 총매장량 | 비율(%) |
|---|---|---|
| 북미 | 3,550 | 28.1 |
| 미국 | 3,350 | 27.5 |
| 기타 | 200 | 1.6 |
| 남미 | 200 | 1.6 |
| 유럽 | 5,700 | 46.7 |
| 영국 | 2,000 | 16.4 |
| 소련 | 2,200 | 18.0 |
| 기타 | 1,500 | 12.3 |
| 아프리카 | 750 | 6.1 |
| 아시아 | 1,500 | 12.3 |
| 호주 | 500 | 4.2 |
| 세계총계 | 12,200 | 100.0 |

자료 : *Mineral Facts and Problems*, 1980.

〈표 3-27〉 세계 고령토의 생산추이 (단위 : 천 톤)

| 국 명 \ 연 도 | 1983 | 1984 | 1985 | 1986p | 1987e |
|---|---|---|---|---|---|
| 미 국 | 7,203 | 7,953 | 7,793 | 8,549 | 8,827 |
| 체코슬로바키아 | 730 | 736 | 720 | 720 | 768 |
| 프 랑 스 | 319 | 338 | 1,664 | 1,488 | 1,540 |
| 서 독 | 448 | 397 | 452 | 564 | 550 |
| 소 련e | 2,900 | 3,100 | 3,200 | 3,300 | 3,300 |
| 영 국 | 3,000 | 3,296 | 3,472 | 3,400 | 3,500 |
| 인 도 | 610 | 555 | 645 | 808 | 870 |
| 한 국 | 754 | 795 | 726 | 937 | 695 |
| 기 타 | 5,325 | 5,580 | 5,936 | 6,386 | 6,441 |
| 세 계 총 계 | 21,289 | 22,750 | 24,608 | 26,152 | 26,491 |

자료 : *Minerals Yearbook*, 1987.
주 : p;preliminary, e;estimated

건축재료와 도자기, 제지, 페인트 등에 사용된다.

고령토의 세계 매장량은 122억 톤으로 보고 있으며 연간 생산량은 2,200만 톤으로 미국, 영국 및 소련이 주산지이다. 우리나라의 매장량은 6,780만 톤이고, 연간 생산량(1989)은 43만 톤이며, 경상남도의 하동 및 산청지방이 산지로서 유명하다.

벤토나이트의 주요 점토광물은 몬트모릴로나이트(montmorillonite, $(Al, Mg)_8(Si_4O_{10})_3(OH)_{10} \cdot 12H_2O$)이며 주로 시추작업의 이수(泥水)로 사용되며, 주물사(鑄物砂) 첨가용으로 이용된다. 세계의 매장량은 14억 톤인데, 이중 50%가 미국에 부존되어 있으며, 세계 연간 산출량은 960만 톤(1987)이다. 우리나라는 경상북도 구룡포 및 영일지방에 800만 톤 매장되어 있으며 국내 산출량은 약 2.3만 톤이다.

## 2. 석회석(limestone, $CaCO_3$)

시멘트제조의 주원료 및 제철용재 등으로 사용되는 석회석은 세계적으로 엄청난 양이 부존되어 있으며, 시멘트생산만 하여도 연간 세계 생산량(1989)이 12억 톤이나 된다. 세계적으로 매장량은 집계가 안되어 있으나

〈표 3-28〉 석회석의 품질요건

| 사용 용도별 | 제품별 | 품질요건 화학적 성질(%) CaO | Al$_2$O$_3$ | SiO$_2$ | MgO | Fe$_2$O$_3$ | S | 알칼리분 | 입도 |
|---|---|---|---|---|---|---|---|---|---|
| 시멘트 원료 | 포트란드시멘트 | 48> | 10~18 | 8~10 | 1.5~3 | 2%< | | 경도 3~4 | 비정질 30mm 이하 |
| | 유니온백시멘트 | 53> | 0.2 | 2.5 | | 0.15 | | | |
| 철강용 | 제철 | 53> | 1이하 | 1 | 0.5 | | 0.01 | | 비정질 10~35mm 35~75mm 결정질 −3mm ~100mesh |
| | 제철 | 53> | 1이하 | 0.5 | 0.5 | | 0.01 | | 〃 |
| | 철합금 | 54> | | 1 | 0.5 | | 0.01 | | |
| | 비철제련용 | 53> | 2이하 | 0.4 | 2~2.4 | | | | 100~200mesh |
| 화학 공업용 | 생석회 | 54> | | | | | | 90% | |
| | 소석회 | 54> | | | | | | 70% | |
| | 카바이트 | 54> | 1이하 | 1이하 | 0.5 | 1이하 | | | 비정질 40~120mm |
| | 소다회 P.V.C 충진재 | 54> | | | | | | | ~325mesh |
| 요업용 | 판유리 | 54> | | | | 0.1 이하 | | 97% | −20mesh |
| | 화장품·의약품·용기 | 54> | 0.32 | 1.78 | | 0.07 이하 | | | 12~100mesh |
| | 식기·타일·유약용 | 54> | | | | 0.08 이하 | | | |
| 주물 공업용 | 용재용 | 51> | 0.79 | | 1.89 | 0.05 이하 | | | |
| 도로 포장용 | 석분 | 규격 | K.S.F | 3501 | | | | | |
| 농업용 | 소석회비료 | | | | | | | 60% | −10mesh 98% −28mesh 60% |
| | 석회석분말비료(석회석분말) | | | | | | | 45% | 〃 |
| | 석회석분말2호비료 (석회석고토분말) | | | | 15 | | | 53% | 〃 |
| | 배합사료용 폐회사(칼슘제) | 53 | | | | | | | |
| | 〃 | 53 | | | | | | | |
| 건축용 | 고압생석회벽돌(1급) | 48 | | | 15 | | | | ~0.09mm 95% |

수세기를 소비하여도 충분한 양으로 알려져 있다.

석회석의 용도는 다양하며 시멘트, 철강용 이외에도 화학공업, 요업, 농업 등에 이용되며 용도별 석회석의 품질요건은 〈표 3-28〉과 같다.

석회석에 마그네슘 성분이 포함된 돌로마이트(dolomite, $(Ca,Mg)CO_3$)는 석회석과 같이 산출되며 내화재, 용재 등에 이용된다.

우리나라의 석회석매장량은 약 417억 톤(〈표 3-29〉 참조)으로 주로 강원도 지방에 부존되어 있다. 한편 석회석생산은 〈표 3-30〉와 같이 연간 4,800만 톤(1989)이며, 대부분은 시멘트제조(연간 3,870만 톤, 1987)에

〈표 3-29〉 우리나라 석회석의 매장량 (단위 : 천 톤)

| 지역 | 확정 | 추정 | 예상 | 계 |
|---|---|---|---|---|
| 경기 | 52 | 3,542 | 14,307 | 17,901 |
| 강원 | 771,529 | 7,452,081 | 28,201,089 | 36,424,699 |
| 충북 | — | 320,663 | 4,437,814 | 4,758,477 |
| 충남 | 510 | 7,207 | 13,655 | 21,372 |
| 전북 | — | 27,576 | 14,023 | 30,557 |
| 전남 | 343 | 59,569 | 11,042 | 70,954 |
| 경북 | 17,855 | 206,822 | 197,230 | 421,907 |
| 계 | 790,289 | 8,077,460 | 32,889,160 | 41,745,867 |

자료 : 동력자원부.

〈표 3-30〉 우리나라 석회석의 생산추이 (단위 : 천 톤)

| 구분 \ 연도 | 1985 | 1986 | 1987 | 1988 | 1989 |
|---|---|---|---|---|---|
| 쌍용동해 | 10,535 | 11,065 | 11,762 | 12,385 | 12,257 |
| 쌍용영월 | 1,774 | 1,689 | 2,588 | 2,664 | 3,140 |
| 성신 | 2,607 | 2,688 | 3,061 | 3,694 | 3,823 |
| 한일 | 3,635 | 3,688 | 3,229 | 3,733 | 3,915 |
| 현대 | 1,867 | 2,416 | 2,681 | 3,295 | 3,395 |
| 동양제일 | 4,310 | 4,641 | 5,788 | 6,503 | 6,322 |
| 평해 | 1,023 | 1,016 | 1,248 | 1,403 | 1,596 |
| 아시아 | 1,991 | 1,889 | 2,032 | 2,341 | 2,366 |
| 계 | 35,135 | 38,060 | 41,675 | 46,377 | 48,011 |

자료 : 동력자원부.

사용되고 있다.

### 3. 장석(feldspar)

장석은 정장석(正長石, 또는 칼륨장석), 조장석(曹長石, 또는 소다장석) 및 회장석(灰長石, 또는 석회장석) 등의 종류로 구분되며, 여러 암석 속에 조암광물로 들어 있지만 장석으로 개발가치를 가지는 농집된 광체는 흔하지 않다. 장석은 유리원료와 도자기에 주로(미국의 경우 90% 이상) 이용되고 있다.

현재까지 확보된 세계의 장석매장량은 10억 톤으로 지역적인 편재가 적은 자원이며 연간(1989) 세계 생산량은 480만 톤이고 미국, 이탈리아, 소련, 서독 등이 주요 산지에 해당된다. 우리나라의 장석매장량은 3,300만 톤이며 생산량은 23만 톤(1989)이고, 충남 당진에 위치한 당진(사장석) 및 한진광산에서 약 50%를 생산한다.

### 4. 흑연(graphite, C)

전기의 양도체이며 내산(耐酸), 내고온성(耐高溫性)의 특성을 갖고 있는 흑연은 인상(鱗狀, 결정질)과 토상(土狀, 비결정질)의 두 가지 상태로 나뉜다. 용도별 소비구조를 보면 도가니제조용 내화재료에 가장 많이 쓰이고, 탄소강(炭素鋼)원료, 윤활제, 전극, 연필, 축전지 등 용도의 범위가 넓다.

세계 흑연매장량은 〈표 3-31〉과 같이 1.7억 톤이며, 인상흑연은 스리랑카와 마다가스카르가 그리고 토상흑연은 오스트리아와 한국이 주요 부존국에 속한다. 세계 흑연생산량은 1987년에 69만 톤(〈표 3-32〉 참조)이며 중국, 소련, 멕시코, 한국 등이 주요 생산국이다.

우리나라의 흑연매장량은 토상흑연이 석탄과 혼재되어 있어 석탄매장량으로 집계되어 있으므로 인상흑연 1,600만 톤을 공식통계로 하고 있다. 생산량은 토상흑연이 10만 톤(1989)이며 대표적인 광산은 봉명(경북 문경) 광산이다. 또한 인상흑연의 생산량은 1,200톤(1989)이고 대표적인 광산은

〈표 3-31〉 세계 흑연의 매장량과 분포도

○ 분포도

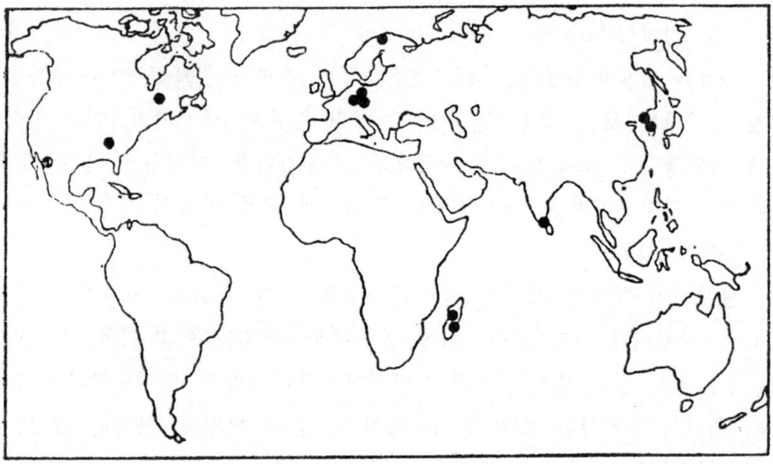

○ 매장량

(단위 : 천 톤)

| 지역별 | 매장량 | 비율(%) |
|---|---|---|
| 인상흑연 | 101,000 | 60.9 |
| 북미 | 2,000 | 1.2 |
| 남미 | 4,000 | 2.4 |
| 유럽 | 20,000 | 12.0 |
| 아프리카 | 40,000 | 24.1 |
| 아시아 | 15,000 | 9.0 |
| 토상흑연 | 65,000 | 39.1 |
| 북미 | 10,000 | 6.0 |
| 유럽 | 20,000 | 12.0 |
| 아시아 | 35,000 | 21.1 |
| 총계 | 166,000 | 100.0 |

자료 : *Mineral Facts and Problems*, 1985.
주 : 매장량은 Reserve Base 개념임.

금암(충남 당진)광산이다. 토상흑연은 연간 5만 톤 수출하며 나머지는 내수용으로 사용하고 있다.

〈표 3-32〉 세계 흑연의 생산추이 (단위 : 톤)

| 국명＼연도 | 1983 | 1984 | 1985 | 1986p | 1987e |
|---|---|---|---|---|---|
| 오스트리아 | 44,553 | 48,269 | 33,911 | 39,867 | 38,600 |
| 중국e | 204,000 | 204,000 | 204,000 | 204,000 | 204,000 |
| 서독 | 13,241 | 13,620 | 14,107 | 14,587 | 13,000 |
| 브라질 | 30,463 | 36,023 | 48,131 | 40,800 | 44,000 |
| 한국 | 36,669 | 64,555 | 78,792 | 107,165 | 89,100 |
| 마다가스카르 | 14,944 | 15,403 | 15,400 | 17,843 | 18,000 |
| 멕시코 | 48,862 | 45,778 | 38,997 | 41,645 | 41,000 |
| 소련e | 88,000 | 88,000 | 90,000 | 91,000 | 92,000 |
| 기타 | 185,515 | 176,340 | 164,302 | 179,606 | 154,467 |
| 세계총계 | 666,247 | 691,988 | 687,640 | 736,513 | 694,167 |

자료 : *Minerals Yearbook*, 1987.
주 : p; preliminary e; estimated

**5. 납석(pyrophyllite, $Al_2Si_4O_{10}(OH)_2$)**

일반적인 내화(耐火) 점토류와 달리 수분함량이 비교적 적으며, 활석과 비슷한 물리적 성질을 갖고 있는 납석은 고온에 견디는 성질, 즉 내화도가 높기 때문에 대부분 내화벽돌 제조나 요업재료로 이용된다. 납석은 연질(軟質)광물로서 쉽게 분쇄되는 성질 때문에 살충제 및 분산충전제로도 사용된다.

세계 생산량은 1987년에 약 210만 톤이며, 이중 일본이 138만 톤, 한국이 88만 톤으로 우리나라가 주요 생산국의 하나이다. 우리나라의 매장량은 약 8,700만 톤으로 보고 있으며, 전라남도와 경상남도에 많이 부존되어 있다. 생산량은 연간 77만 톤(1989)이며 전남 완도에 위치한 완도 및 노화광산이 대표적인 광산이다.

## 3.2.3. 기타 비금속자원

**1. 전자공업 원료자원**

규사, 규석, 게르마늄, 레늄, 인듐, 셀레늄, 카드뮴 등의 광물자원은 여러 분야에 사용되고 있지만 주로 전자공학에서 필요로 하는 재료를 만드는

데 쓰이는 것들로서 반도체, 전지, 광섬유 등을 제조하는 데 이용되고 있다. 이들은 대부분 수요량이 크지 않으나 전자공학의 발전에 따라 그 활용범위가 늘어날 것으로 예상된다. 그중에서도 실리콘은 우리나라에 풍부하므로 정제(精製)기술을 발전시키면 여러 분야로의 활용이 기대된다.

규사(silica sand, $SiO_2$)는 규석과 함께 순수한 석영에 가까운 품질을 가진 것은 유리제품의 주원료가 되며 주물공업용 등에 사용되어 왔으나, 최근에는 특히 실리콘칩의 개발로 인해 규소의 수요는 크게 증가될 것으로 예상된다.

우리나라의 부존현황은 규석이 19억 톤이고 규사는 1.2억 톤으로 풍부한 매장량을 가지고 있다. 연간 생산량은 규석 155만 톤(1989)과 규사 136만 톤(1989)이다. 국내 연간 수요량(1989)은 규사 및 규석을 합쳐서 약 330만 톤이며 연평균 증가율(약 10% 추정)이 높기 때문에 국내 생산이 증가될 것으로 예측된다.

게르마늄(Ge)은 아연광(亞鉛鑛)의 부산물로 산출되고 적외선광학(赤外線光學) 분야와 치과용 합금 및 반도체의 재료로 이용되며 연간 세계 수요량은 약 110톤으로 미국이 가장 큰 수요국가이다.

레늄(rhenium, Rh)은 일반적으로 휘수연광(輝水鉛鑛)에 함유되어 부산물로 산출된다. 제일 큰 수요처는 석유정제 분야로 납(鉛) 함유량을 낮추고 옥탄가를 높여 준다. 그 외에 레늄은 중석(重石) 및 몰리브덴과 쉽게 합금을 만들어 온도조절기, 플래시 전구, X선광 등의 제조원료로 사용되며 연간 세계수요는 10∼15톤이다.

인듐(indium, In)은 황화 금속광물에 소량 수반되어 아연제련시에 부산물로 회수되며 인류가 쓰기 시작한 것은 50여 년에 불과하다. 인듐은 용융점이 156.6°C에 불과하므로 이를 이용하여 여러 분야에서 사용되는데 특히 트랜지스터, 다이오드, 정류기 등에 쓰이고 있다. 연간 생산량은 약 85∼120톤 정도이다.

셀레늄(selenium, Se)은 주로 귀금속함량이 많은 동광석을 전기제련할 때 추출되는 광물로서 현대과학의 발전에 따라 그 용도가 다양하다. 주요 용도는 전자공업에서의 광전지, TV 카메라, 복사기 등이며 유리소색제, 화학용 촉매, 안료(顔料), 의약품에도 사용된다. 세계 생산량은 1,750톤(1988)이며 국내 수입량은 연간 약 7톤이다.

카드뮴(cadmium, Cd)은 아연광(sphalerite)에 수반되기 때문에 아연제련시 부산물로 산출되며, 주로 전자부품의 부식방지를 위한 도금용(미국의 경우, 용도의 50%)에 이용되며 전지, 안료 및 플라스틱 공업에서 이용하고 있다. 카드뮴은 독성이 강해 공해방지에 특히 유의를 하여야 한다. 세계 생산량은 연간 2.2만 톤(1988)이며 우리나라는 연간 600～700톤을 생산하고 있다.

비소(arsenic, As)의 주요 광물은 황비철석(arsenopyrite, FeAsS), 웅황(orpiment, $As_2S_3$)이며, 유화광 제련시 부산물로 회수가 가능하나 공해와 관련되어 골치아픈 불순물로 취급되고 있다. 주용도는 농업 및 임업 살충제 제조원료이고, 그 외에 유리공업의 탈색제 및 용제로 쓰고 있으며, 전체 양은 적으나 발광 소자(素子)용(Ga-As)으로 수요가 증가될 것으로 전망하고 있다. 세계 생산량은 연간 5.5만 톤이며 우리나라는 500～600톤 규모의 시장이 형성되어 있다.

수은(mercury, Hg)은 자연수은, 진사(cinabar, HgS)로 산출되며 화공원료, 온도계, 의약품에 이용되나 대부분은 전기제품으로 수은전지, 수은등에 사용하고 있다. 연간 세계 생산량은 약 20만 flask(76lb)이며 미국, 소련, 스페인이 주요 생산국이다.

운모(mica)는 백운모(muscovite, $H_2KAl_3(SiO_4)_3$), 흑운모(biotite, $H_2K(Mg,Fe)_3(Al,Fe)(SiO_4)_3$) 등이 주요 광물인데, 절연성이 뛰어나고 단열효과도 내며 가볍기 때문에 전기제품과 경량 건축재에 사용된다. 세계 생산량은 1989년에 연간 28만 톤이며 미국, 인도, 소련이 주요 생산국이다. 우리나라는 연간 9천 톤(1989)을 생산하고 있으며 거의 전부를 내수용(內需用)에 충당하고 있다.

### 2. 연마재(硏磨材)자원

연마재 중 가장 중요한 광물은 다이아몬드(diamond)이다. 다이아몬드는 모든 광물 중에서 경도가 제일 높고 굴절률이 높아 보석 및 연마재로 쓰이고 있다. 천연산 중 연마재로 쓰이는 것은 보석용으로 적합치 못한 것들이며 캐럿 단위(1kg=5,000캐럿)로 거래된다. 다이아몬드는 연마재로서 시추용 빗트, 다이아몬드 톱, 보석가공 등에 사용되며 경제성 있는 세계 매장량은 9.8억 캐럿이고 연간 생산량(1989)은 5,270만 캐럿으로 자이르, 호주, 보츠와나, 소련 및 남아공화국이 주요 생산국이다.

기타 연마재로서는 강옥(corundum), 석류석(garnet) 등이 있으며, 분말(粉末)상으로 연마용(렌즈, 금속표면 연마), 절단용(석재절단용) 및 마찰재(고속도로, 건축물)에 이용된다. 강옥의 연간 생산량(세계)은 약 2만톤이다.

### 3. 건축재료

건축재료 중 가장 중요한 재료는 시멘트, 벽돌, 타일 등이며 그 외의 건축재료로서 석재, 골재, 석면, 질석 등을 들 수 있다.

석재(石材)는 인류역사와 더불어 성장·발전되어 온 필수불가분의 자원으로 그 용도가 다양하며, 경제수준의 향상으로 석재수요가 증가하고 있다. 석재로 이용되는 암석은 강도, 내구력, 색상 등 물리적 특성에 좌우되며 대표적인 석재는 화강암과 대리석이다. 우리나라는 화강암의 매장량이 풍부하며 색상도 다양하여 기대되는 바 크며 대리석도 개발은 이미 한 상태이나 양질의 대리석 부존이 확인되고 있어 석재산업의 발전·육성이 필요시되고 있다.

시멘트 공사시 혼입되는 자갈과 모래 등을 골재(骨材)라 한다. 대도시 주변에 큰 하천이 있을 때는 하상에 쌓인 모래와 자갈을 쉽게 채취하여 이용하나, 그 조건이 여의치 않을 때는 주변의 암석을 파쇄하여 이용하고 있다. 또한 골재는 특히 철도, 도로, 항만건설 등 토목공사에 많은 양이 소비된다.

석면(石綿, asbestos)은 우수한 내열성에, 알칼리산에 강할 뿐만 아니라 강도도 강하여, 슬레이트 및 보온재 등 건축재료와 특수섬유원료로서 브레이크 라이닝, 클러치 디스크, 방화판 등에 다용도로 사용된다. 그러나 폐암을 유발한다는 판정에 따라 선진국에서는 규제대상물로 취급되고 있다.

석면의 세계 생산량은 430만 톤(1989)이며 소련, 캐나다, 남아공화국이 주요 산지이고 우리나라는 충남지방에서 연간 1만 톤 정도 생산한 바 있었으나 이제는 2천 톤 정도에 불과하고 8만 톤 정도의 내수를 충족하기 위하여 캐나다 등지에서 수입(약 2,700만 달러)하고 있다.

질석(vermiculite)은 운모와 비슷한 모양으로 연한 갈색을 띠는 광물로서 가열하면 부풀어 올라 비중이 낮고 열에도 견딜 뿐만 아니라 보온, 방음의 효과도 있어 경량 골재 및 내열재로 많이 사용하고 있다. 고층건물 등을 지을 때 모래 대신 쓰면 콘크리트의 비중을 낮출 수 있어 상당히 유망시되는 자원이다. 세계 생산량은 약 60만 톤(1989)이며 미국, 남아공화국이 주요 생산국이다. 우리나라는 경기, 충남의 변성암지대에 부존되어 있으며 충남지역에서 연간 약 2천 톤 가량을 생산하고 있다.

## 3.3. 기타 자원

에너지자원 및 광물자원 이외에도 자원개발 분야에서 취급되는 자원에는 지하수와 심해저자원이 있다.

### 3.3.1. 지 하 수

지하수란 지층 또는 암석의 공극 및 파쇄대를 메우는 물로서 모든 생물 특히 인간이 생존하는 데 가장 필수적인 자원이다. 지하수는 대부분 농업용수(미국의 경우 전체의 70%)로 가장 많이 이용되어 왔으나, 공장폐수의 오염, 농약 및 가축배설물에 의한 오염 등에 따라 지표수오염이 증가되어 생활용수로서도 많이 활용되고 있다.

지하수는 지하 저류층인 대수층에 저장될 때까지 자연적으로 여과작용을 통하여 깨끗하고 순수한 물로 변화시켜 주고, 일정한 수량을 유지하며 또한 수온변화도 지표수에 비해 무시할 정도이다. 따라서 일정한 온도로서 냉각용으로 사용되는 공업용수에서도 효율적이라 그 수요가 급증하고 있다. 세계적으로 지하수를 많이 사용하는 산업 분야는 농산물가공, 제지, 주류, 섬유 등이다.

지하수는 구성암석입자가 고결되지 않은 충적층에서 전체의 약 90% 정도를 경제적으로 개발하고 있다. 그 외에 투수율이 좋은 석회암, 화산암 및 풍화대 등이 개발대상이 된다.

우리나라는 충적층의 분포가 전국토의 27.8% 면적비율을 차지하고 있다. 충적층내의 지하수 포함능력은 약 740억 $m^3$로 보고 있으나 지하수 개발이 실제 가능한 채수량의 범위는 100~150억 $m^3$로 추정된다. 참고로 농업용 지하수 개발대상지 25만 ha에 90일 계속 급수할 수 있는 양은 34억 $m^3$이다. 한국의 암석류는 주로 비공극성인 결정암, 편마암, 결정편마암류 및 퇴적암으로 비대수성 암석이 전국 대부분의 면적을 차지한다. 그러나 습곡운동, 변성작용, 그리고 화성활동을 통하여 지층 내부에 많은 파쇄구조가 발달되었으며, 대표적인 것으로 대소 단층과 파쇄대, 각종 절리가 생성되었으므로 지하수 함양조건을 충분히 갖추고 있다. 따라서 통상 지하수 부존 가능성 구조가 편재되어 있어 개발위치선정에 신중을 기하여야 한다.

우리나라의 본격적인 지하수개발은 1960년대에 한해대책으로 농업용수 개발이 시작되었으며, 공업용수는 1970년대의 중화학공업발전과 더불어 개발을 촉진하게 되었다. 한편 제주도는 투수율이 좋은 화산암으로 구성되어 있으므로 지표수가 적어 암반 지하수개발로 용수해결이 성공한 좋은 예로 되어 있다.

과거에는 부존되어 있는 지하수를 찾아 쓰기만 하던 단계에서 지하수를 저장하였다가 필요시에 이용할 수 있는 지하댐 사업단계에까지 이르렀다. 현재까지는 공급측면에서 탐사 및 개발에만 국한하여 지하수자원을 무분별하게 개발·이용하였다. 그 결과 과잉채수로 인한 지하수자원 고갈현상이나 지반침하, 각종 산업폐기물, 공해에 의한 지하수 수문계의 오염 등 새로운 심각한 사회적 문제를 야기시키고 있다. 따라서 지하수탐사, 개발에만 국한하지 말고 지하수인공함양, 지하댐개발, 지반침하방지, 오염지역내에서의 오염확산방지 및 관리망(monitoring network)구축 등 체계적으로 지하수문제를 해결하여야 할 것이다.

### 3.3.2. 심해저자원

오늘날 세계의 육지자원에 대해서는 이미 개발이 많이 되어 있고 해저자원에 있어서도 연해저(沿海底)자원으로서 석유, 천연가스 및 석탄자원의 개발이 근년에 와서 활발히 진행되고 있다. 그러나 심해저(深海底) 광물자원의 탐사 및 개발활동은 1970년대부터 수행되기 시작하였다.

심해저자원 중에 가장 중요한 자원은 망간단괴(團塊, manganese nodule)이다. 망간단괴의 분포, 화학성분 및 함량은 지역에 따라 큰 차이가 있으나 퇴적률(堆積率)이 적거나 거의 없는 심해저에 더 많이 분포되어 있으며, 주로 태평양, 대서양, 인도양 등 대양에 분포되어 있다. 현재 세계에서 상업적으로 개발 가능성이 크다고 평가받고 있는 해역은 중앙 아메리카에서 하와이를 연결하는 북위 6°30′～20°의 동서방향의 대상(帶狀)해역이다(〈그림 3-1〉 참조).

망간단괴의 성분은 망간·철·니켈·동·코발트·티타늄 등 40여 종의 원소가 화합물상태로 함유되어 있으며, 특히 망간·몰리브덴·티타늄함량은 육지지각의 평균함량보다 100배 이상, 니켈·은·납 등은 50배 이상 높다.

전대양(全大洋) 심해저에 분포되어 있는 망간단괴의 추정매장량은 학자에 따라 차이가 있으나 최근에는 약 2,170억 톤으로 추정하고 있다. 현재 미국을 위시한 선진국에서는 망간단괴개발에 관심이 많으며 기술개발과 탐사를 진행중에 있고 장래 육지에 부존되어 있는 자원과 비교하여 개발의 경제성이 높을 때는 미래의 중요한 인류의 자원으로서 각광을 받게 될 것이다.

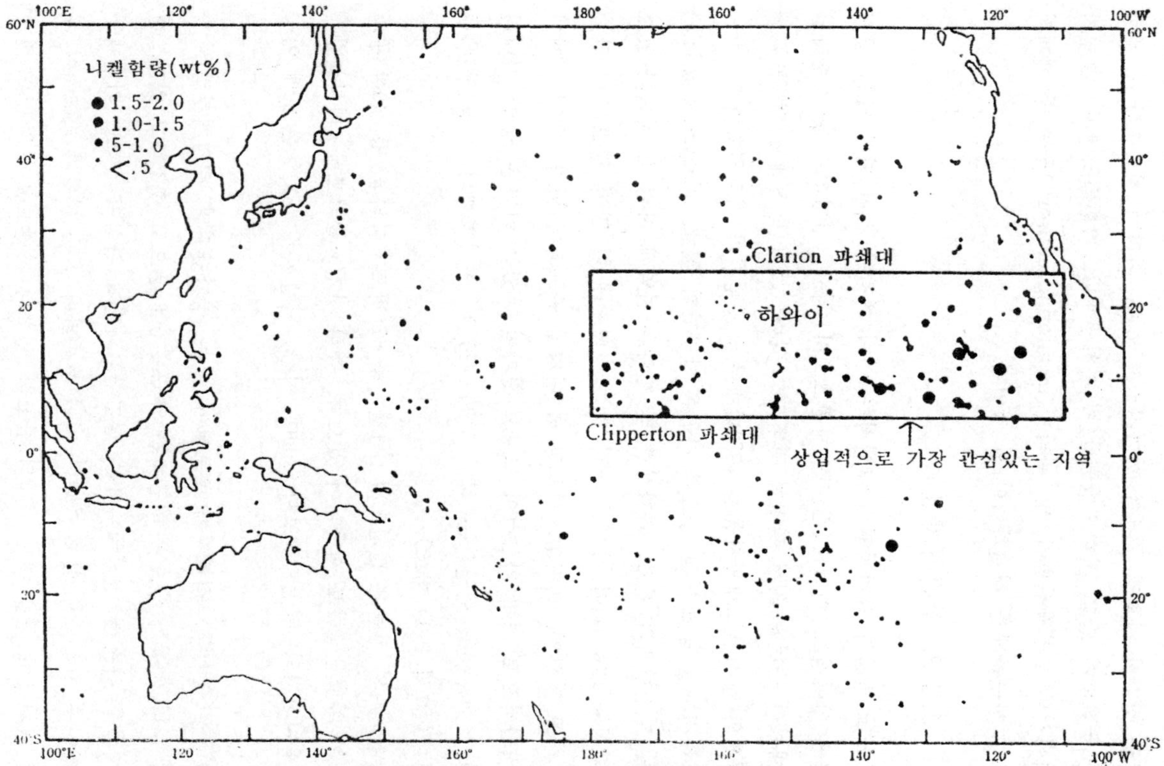


그림 3-1. 태평양의 망간단괴 분포

# 4
# 지 질 개 요

자원의 부존을 개념적으로 예측하고 자원탐사의 방향과 방법을 설정하는 데 참조하기 위하여 우선 대상자원에 대한 지질학적 지식이 필요하다 여기서는 자원개발에 적용되는 지질학의 기초사항을 요약하고자 한다.

## 4.1. 지질학의 기초사항

지각은 여러 암석으로 구성되어 있는 지구의 가장 바깥 부분에 해당된다. 지각내의 광물 및 암석의 종류와 분포상태 및 상호 구조적인 관계, 생성시기 및 환경 등을 통칭하여 지질이라 하며, 이것을 대상으로 하는 학문을 지질학이라 한다.

### 4.1.1. 지각의 구성물질

지진파, 중력, 자력 등 지구물리학적 측정자료에 의하여 지구 내부의 구조와 구성물질을 규명하고 있는데, 지구 내부로부터 내핵, 외핵, 맨틀(mantle)과 지각(earth crust)으로 구분한다. 지각은 지표에서 5~35km 두께로서 지구의 반지름 6,378km와 비교할 때 매우 얇은 껍질에 지나지 않으나 불균질한 물질로 구성되어 있어 복잡한 지질상태를 형성하고 있는 경우가 많다.

## 1. 광 물

지각을 구성하는 물질은 약 100종의 화학원소로 되어 있다. 그러나 이들 원소는 일정한 화학식을 가지는 화합물을 만들어 존재하며, 이를 광물(mineral)이라 한다. 따라서 지질에서 지각을 구성하는 물질의 기본단위는 광물이라 할 수 있으며, 이 광물들이 모여서 암석을 이루고, 다시 이 암석들이 모여서 지각을 이루고 있다.

광물의 정의는 자연산의 무기물로서, 일정한 화학성분과 결정구조 및 형태를 가지며 물리적 및 화학적 특성을 가지는 것을 말하고 광물에 관한 학문을 광물학(mineralogy)이라 한다. 그러나 자연산의 액체(석유, 물, 수은 등)는 결정구조가 없으나 광의로 광물에 포함시키고 있다. 석탄도 광범위하게 광물에 포함하고 있으나, 엄밀한 의미에서 보면 식물의 부패물을 주성분으로 하는 암석의 일종이다. 광물분류의 기준은 크게 결정형태와 화학성분이다. 결정분류의 기본요소는 결정축의 길이와 결정축들이 이루는 각이 되며, 원자나 이온이 규칙적인 배열을 하면서 결정이 성장해 가는 것으로 보고 있다. 화학성분에 의한 광물의 주요 분류는 규산염(silicates)광물, 탄산염(carbonates)광물, 산화(oxides)광물, 황화(sulfides)광물 등으로 되어 있다. 광물을 감정하는 방법은 물리적 성질을 이용하는 방법과 화학적 특성을 이용하는 방법이 있다. 물리적인 감정방법에는 비중, 광택(luster), 색과 조흔색(條痕, streak), 굳기, 쪼개짐(cleavage)과 깨진 자국(fracture) 이외에도 광물의 자기적 성질, 발광성 등이 있다. 화학적인 감정은 방사성 측정, 취관(blow pipe)분석, 화학시약인 산으로 구별하는 방법 등이 이에 해당된다.

## 2. 암 석

암석은 한 종류 또는 그 이상의 광물들이 모여서 형성한 집합체이며, 암석을 구성하는 광물을 조암(造岩)광물(rock forming minerals)이라고 하며, 그 종류는 수십 종에 지나지 않는다. 암석이 생성된다는 것은 그 암석을 구성하고 있는 광물들의 생성과 집합을 의미하는 것이므로, 조암광물의 생성환경을 앎으로서 암석의 생성환경을 추정할 수 있다. 광물입자의 크기, 모양, 집합상태 등을 그 암석의 석리(石理, texture)라 하며, 암석이 보여주고 있는 보다 큰 모양, 집합형태를 조직(structure)이라고 한다. 이러한 암석의 석리 및 조직은 생성환경 및 과정을 추정할 수 있는 단서가 되며 조암광물의 구성과 함께 암석분류의 요소가 된다. 예를 들어 〈그림 4-1(a)〉와 같이 불규칙한 모양의 광물입자들이 치밀하게 집합된 암석은 높은 온도나 압력하에서 생긴 것이며, 〈그림 4-1(b)〉에서와 같이 둥근 모양의 자갈들이 모여서 굳어진 암석은 그 암석을 구성하는 입자들이 운반되어 지표에 쌓인 뒤에 이 입자 사이를 다른 물질 또는 더 작은 입자가 메우면서 굳어진 것이다.

암석은 성인에 따라 크게 화성암(igneous rock), 퇴적암(sedimentary rock) 및 변성암(metamorphic rock)으로 분류된다.

화성암(火成岩)은 지각 속에 있는 암석의 용융체, 즉 마그마(magma)가 굳어져서 된 모든 암석을 말한다. 마그마가 냉각·고화되는 속도에 따라 화성암은 조립질(粗粒質) 화성암(심성암)과 세립질(細粒質) 화성암(화산

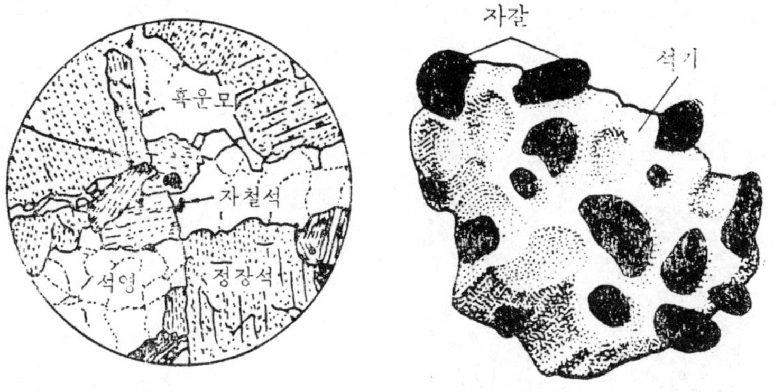


(a) 불규칙한 모양의 광물 알갱이가 모인 암석 (b) 둥근 자갈이 모여서 굳어진 암석

**그림 4-1.** 암석을 구성하는 조암광물의 형태

암)으로 구분된다. 조립질 화성암은 굵은 입자들의 집합체로 전부가 결정질이며 암체의 규모가 일반적으로 크다. 한편 세립질 화성암은 조암광물의 거의 전부가 극히 세립질이거나 유리질이며, 약간의 큰 입자가 섞여 있기도 하다. 또한 화성암은 조암광물의 구성에 따라 엷은 색깔을 띠며 주로 석영과 장석으로 된 산성암(acidic rock), 중성암, 진한 색깔을 띠는 흑운모, 각섬석, 휘석 및 사장석으로 된 염기성암으로 구분된다. 퇴적암(堆積岩)은 지표에 노출된 암석이 풍화—침식—운반—퇴적—고화의 과정을 거쳐 이루어진 암석을 말한다. 퇴적암을 생성과정을 기준하여 분류하면, 암석의 풍화생성물로 된 쇄설성(detrital) 퇴적암과 비쇄설성 퇴적암, 그리고 용해물의 침전으로 이루어진 화학적 퇴적암, 생물의 사체에 의하여 생긴 유기적(organic) 퇴적암으로 구분된다. 퇴적암 중에는 생물들의 유해가 들어가서 화석으로 남기도 하고, 쌓인 순서에 따라 지층이 생긴다. 화석은 퇴적암의 특징일 뿐만 아니라 그때의 퇴적환경을 추측하는 데 중요한 자료가 된다. 이 화석에 대한 학문을 화석학(化石學, paleontology)이라 하며, 퇴적암을 대상으로 하는 분야를 층서학(層序學, stratigraphy)이라 한다.

변성암(變成岩)은 이미 존재해 있던 화성암 또는 퇴적암이 변성작용(metamorphism)으로 새로운 암석을 생성한 것을 말한다. 변성작용은 암석에 큰 압력이나 높은 온도가 가해질 때에, 화학성분의 가감이 일어날 때에, 또는 이들 둘 이상의 작용이 있을 때에 일어나는 현상을 말한다. 암석이 변성작용을 받으면 압력의 방향과 관계가 있는 평행구조가 생겨난다. 이런 구조에는 세립질인 암석에 틈이 발달하여 얇은 판으로 쪼개지는 성질, 즉 쪼개짐(fracture, cleavage)과 〈그림 4-2〉와 같이 암석이 재결정작용을 받아 운모와 같은 판상(板狀)의 광물이 평행하게 배열되는 구조, 즉 엽리(葉理, foliation) 등이 있다. 화성암과 변성암을 주로 대상으로 하는 학문을 암석학(岩石學, petrology)이라 한다.

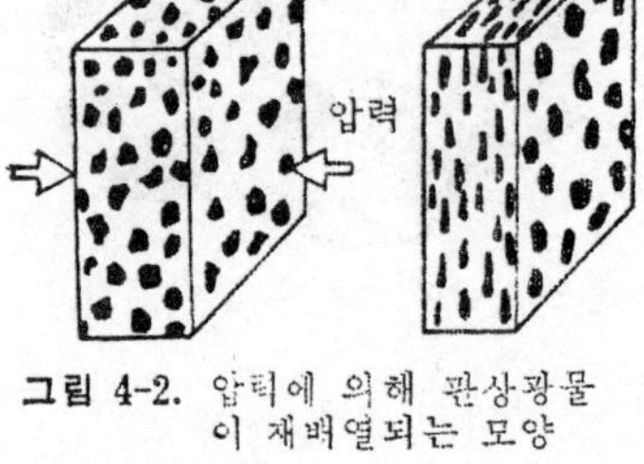


**그림 4-2.** 압력에 의해 판상광물이 재배열되는 모양

## 4.1.2. 지각운동과 지질구조

### 1. 지각의 운동

지각 내부의 에너지는 화산이나 지진과 같은 급격한 변화를 일으키고, 매우 느린 속도지만 육지를 융기시키며 횡압력으로 높은 산맥을 만들기도 한다. 이와 같이 지구 내부의 힘에 의하여 지각이 변동을 일으키는 것을 지각운동 또는 지각변동이라 한다.

세계적인 규모를 가진 대양저 산맥, 해구(trench), 호상열도, 육지의 대습곡 산맥, 지진대, 화산대 등 지구표면에 나타나는 현상을 밝히려는 과학적인 연구는 1960년대에 와서 본격적으로 이루어졌다. 이 연구에는 고지자기, 지진학, 음향측심법 및 암석의 연대측정 등 지구물리학적 방법이 크게 기여하였다. 이 연구결과에 의하여 해저확장론(海底擴張論, theory of sea-floor spreading)과 판구조론(板構造論, plate tectonics)이 제창되었고, 현재 세계적으로 이 학설이 받아들여지고 있다.

해저확장론은 다음과 같다. 즉, 맨틀(mantle)에서 치솟은 용암물질이 〈그림 4-3〉과 같이 대양저 산맥의 V자형 계곡 양쪽에 부착·고결되어 대양저에 새로운 지각을 형성하고, V자형 계곡을 중심선으로 하여 서로 반대방향으로 지각이 이동하게 되며, 이 때문에 대양지각이 확장을 일으키게

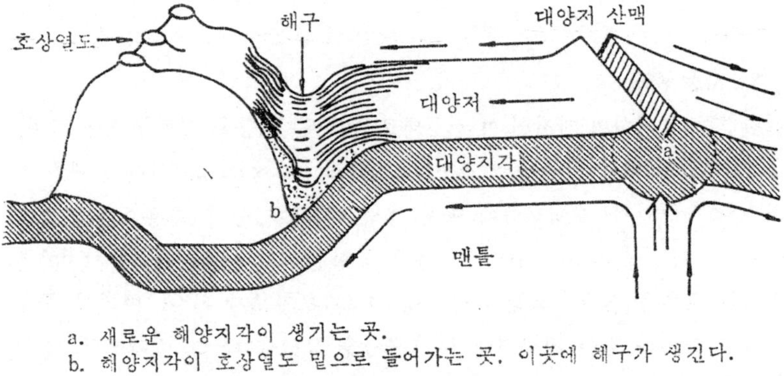


a. 새로운 해양지각이 생기는 곳.
b. 해양지각이 호상열도 밑으로 들어가는 곳. 이곳에 해구가 생긴다.

**그림 4-3.** 해저확장과 맨틀의 대류

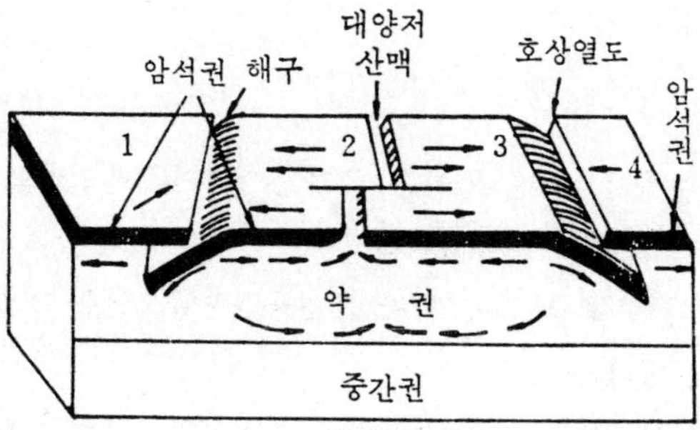


두께 100km인 암석권과 그 밑에서 일어나는 약권 안의 대류(4개의 판이 있다)

그림 4-4. 판구조의 이동

된다. 또한 새로운 대양지각에 의하여 오랜 지각은 밀려서 이동하여, 대륙 또는 호상열도 주변에 있는 해구에서 다시 맨틀 속으로 들어가게 된다.

판구조론은 〈그림 4-4〉와 같이 지구표면부근의 이동하는 층을 단단한 암석권(lithosphere)이라 하고, 하나의 강한 구조단위로 움직인다고 보고 있다. 암석권은 두께가 약 100km이며 대륙지각, 대양지각 및 맨틀의 최상부가 이에 속한다. 움직이는 암석권 하부에는 강도가 약하며 유동이 가능한 약권(asthenosphere)이 수 100km의 두께로 존재하며, 약권 하부에는 강한 성질을 가진 중간권(mesosphere)이 2,900km까지 계속되는 것으로 보고 있다. 지구상에는 유라시아, 호주, 태평양, 아메리카, 남극 및 아프리카의 6개 암석권의 판이 매년 1～6cm 정도 이동하고 있다.

## 2. 지질구조

지각변동에 의하여 지각이 여러 형태로 변화된 모양을 지질구조라 하며, 이를 대상으로 하는 학문을 구조지질학(structural geology)이라 한다. 지각의 상하운동이나 수평운동에 따른 장력, 압축력 등의 작용으로 지층은 기울어지거나 구부러지게 된다. 지층의 주향(走向, strike)과 경사(dip)를 측정하는 작업은 지질구조를 밝혀 내는 데 기초자료가 된다. 여기서 주향은 〈그림 4-5〉와 같이 지층면에서 수평선을 그었을 때 그 수평선의 방향이고, 경사는 주향에 직각방향으로 기울어진 각을 말한다.

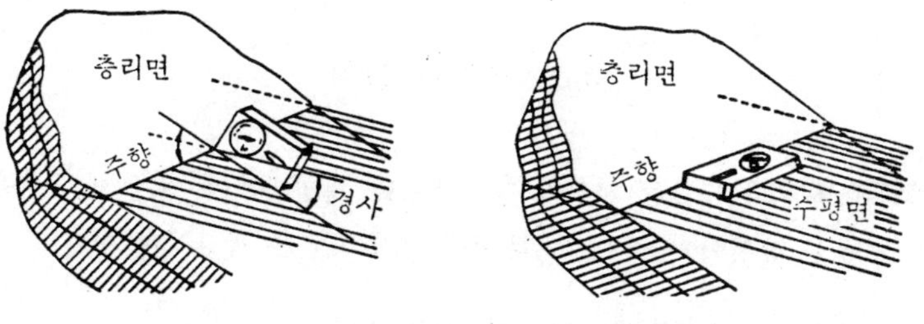


(a) (b)

그림 4-5. 지층의 주향과 경사

지질구조의 현상은 지층의 기울기에 의해 단층, 습곡, 부정합 등으로 나타난다. 단층(斷層, fault)은 지층이 압축력이나 장력에 의해서 생긴 틈을 경계로 하여 양쪽의 지층이 떨어져서 상대적으로 이동된 것을 말한다(〈그림 4-6(a)〉 참조).

습곡(褶曲, fold)은 지각 내부의 힘에 의하여 지층이 파열되지 않고 그 힘에 순응해서 주름이 생기면서 구부러진 구조를 말하며, 습곡 중 〈그림 4-6(b)〉와 같이 축면을 기준으로 하여 위로 향하여 구부러진 것을 배사(背斜, anticline)라 하며, 이와 반대인 것을 향사(向斜, syncline)라 한다.

부정합(不整合, unconformity)은 어떤 지역이 침식을 당한 후 침강하여 수면 밑으로 내려가 새로운 지층으로 덮일 때 오래된 지층과 새로운 지층과의 관계를 말한다. 〈그림 4-6(c)〉와 같이 부정합에서 생긴 면은 장기간에 걸친 지각변동을 가리켜 주는 증거가 된다.

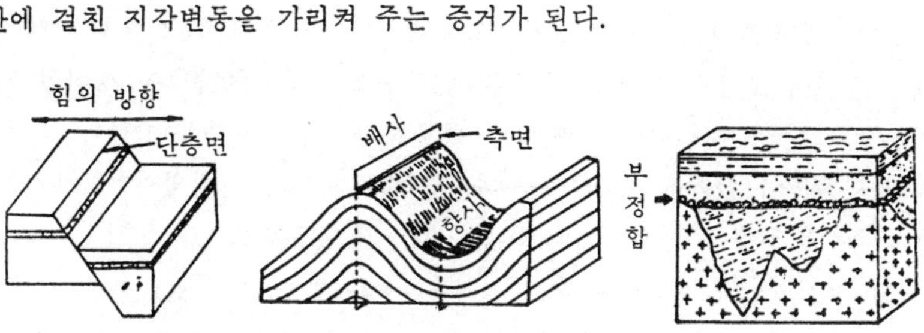


(a) (b) (c)

그림 4-6. 단층, 습곡 및 부정합

## 4.2. 유전과 광상

지하에 부존되어 있는 자원이 경제적으로 개발가치가 있을 때, 석유자원인 경우는 유전이라 하며, 기타 유용 광물자원은 광상이라 한다.

### 4.2.1. 유전(oil field)의 성립조건

지하에 석유 또는 천연가스가 부존하려면 몇 가지 조건을 필수적으로 갖추어야 한다. 일반적으로 유전성립의 필수조건은 근원암(根源岩), 저류암(貯留岩), 집유구조(集油構造)와 덮개암이다. 이 외에 석유의 성숙온도와 생성시기도 조건으로 고려되고 있다.

근원암(source rock)은 유기물질을 석유 또는 천연가스로 전환시켜 주는 암석을 말한다. 유기물은 지층이 형성될 때 함께 퇴적된 것으로서 해초류와 같은 단세포 플랑크톤 식물과 유공충(有孔蟲)과 같은 단세포 플랑크톤 동물을 주구성물로 보고 있다 이들은 바다연변, 하천의 삼각주 또는 육지의 호수 등에서 세립질(細粒質)·이질(泥質) 퇴적물과 섞여서 퇴적되고, 공기와 접촉되지 않은 상태에서 이질 퇴적물의 촉매작용과 특수 박테리아의 작용, 지층의 온도 및 압력으로 인해 장기간을 통하여 석유 또는 천연가스로 전환되었다고 추정하고 있다.

근원암에서 생성된 석유는 경제적으로 생산되지 못하며, 저류층(reservoir)에 이동하여 모이게 된다. 저류층은 탄화수소의 집적(集積)과 생산에 알맞는 다공질(多孔質)이며 유체가 잘 이동할 수 있는 지층을 말한다. 저류층의 대표적인 암석은 사암(砂岩)과 공동질(空洞質) 석회암이며, 세계적으로 볼 때 사암이 62%이고 석회암이 38%를 점유하고 있다.

탄화수소가 저류암내에 모이기 위해서는 일정한 구조가 필요하며, 이 구조를 집유구조 또는 트랩(trap)이라 한다. 다시 말해 탄화수소는 물보다 비중이 작기 때문에 지하에서 생성된 후 암석의 공극(孔隙, 암석을 구성하는 입자 사이의 공간)을 통해 이동하게 되는데, 이동경로가 끝나 더 이

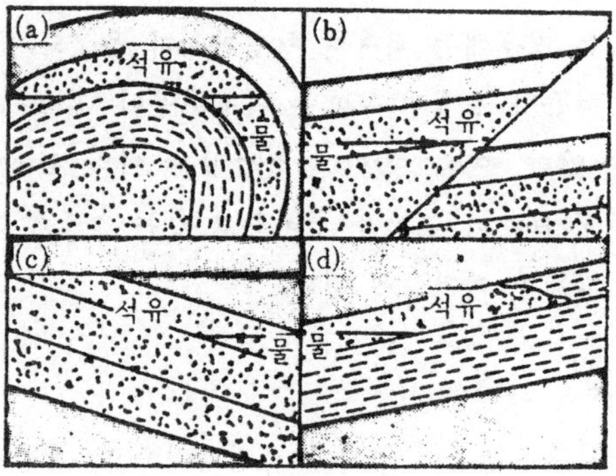


그림 4-7. 트랩(집유구조)의 예

상 이동할 수 없는 곳에 모이게 되며 이 모이게 되는 곳을 트랩이라 한다.

트랩은 구조적 트랩(structural trap)과 층서적 트랩(stratigraphic trap)이 있다. 구조적 트랩에는 〈그림 4-7〉과 같이 습곡작용(褶曲作用)에 의한 배사구조(背斜構造)·단층구조 및 부정합구조를 들 수 있으며, 층서적 트랩에는 지층의 암상(岩相, 지층의 암석을 구성하는 인자의 분포상태)변화에 의한 트랩 등이 있다. 〈그림 4-7〉에서 층서적 트랩은 사암으로 된 지층의 상단이 점토 등으로 혼합되어 석유의 이동경로가 끝나는 상태가 되므로 그 하단에 석유가 집적하게 된다.

트랩에 모인 탄화수소가 이동하지 않으려면 이동을 막을 수 있는 덮개암(cap rock)이 트랩을 덮고 있어야 한다. 이런 덮개암은 대우 치밀한 암석층으로 균열이 없는 것이어야 한다. 대표적인 암석은 셰일이나 이암(泥岩) 등이다.

한편 유기물질이 지하에서 석유나 천연가스로 생성되려면 일정한 온도가 유지되어 열에 의한 성숙단계에 이르러야 하며, 이 온도를 성숙온도(maturation temperature)라 한다. 석유의 성숙온도는 82∼119°C이며, 천연가스는 139∼160°C까지로 알려져 있다. 따라서 일반적으로 지온이 지하심도 100m당 3°C씩 상승한다고 볼 때, 탄화수소가 생성되려면 유기물질을 많이 함유하고 있는 근원암이 생성온도에 이르게 될 심도에 있어야 한다.

또한 석유 또는 천연가스가 생성되는 시기, 생성된 이후에 지질변동이나 화산작용 등이 있는 경우에는 석유나 천연가스가 유실되거나 열변질을 받게 된다. 따라서 석유가 트랩된 후에는 지질변동이 적을수록 유전형성에 유리하다고 볼 수 있다. 이와 같이 유전성립은 여러 조건이 동시에 갖추어져야 하므로 지구상에 이 조건을 구비하고 있는 장소는 한정되고, 이는 석유의 지역적인 편재를 가져오게 된다.

### 4.2.2. 광　　상

지각내의 암석에 유용광물이 농축되어 경제적으로 개발가치가 있을 때 이를 광상(鑛床, ore deposit)이라 한다. 채굴대상이 되는 유용광물을 함유하고 있는 암석을 광석(ore)이라 하며, 광석이 경제성을 가지느냐는 것은 생산된 일정량의 광석 중에 함유되어 있는 유용광물의 양에 따라서 결정된다. 광석내의 유용성분의 함유량을 품위(grade)라 하며, 귀금속은 광석 1톤 중에 함유되어 있는 귀금속의 gr. 수로 표시하고, 기타 원소는 %로 품위를 표시한다.

〈표 4-1〉은 주요 금속의 개발 가능한 최저품위를 지각내의 평균 함유량과 비교한 것이다. 이 표에 의하면 철을 제외하고는 농집비율이 수백 내지 수천으로 되어 있음을 알 수 있다.

이와 같이 광상은 어떤 특정성분이 지질작용이 진행되는 동안에 농집된

〈표 4-1〉 주요 금속원소의 개발 최저품위

| 원　소 | 대륙지각내의 평균 함유량 (%) | 개발 가능 최저품위 (%) | 농집비율 |
|---|---|---|---|
| 금 | 0.0000002 | 0.001 | 5,000 |
| 은 | 0.00008 | 0.02 | 1,500 |
| 구　리 | 0.0058 | 1 | 200 |
| 납 | 0.0016 | 3 | 2,000 |
| 아　연 | 0.0082 | 4 | 500 |
| 철 | 5.8 | 35 | 6 |
| 망　간 | 0.10 | 30 | 300 |
| 니　켈 | 0.008 | 0.5 | 600 |

것을 의미하는데, 그 생성과정에 따라 화성광상, 퇴적광상, 변성광상으로 분류되며, 광상을 다루는 학문을 광상학(mineral deposit 또는 economic geology)이라고 한다.

### 1. 화성광상

화성광상(火成鑛床, igneous deposit)은 마그마가 냉각되며 화성암이 생성될 때 거기에 수반된 유용광물이 농집되어 형성된 것을 말한다. 마그마는 거의 모든 물질을 포함하고 있는 800～1,300℃의 액상의 물질이다. 마그마가 고화될 때 단계적으로 온도, 압력, 성분의 변화가 생기게 되어 이에 따라 농집되는 광물의 종류가 다르며, 초기단계부터 정(正)마그마광상, 페그마타이트광상, 기성(氣性)광상, 열수(熱水)광상으로 분류한다.

마그마 고결의 초기를 정마그마 시대(ortho-magmatic stage)라 하며, 휘발성이 없는 무거운 금속 산화물 또는 유화물이 냉각되는 마그마 중에서 제일 먼저 가라앉아 광상을 만들며 이를 정마그마광상이라 한다. 이 광상이 이루어지는 온도는 600℃보다 높으며 광상을 만드는 광물은 자철석, 크롬철석, 티탄철석, 백금, 니켈 등이 있다.

마그마가 냉각됨에 따라 마그마가 점유하였던 공간은 대부분 굳어져 화성암으로 된다. 그리고 나머지 마그마의 잔액과 희원소(稀元素, rare element)를 포함한 휘발성 성분이 주위의 암석을 뚫고 나가 거기서 수반된 유용광물이 농집된 것을 페그마타이트광상(pegmatite deposit)이라 한다. 이 광상의 생성온도는 500～600℃이며 석영, 장석, 운모 등의 큰 결정(結晶)과 희원소광물이 포함되어 있는 특징을 가진다.

페그마타이트 시대를 지나면 남은 것은 대부분 수증기와 휘발성 성분으로 되어 버린다. 이때에는 이들이 차지하는 공간이 좁아 압력이 가장 커져서 주위의 암석을 뚫고 활발하게 침입하게 되어, 그곳의 암석과 반응하여서 암석의 일부를 녹여 버리고 그곳에 화합물을 만들어 유용광물을 많이 침전시키게 되는데, 이를 기성광상(pneumatolytic deposit)이라고 한다. 특히 주위에 석회암이 있으면 휘발성 성분은 이와 격렬하게 반응하여 칼슘성분을 많이 포함한 광물을 만들게 되는데, 석회분이 있는 암석과 접한 곳에 생성된 기성시대(온도 374～500°C)의 광물을 가진 광상을 접촉광상(接觸鑛床, contact deposit)이라 하고, 구리 • 납 • 아연 • 철 • 중석 등 여러 가지 금속광물이 이 유형의 광상에 속하며, 우리나라의 유명한 상동광산(上東鑛山)도 이 유형이라고 보고 있다.

마그마가 고결된 화성암체에서 쫓겨나간 수증기와 휘발성 성분이 암석 중의 틈을 따라 이동하는 동안 온도가 374°C 이하로 떨어지면 수증기는 여러 가지 성분을 녹여 가지고 있는 열수(熱水)로 변하게 되며, 이러한 고온의 수용액을 광액(鑛液, ore solution)이라 한다. 광액은 처음에는 틈 속으로 지나가면서 틈을 넓히나 온도가 더 낮아지면 그곳에 여러 광물을 침전시키게 되는데, 이를 열수광상(hydrothermal deposit)이라 한다. 열수광상을 만드는 광액에는 규산성분이 많이 포함되어 있어, 이 광상은 주로 석영맥을 만들고 그중에 유용광물이 함유된다. 주요 유용광물은 금, 구리, 납, 아연, 주석, 은 등이다. 또한 열수광상은 광액의 온도에 따라 심열수광상(hypothermal deposit) • 중열수광상(mesothermal deposit) 및 천열수광상(epithermal deposit)으로 구분되며, 그 생성온도는 각각 대체로 375～300°C, 300～200°C 및 200°C 이하이다.

〈그림 4-8〉은 광상의 종류와 지하의 부존상태를 나타낸 그림이다.

1. 정마그마광상
2. 페그마타이트광상
3. 접촉광상 및 기성광상
4. 심열수광상
5. 중열수광상
6. 천열수광상

**그림 4-8.** 광상의 성인과 그 종류를 나타낸 그림

## 2. 퇴적광상

퇴적광상(sedimentary deposit)은 유용광물을 포함한 암석이 풍화·침식·퇴적 등의 작용을 받아 농집된 것을 말하며, 이는 사광상(砂鑛床)·잔류광상(殘留鑛床)·화학적 퇴적광상과 유기적 퇴적광상으로 분류할 수 있다.

사광상(placer deposit)은 암석이 풍화작용으로 떨어지고 침식작용으로 깎여 내려서 하상(河床)으로 운반되어, 비중이 크고 풍화에 강한 유용광물만이 사력(砂礫) 중에 점점 밑으로 가라앉아서 모인 광상을 말한다. 사광상에는 금강석·백금과 같은 귀중한 광물이 포함되는 곳이 있고, 금·자철석·모나자이트(monazite)·지르콘(zircon) 등 여러 광물(이들 광물이 많이 포함된 모래를 중사(heavy-sand)라 함)이 농집되어 있는 곳도 있다.

풍화잔류광상(residual deposit)은 지표의 암석이 풍화작용에 의해 일부 원소가 용해되어 제거되고 새로운 광물을 생성하여 광상을 이루는 것을 말한다. 이와 같은 광상은 기온 및 습기 등의 기후조건과 풍화를 받는 암석의 성분에 영향을 받는다. 장석이 온대지방에서 풍화작용을 받으면 고령토가 되고, 더 심하게 풍화되면 보크사이트(bauxite)가 된다. 따라서 열대지방에 보크사이트광상이 많이 생성된다.

화학적 퇴적광상은 풍화작용으로 암석에서 분해된 여러 성분의 용액이 퇴적암의 생성과정에서 한 장소에 특정성분만을 화학적으로 침전시켜서 생긴 광상을 말한다. 화학적 퇴적광상이 생성되려면 여러 가지 성분 중에 어느 한 성분만이 침전할 수 있는 환경조건이 갖추어진 곳이어야 한다. 암염과 석고광상은 기후가 건조한 지역에서 수분증발에 의해 물속에 포화된 성분의 침전으로 형성되는 퇴적광상인데 위의 좋은 예가 될 수 있다.

유기적 퇴적광상은 생물의 사체가 쌓여서 농집된 광상을 말하는데, 석회질 껍질 또는 뼈를 가진 동물의 유해가 쌓여서 만들어진 석회암, 해조(海鳥)의 분(糞)으로 된 인광(燐鑛), 식물에 의한 석탄 등이 이에 속한다.

### 3. 변성광상

변성광상(metamorphosed deposit)은 암석의 변성과정에서 유용광물이 농집된 광상을 말한다. 예를 들어 퇴적암 속에 소량으로 남아 있는 유기질 기원의 비정질 탄소가 변성작용을 받아 결정질 흑연광상으로 형성하게 된다. 또한 돌로마이트가 변성할 때 물과 이산화탄소 등이 첨가되면 활석광상이 된다.

# 5
# 자원탐사

지하에 아무리 풍부한 자원이 있다 하더라도 인류가 그 자원을 찾지 못하면 그 자원은 영구히 인류와는 관계가 없는 존재가 되는 것이다. 또한 지하에 아무리 풍부한 자원이 있음을 확인하여도 인류가 그것을 지상으로 경제적으로 추출하고 이를 활용할 수 있게 처리하는 기술을 가지고 있지 않으면 그 자원은 인류에 소용이 없게 된다. 따라서 자원이 인류에 소용이 있는 것으로 만들기 위하여는 자원에 관한 학문이 있어야 하며 기술이 수반되어야 한다.

이와 같이 자원개발은 자원을 탐사하는 분야와 자원을 생산(또는 협의의 자원개발)하는 분야, 그리고 생산된 자원을 고품위로 활용할 수 있도록 처리하는 자원활용 분야로 분류할 수 있다.

자원의 탐사(exploration)는 그 범위가 석유·석탄 등의 에너지자원, 금속·비금속의 광물자원 및 지하수·지열 등에 적용될 뿐만 아니라, 지질구조와 암반 등을 탐사하여 지상 및 지하 구조물의 건설과 관련된 기술자료를 제공한다.

탐사작업은 지표, 해상, 수중, 항공, 그리고 지하에서 실시하며, 탐사의 대상이 되는 지역과 자원의 종류에 따라 탐사의 주요 방법과 적용기술이 다르게 된다. 예를 들어 지하 2,000~3,000m 깊이의 퇴적층에 부존되어 있는 석유에 대한 탐사와 지하 100~200m 깊이의 자화광물인 광체에 대한 탐사는 자원의 부존성립의 조건이 다르기 때문이다.

탐사기술은 지표(지상 포함)에서 탐사하는 방법과 지하에서 탐사하는 방법으로 대별할 수 있다. 지표에서 실시하는 탐사는 지질조사 및 지구화학탐사와 물리탐사(또는 지구물리탐사)가 있으며, 지하에서 실시하는 탐사는 시추탐사와 갱내 탐사가 이에 속한다.

## 5.1. 지질조사 및 지구화학탐사

지하자원은 지질작용에 의하여 독특한 성립조건 아래 유전 또는 광상으로 형성하게 되므로, 일반적으로 지질조사를 자원탐사보다 먼저 시행하게 된다. 지구화학탐사는 지각구성물질의 화학적 성질을 이용하는 탐사로서 특히 금속광물 자원탐사에 유효하다.

### 5.1.1. 지질조사

#### 1. 일반지질조사

지표에서 항공사진 또는 시추(試錐)에 의한 지질시료(地質試料)로부터의 암석, 지층 등의 분포 및 지질구조를 조사하여 지질도(地質圖)를 작성하고 탐사의 기초자료를 제공하는 조사를 일반지질조사라 한다.

지표지질조사는 암반의 일부분이 지표에 노출되어 있는 부분, 즉 노두(out crop)를 대상으로 주로 실시한다. 항공사진 지질조사는 항공기에서 촬영된 사진을 이용하여 노두의 위치, 암석분포, 단층 등 지질구조를 개략적으로 조사하여 규명하는 방법으로서 지표지질조사에 유용한 자료가 된다. 지표의 풍화 정도에 따라 지표지질조사가 곤란할 때 암반이 있는 곳까지 수십 m의 시추를 하여 암석시료를 채취하여 지질조사를 하는 방법도 있다. 지질도는 지질조사의 정밀도에 따라 25만분의 1, 5만분의 1 등의 축척(scale)으로 작성하는데, 지질도에는 각종 암석의 분포, 지층의 층서 및 습곡, 단층 등의 지질구조사항이 기록되어 있으며, 지하의 상태를 나타내는 지질단면도(斷面圖, cross section)도 작성하여 첨부하고 있다.

조사지침으로서 화성암의 경우는 우선 화성암의 종류를 감정하고, 어느 지층을 뚫고 있는지 또는 어느 지층에 의하여 부정합으로 덮여 있는가 등을 조사한다. 또한 화성암의 분포와 화성암체내에 발달한 절리(節理, joint, 화성암이 생성될 때의 냉각•수축에 의해 갈라진 틈을 말함)의 주향과 경사를 측정하며 신선한 암석시료를 채집한다.

퇴적암의 경우는 지층의 방향을 주향 및 경사를 통하여 측정하고, 그 지층의 상하에 놓이는 지층의 종류를 확인하여 층서(層序)를 결정한다. 또한 지층에서의 암상의 변화와 화석의 채집도 중요하다. 화석은 퇴적지층의 지질시대와 그 환경을 결정한다. 특정한 화석은 특정한 지질시대에서만 생존하였으므로 화석의 분포를 규명함으로써 지층의 지질시대와 그 환경을 알 수 있다.

변성암의 경우는 암석의 종류, 편리, 암상을 확인하고 편리면의 주향과 경사를 측정한다. 또한 변성암의 원암이나 변성된 정도 및 시대 등을 규명할 수 있는 증거를 수집한다.

### 2. 광상조사

광상지질조사는 원칙적으로 일반지질조사와 같은 방법으로 실시된다. 그러나 대상지역이 광상이기 때문에 일반지질조사에 비하여 작으나 정밀조사를 수행하여야 하기 때문에 대축척의 지형도를 사용하게 되고 조사의 정밀도를 높여야 한다. 지표조사에 있어서는 광상의 노두가 발견되면 그 위치를 정확히 지형도에 표시하고, 광체주변으로부터 중심부에 이르기까지 계통적으로 시료를 채취하여 광상과 관련되는 부존규모, 여러 가지 구조와 광물, 암석의 특징 등을 관찰하고 측정하여 기록한다. 광상의 노두가 발견되지 않는 경우에는 노두 부근에 전석(轉石)이 있으면 이를 대상으로 조사•관찰할 수 있다. 한편 갱내 지질조사의 경우는, 이미 작성된 갱내도(坑內圖)를 이용하여 갱내에 나타난 여러 구조와 특징을 관찰•기록하며 일정간격으로 시료를 채취하여 광물 및 암석을 분석함으로써 광상을 규명한다.

### 5.1.2. 지구화학탐사

지구화학탐사(地球化學探査, geochemical exploration)는 지하에 존재하는 광상을 지구화학적 방법으로 탐사하는 것을 말한다. 탐사방법은 지표부근의 암석·토양·표사·자연수·식물 등을 채취하여, 이들에 함유되어 있는 원소 중 대상광상과 지구화학적으로 관련성이 있는 원소를 화학적 방법으로 분석·측정함으로써 광화작용과 관련된 이상분포를 발견하여 광상을 탐사하는 것이다. 지구화학탐사는 일반적으로 동·아연·니켈 및 몰리브덴 등과 같은 황화물광상의 탐사에 유용한 방법이며, 우라늄·텅스텐·주석·금 및 은의 탐사에도 이용되고 있다.

#### 1. 기초원리

지구화학은 지구 특히 지각에 분포되어 있는 원소들의 상대적 및 절대적 양을 측정하고, 이 원소들의 분포와 이동을 지배하는 요인을 다루는 학문이다. 지구화학탐사는 광상의 성인과 광상을 둘러싸고 있는 자연물질(암석, 토양 등)에 함유되어 있는 원소의 분산을 체계적으로 연구하는 학문이므로 탐사의 기초원리가 되는 대상으로 첫째 원소의 지구화학적 환경과 분산, 둘째 지시원소, 셋째 원소들의 분포모양 등을 들 수 있다.

(가) 원소의 지구화학적 환경과 분산

지구화학적 환경에 따라 원소들의 분포와 재분포가 일어나는 과정을 분산(geochemical dispersion)이라 한다. 원소의 분산이 일어나는 환경은 크게 1차 환경과 2차 환경으로 분류된다.

1차 환경(primary stage)은 심부환경(deep-seated environment)이라 하며, 화성활동이나 변성작용이 일어나는 지하심부의 환경으로서, 대체로 온도와 압력이 높고 산소의 함량이 적으며 유체의 이동이 제한되는 환경이다. 1차 환경에서 일어나는 원소의 분산을 1차 분산(primary dispersion)이라

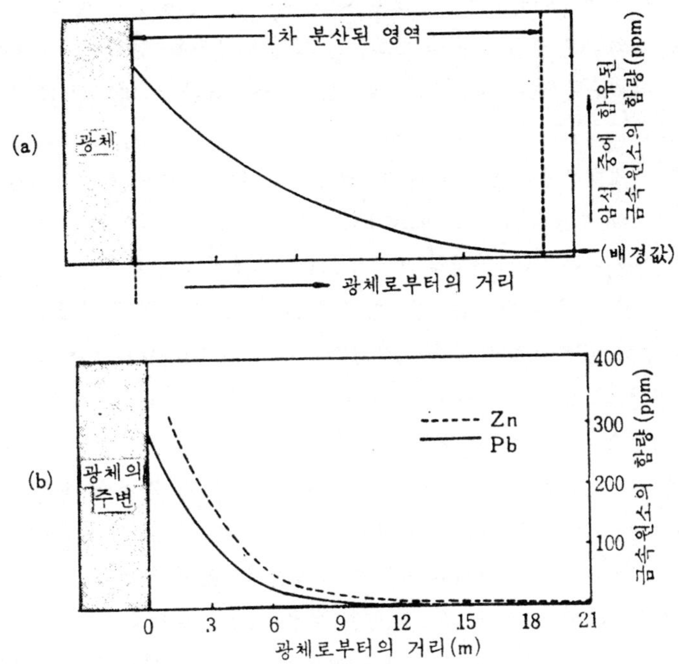


그림 5-1. 1차 환경에서 형성되는 1차 분산

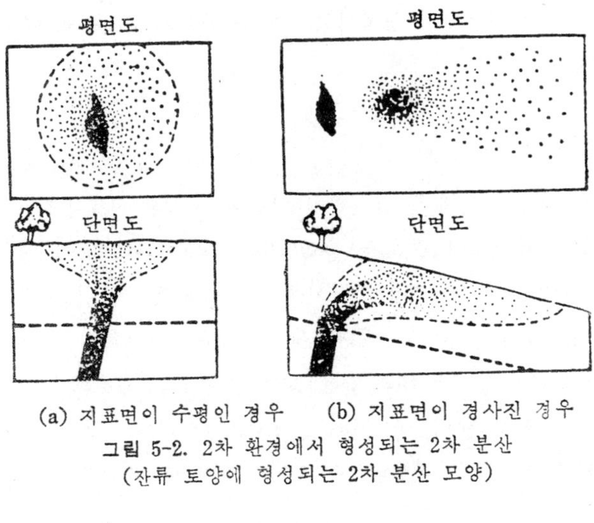


(a) 지표면이 수평인 경우　　(b) 지표면이 경사진 경우

그림 5-2. 2차 환경에서 형성되는 2차 분산
(잔류 토양에 형성되는 2차 분산 모양)

한다. 1차 분산은 광상주변의 모암에서 원소들의 분포가 광체로부터 멀어질수록 원소들의 함량이 대수적으로 감소하는 현상을 말하며, 원소의 함량이 광체로부터 멀리 떨어진 곳에서는 배경치(background value)에 가까워진다.

광체의 경계로부터 배경치에 접근한 지점까지의 영역을 1차 분산된 영역 또는 1차 후광(後光, primary halo)이라 하며, 이 영역은 원소의 이상분포를 나타내는 지구화학적 이상대(異常帶)로서 지구화학탐사의 대상목표이다. 1차 분산의 원인은 원소들의 확산현상과 암석내에 발달되어 있는 균열을 통해 열수용액이 이동하는 등의 누수현상으로 보고 있다.

2차 환경(secondary stage)은 지표환경(surficial environment)이라고도 하며, 일반적으로 지하수면 상부의 지표부근환경을 말한다. 따라서 이 환경은 풍화작용, 토양형성작용 및 퇴적작용이 발생하는 환경에 속하며, 1차 환경과는 반대되는 환경이라 볼 수 있다. 1차 분산으로 분포되었던 원소들이 2차 환경 속에서 풍화작용 또는 토양형성과정에 의해 새로운 물질의 형성 또는 모체에 원소가 재분포하는 현상을 2차 분산이라 한다. 일반적으로 2차 분산된 영역은 1차 분산된 영역보다 더 광범위하기 때문에 광체 발견에 중요한 지구화학적 이상(異常)을 형성한다. 〈그림 5-1〉과 〈그림 5-2〉는 각각 광상주변에서 형성되는 1차 분산과 잔류토양에 형성되는 2차 분산의 모양이다.

(나) 지시원소

지구화학탐사에서 광체를 발견하기 위하여 채취된 시료에서 분석대상이 되는 원소를 지시원소(指示元素, indicator element)라 한다. 많은 경우 지시원소는 탐사하는 광체 중에서 경제적으로 유용한 광물의 원소를 택하게 되므로, 예를 들어 동광석에 대하여는 Cu, 우라늄광석에 대하여는 U가 지시원소가 된다. 그러나 이와 같은 유용한 광물의 원소가 화학분석하기 곤란하고, 이동도(mobility)가 거의 없으며, 해석하기 힘들 경우는 광체에 수반되는 다른 원소를 지시원소(pathfinder element)로 택하게 된다. 그 예

〈표 5-1〉 광상의 종류와 지시원소의 관계

| 지시원소 | 광상의 종류 |
|---|---|
| As | Au-Ag 광상(광맥형) |
| B | Sn-W-Be-Mo 광상 |
| Hg | Pb-Zn-Ag 광상 |
| Mo | 반암동(porphyry copper) 광상 |
| Rn | U 광상 |
| Zn | Ag-Pb-Zn 광상 |
| Zn, Cu | Cu-Pb-Zn 광상 |
| $SO_4$ | 모든 형의 황화물광상 |

로서 금광석에 대한 지시원소로서 As를 택하였을 때, 토양에서의 함유량과 분포가 지시원소로서 Au를 택할 때보다 지구화학탐사에 좋은 결과를 가져오게 된다.

따라서 지구화학탐사에서 탐사의 지침이 되는 지시원소는 화학분석이 용이하고, 분석비가 저렴하며, 지구화학적 환경에서 이동도가 클 뿐만 아니라 탐사대상광체와 광상학적 및 지구화학적 관련성이 있는 원소이어야 한다. 여기서 지구화학탐사에 관련된 지표환경에서 이동도는 수용액내에서 원소가 이온화되어 이동하는 것에 좌우되며, 이동도는 이온전위(ionic potential, 이온전하(ionic charge)를 이온반경에 나눈 값)와 밀접한 관계를 가진다. 저이온전위를 가진 원소($Na^+$, $Ca^{+2}$)는 양이온으로서 용해되며, 고이온전위를 가진 원소는 산소이온과 결합하여 산화음이온(oxy-anion ; $PO_4^{-2}$, $SO_4^{-2}$, $MoO_4^{-2}$)으로 용해된다. 한편 중간이온전위를 가진 원소($Al^{+3}$, $Ti^{+4}$, $Sn^{+4}$)는 일반적으로 용해성이 극히 작고, 표면에 강하게 흡착되는 성질이 있기 때문에 이동도가 극히 낮은 원소에 해당된다. 〈표 5-1〉은 광상의 종류에 따른 지시원소를 가리키고 있다.

(다) 원소의 분포모양

광체와 관련되어 지시원소의 분포모양(patterns of distribution)을 규명하는 것은 지구화학탐사의 목적이며 또한 내용이 된다. 광체주변에서 광화작용과 관련있는 원소의 분포모양에 대한 효율적인 탐사를 위해서는 먼저 광화작용과 관련되지 않는 자연물질(암석 또는 토양)에서의 어떤 지시원소가 정상적으로 분포된 함량을 알아야 하며, 이 정상 함량치를 배경치(normal background value)라 한다. 따라서 배경치는 지역 또는 지구화학적 환경에 따라 다르므로 절대치보다는 함량범위로 표시하게 된다. 또한 지구화학탐사에서 어떤 자연물질을 채취하였을 때 배경치의 범위를 결정하여야 하며, 새로운 지역을 탐사할 때는 최소한 재검토하여야 한다.

암석에서 기대되는 배경치의 범위를 설정하기 위하여 〈표 5-2〉와 〈그림 5-3〉을 참고할 수 있다.

〈표 5-2〉에서 함량이 1.0%($10^4$ppm) 이상인 원소(예 : Al, Ca, Fe, Mg, O, Si, Na 등)를 주원소(major element)라 하며, 함량이 0.1($10^3$ppm)～1.0%($10^4$ppm)인 원소(Mn, Ti)를 부원소(minor element)라 하고, 함량이 0.1%($10^3$ppm) 미만인 원소(F, Pb, Cu, Zn, Mo, W 등)는 미량원소(trace element)라 하는데, 지구화학탐사에서는 이 미량원소의 분포가 특히 관심

〈표 5-2〉 지각내 암석의 원소함량

(단위 : ppm, 백만분의 1(1/$10^6$))

| 원소 | 함 량 | 원소 | 함 량 | 원소 | 함 량 | 원소 | 함 량 |
|---|---|---|---|---|---|---|---|
| Al | 81,000 | Co | 25 | Mg | 0.02 | Na | 25,000 |
| Sb | 0.1 | Cu | 50 | Mo | 1.5 | Sr | 300 |
| As | 2 | F | 600 | Ni | 75 | S | 300 |
| Ba | 580 | Ga | 26 | Nb | 20 | Ta | 2 |
| Be | 2 | Ge | 2 | O | 473,000 | Te | 0.002 |
| Bi | 0.1 | Au | 0.003 | Pa | 0.01 | Tl | 0.45 |
| B | 8 | Hf | 3 | P | 900 | Th | 10 |
| Br | 1.8 | In | 0.1 | Pt | 0.005 | Sn | 2 |
| Cd | 0.1 | I | 0.15 | K | 25,000 | Ti | 4,400 |
| Ca | 33,000 | Fe | 46,500 | Re | 0.0006 | W | 1 |
| C | 230 | La | 25 | Rb | 150 | U | 2.5 |
| Ce | 81 | Pb | 10 | Sc | 13 | V | 150 |
| Cs | 3 | Li | 30 | Se | 0.1 | Zn | 80 |
| Cl | 130 | Mg | 17,000 | Si | 291,000 | Zr | 150 |
| Cr | 100 | Mn | 1,000 | Ag | 0.05 | | |

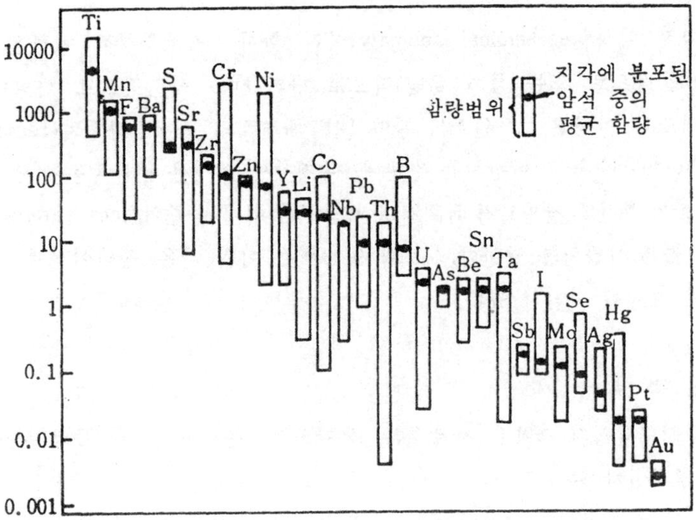


**그림 5-3.** 암석에 존재하는 부원소 및 미량원소의 함량범위(단위 : ppm)

의 대상이 된다. 한편 토양에 분포하는 원소의 함량은 대략 토양의 모체인 암석에 분포하는 함량과 유사한 값을 가지는 경향이 있다.

(라) 지구화학적 이상

자연물질에 존재하는 원소의 분포가 비정상적으로 형성될 때 이것을 지

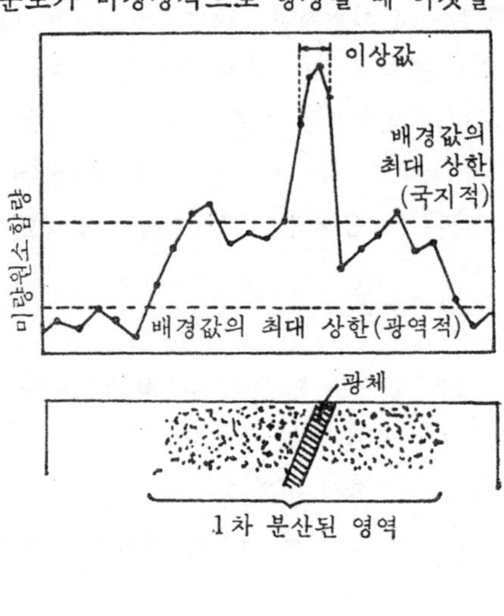


**그림 5-4.** 광화작용에 의한 광역이상치와 국지이상치의 비교

구화학적 이상(geochemical anomaly)이라 한다. 지구화학적 이상은 광역(廣域)적으로 또는 국지(局地)적으로 나타난다. 광역적으로 나타나는 지시원소의 이상은 그 원소의 광역적인 배경치의 최대 상한치(regional threshold)보다 높은 이상치를 말하며, 국지적인 이상은 광화작용과 관련하여 원소가 분산된 결과로서 국지적인 배경치의 최대 상한치(local threshold)보다 높은 이상치를 말한다. 〈그림 5-4〉에는 이와 같은 광역이상과 국지이상의 모양이 나타나 있다.

## 2. 적 용

지구화학탐사의 적용은 시료채취, 화학분석, 분석자료처리 등의 순서를 거쳐 실시하게 된다.

### (가) 시료채취

지구화학탐사에서 가장 많이 채취되는 자연물질은 암석·토양 및 표사이며, 때로는 자연수·식물 및 가스를 대상으로 할 때도 있다. 채취대상 시료는 예비, 광역 또는 정밀탐사의 단계에 따라 달라진다.

암석시료는 지표의 노두·시추에서 얻어지는 코아(core) 또는 갱내(坑內)의 벽에서 채취하며 가능한 한 신선한 암석이 대상이 된다. 토양은 일반적으로 광역예비조사에서 나타난 이상지역에 대한 정밀탐사를 목적으로 실시되며 시료채취를 조직적 및 체계적으로 할 수 있는 장점을 가지고 있어 가장 보편적으로 이용된다. 표사채취는 하천과 같은 수계(水界)가 발달된 지역에서 광역적인 예비조사를 실시할 때 이용된다.

### (나) 화학분석

시료중에 함유된 미량원소의 화학분석은, 첫째로 시료의 분말처리, 둘째로 분말의 전체 또는 부분적인 분해, 셋째로 분석기기를 이용한 정량적인 분석을 실시하게 된다.

시료처리에서는 먼저 채취된 시료를 건조시킨 후, 파쇄작업으로 분쇄하여 분말로 만든다. 분말시료는 기기분석종류에 따라 그대로 사용할 때와 화학적으로 분해하여 시료용액을 만들어야 할 때가 있다. X선 형광분석(X-ray fluorescence spectrometry)과 방사분광분석(emission spectrometry)은 화학적 분해를 필요치 않으나, 미량원소의 분석에 가장 많이 이용되는 원자흡광 분광분석(AAS : atomic absorption spectrometry)이나 플라즈마 분광분석(plasma spectrometry)과 비색법(colorimetry)에서는 시료용액을 사용하기 때문에 분석대상원소를 용액내에 추출하여야 한다.

방사분광(分光)분석은 모든 원소가 방전(放電)에 의한 고열로 시료를 기체화 및 이온화시킬 때 원소에 따라 독특한 파장(자외선 파장의 범위)를 방사하는 특징을 이용하는 분석이고, 플라즈마 분광분석은 용액내에 있는 시료에 방전 대신 고온의 플라즈마를 이용하는 것이며, X선 형광분석은 X선을 시료에 조사(照射)하여 시료성분원소의 특유한 파장인 2차 X선을 발생시켜 이를 측정하는 방법이다. 원자흡광 분광분석은 시료용액을 고온으로 기화(氣化)시켜 광원(光源)으로부터 빛을 통과시키면 각 성분원소에 따라 독특한 파장이 흡수되는 특징을 이용하는 방법이다.

(다) 분석자료처리

화학분석으로 얻어진 분석자료를 지도상의 시료채취위치에 기입하고, 함량이 같은 곳을 연결하여 등함량곡선(isograde)을 작성하여 지구화학적 이상지역을 선정하고, 지구화학적으로 해석하게 된다.

## 5.2. 물 리 탐 사

물리탐사(geophysical exploration)는 지하자원(에너지자원, 광물자원 및 지하수 등)과 지질분포 및 구조에 대하여 이의 부존과 관련하여 발생하는 물리적인 현상을 측정 및 해석함으로써 이를 규명하는 학문이다. 물리탐사는 항공·지표·해상 및 지하(갱내 및 시추공내)에서 지하의 제반 물리현상을 측정하게 되며, 계측기술의 정밀화와 자료처리기술의 발전으로 지하의 정보를 정량(定量)적으로 도출할 수 있기 때문에 현대의 자원탐사에서 매우 중요시되는 분야이다.

현재 물리탐사에서 이용되고 있는 방법은 중력탐사·자력탐사·탄성파탐사·전기탐사·전자탐사·방사능탐사 등이 있으며, 첨단기술의 발전과 더불어 측정·자료처리·해석 등 기술과 방법에서 계속하여 획기적인 발전이 있을 것으로 보인다.

### 5.2.1. 중력 및 자력탐사

중력탐사(gravity exploration)와 자력탐사(magnetic exploration)는 각각 지구 자체가 지니고 있는 중력장(場)과 자력장인 물리적 현상을 토대로 하여, 대상탐사지역에서 국부적인 중력 및 자력의 이상변화를 측정하여 지하에 부존하는 자원 또는 지질구조의 위치, 규모, 모양 및 특성을 규명하는 탐사방법이다.

#### 1. 중력탐사

(가) 기초원리

중력탐사의 기본원리는 뉴턴(Newton)의 만유인력법칙에서 시작된다. 즉, 공간내에 거리 $r$만큼 떨어져 있는 2개의 질량 $m_1$, $m_2$ 사이에 서로 당기는 힘 $F$는,

$$F = G \cdot \frac{m_1\ m_2}{r^2} \tag{5.1}$$

여기서 $G$ ; 만유인력 상수($6.67 \times 10^{-8}\text{cm}^3/\text{gr. sec}^2$)

이다. 평균 반경 $R$과 균질한 밀도를 가진 지구 전체질량 $Me$에 대하여 지표면상에서 질량 $m$을 가진 물체에 작용하는 힘은 (5.1) 식에 의하여

$$F = G \cdot \frac{Me\ m}{R^2} \tag{5.2}$$

로 표시할 수 있다. 또한 이 물체 $m$에 작용하는 힘 $F$는 뉴턴의 제 2 법칙

인 $F=mg$로 표시할 수 있으며, 여기서 $g$는 물체를 자유낙하시킬 때 지구의 인력(引力)으로 인하여 생기는 가속도이다.

따라서 중력가속도(gravitational acceleration) 또는 이를 간단히 표시하여 중력(gravity) $g$는 단위질량에 지구에 의하여 작용되는 힘으로서 다음과 같이 표시할 수 있다.

$$g=\frac{F}{m}=G\cdot\frac{Me}{R^2} \tag{5.3}$$

여기서 중력의 단위는 $cm/sec^2$(c.g.s. 계)이나, 지구물리에서는 gal(galileo의 약자)이라고 부르며, 지구표면에서의 평균치는 980gal(또는 $9.8m/sec^2$)이다. 중력탐사에서는 milligal(mgal) 단위를 사용한다.

한 점에 점유되어 있는 질량(point mass)에 대한 중력장(gravitational field)은 〈그림 5-5〉와 같이 벡타장으로서 질량의 점을 향하고 있다. 중력장에서 어느 지점의 포텐셜(potential) $U$는

$$U=\frac{m}{r}$$

로 표시된다. 또한 윗식의 양변을 $r$에 대하여 미분하면 중력이 됨을 알 수 있다($g=-\partial U/\partial r$). 포텐셜이 같은 수치를 가진 면을 동일 포텐셜 면(equi-potential surface)이라 한다(〈그림 5-5〉 참조). 예를 들어 해수면(sea level)은 동일 포텐셜 면이다.

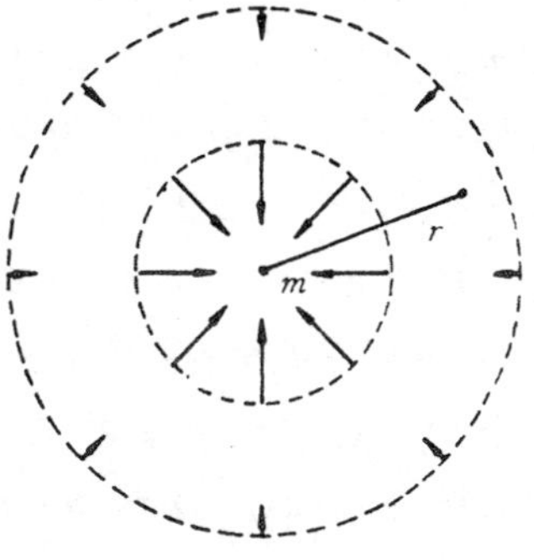


화살표는 중력장의 방향을 나타내며, 점선은 동일 포텐셜 면이다.

**그림 5-5.** 중력장과 동일 포텐셜 면

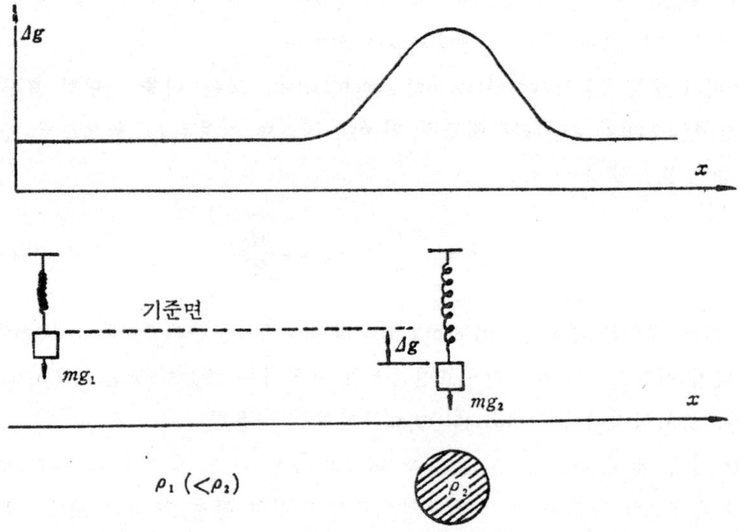


그림 5-6. 중력탐사의 원리

지구를 완전한 구(球)형체이며, 질량의 분포가 균질하다고 가정하고, 지구의 회전을 무시하면 (5.3) 식에서 표시한 것과 같이 지구표면에서는 어디서나 중력치(重力値)는 동일하다. 그러나 실제로 지하에는 지질변동에 의하여 밀도(密度)가 다른 광물 및 암석이 분포되어 있어 지표에서 중력치가 위치에 따라 다르게 된다. 예를 들어 〈그림 5-6〉과 같이 밀도 $\rho_1$을 가진 암석이 균질하게 분포되어 있을 때는 지표에서 용수철(spring)에 질량 $m$을 매달아 중력을 측정하면, 중력치는 측정선상에서 동일한 수치를 기록하게 된다. $\rho_1$을 가진 암석지대에 밀도 $\rho_2$를 가진 구형(球形)의 철광체가 부존되어 있으면, 이는 $\rho_1$을 가진 원래의 구형체에 높은 밀도를 가진 $\rho_2$의 구형체가 대체되었으므로 초과질량(excess mass)을 의미하게 되며, 따라서 철광체 상부에서는 높은 중력이상(異常)을 나타내게 된다. 이 중력이상치는 광체의 크기 및 위치에 관계되지만 근원적으로 밀도차이(density contrast), $\Delta\rho=(\rho_2-\rho_1)$에 기인한다고 볼 수 있다. 중력탐사는 따라서 암석, 광물의 밀도가 서로 다른 점을 이용하는 탐사방법임을 알 수

〈표 5-3〉 대표적인 암석과 광물의 밀도

| 암석·광물 | 밀 도 (g/cm³) | 암석·광물 | 밀 도 (g/cm³) | 암석·광물 | 밀 도 (g/cm³) |
|---|---|---|---|---|---|
| 퇴 적 암 | 0.7 ~2.7 | 석 영 | 2.65 | 황 동 석 | 4.2 |
| 화 성 암 | 2.2 ~3.5 | 다이아몬드 | 3.52 | 티탄철석 | 4.67 |
| 변 성 암 | 2.4 ~3.6 | 지 르 콘 | 4.57 | 황 철 석 | 5.0 |
| 얼 음 | 0.08~0.92 | 구 리 | 8.7 | 자 철 석 | 5.12 |
| 석 유 | 0.6 ~0.9 | 은 | 10.5 | 적 철 석 | 5.18 |
| 보크사이트 | 2.45 | 금 | 19.4 | 방 연 석 | 7.5 |

있으며, 〈표 5-3〉은 대표적인 암석과 광물의 밀도를 표시하고 있다.

(나) 적 용

중력탐사에서는 정밀한 측정을 요구하므로 중력의 절대치를 측정하지 않고, 중력계(gravimeter)를 이용하여 중력의 상대치를 측정한다. 중력계의 기본원리는 〈그림 5-6〉과 같이 중력에 의하여 인장(引張)된 용수철의 변위를 측정하는 것인데, 실제 중력계는 훨씬 복잡한 구조로 되어 있으며 지구중력변화의 $10^8$분의 1을 측정할 수 있는 정교한 기계이다.

중력탐사에서 중력계는 중력의 수직성분(vertical component) $g_z$를 측정하는데, 〈그림 5-7〉과 같이 반경 $R$인 구형광체의 밀도차이가 $\Delta\rho$이며, 지표면에서 깊이 $z$인 곳에 그 중심이 있을 때 구의 모든 질량은 그 중심점에

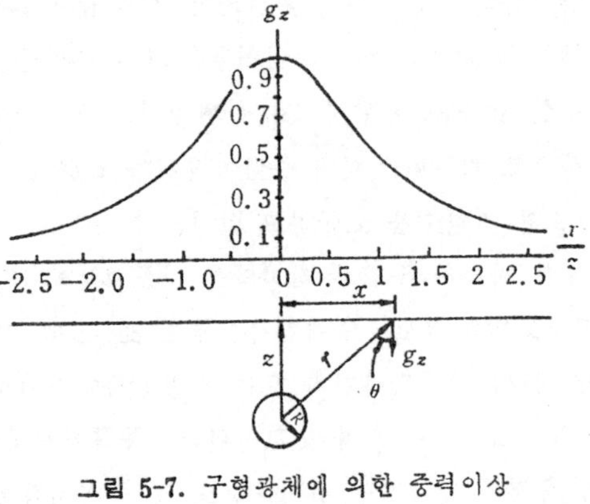


그림 5-7. 구형광체에 의한 중력이상

집중되어 있다고 볼 수 있으므로, 광체의 중심점부터 거리 $r$만큼 떨어진 지표면의 한 지점 $x$에서 초과질량 $M$을 가진 구형광체에 의한 중력 $g_z$는

$$g_z = \frac{GM}{r^2}\cos\theta = \frac{GMz}{r^3} \tag{5.4}$$

가 된다. (5.4) 식에서 $M = \frac{4}{3}\pi R^3 \Delta\rho$이고 $r = \sqrt{x^2+z^2}$이므로

$$g_z = \frac{4}{3}\pi R^3 G\Delta\rho \frac{z}{(x^2+z^2)^{3/2}} \tag{5.5}$$

또는

$$g_z = \frac{8.53}{z^2} \cdot \Delta\rho R^3 \frac{1}{\{1+(x^2/z^2)\}^{3/2}} \text{ (mgal)}$$

가 된다. 윗 식에서 중력이상은 광체 직상부($x=0$)에서 최대치를 가리키며, 이를 기준하여 대칭으로 거리가 멀어짐에 따라 중력이상치가 감소함을 알 수 있다.

중력탐사는 암석 또는 광체의 밀도차이에 의한 중력이상을 측정하므로 이와 같은 현상을 보이는 지질구조 또는 광체의 부존여부 탐사에 적용할 수 있다. 지질구조탐사는 밀도차이에 의한 광역 및 특정지역의 지질상태 규명에 해당되며, 특히 석유탐사와 관련되어 퇴적암지대의 배사구조, 석회암초(石灰岩礁, limestone reef), 암염돔(salt dome)을 대상으로 하고 있다. 광체에 대한 탐사는 일반적으로 주변암석보다 밀도가 상당히 높은 금속광체를 대상으로 하는데, 최대 중력이상치가 1.0mgal 이하가 되므로 탐사에 있어 고도의 정밀도를 요구하고 있다.

중력측정은 보통 바둑판과 같은 격자망을 만들고, 격자간의 간격은 석유탐사시에는 0.5~2.0km 정도, 광체탐사시에는 20~50m 정도가 일반적인 기준이나, 탐사성격이 개략탐사인가 또는 정밀탐사인가에 따라, 또한 대상구조 또는 광체의 규모, 깊이에 따라 조정된다. 중력이상치의 변화는 극히 미세하므로, 각 측정의 지리적인 위치·고도 및 주변지형을 측정하고, 필

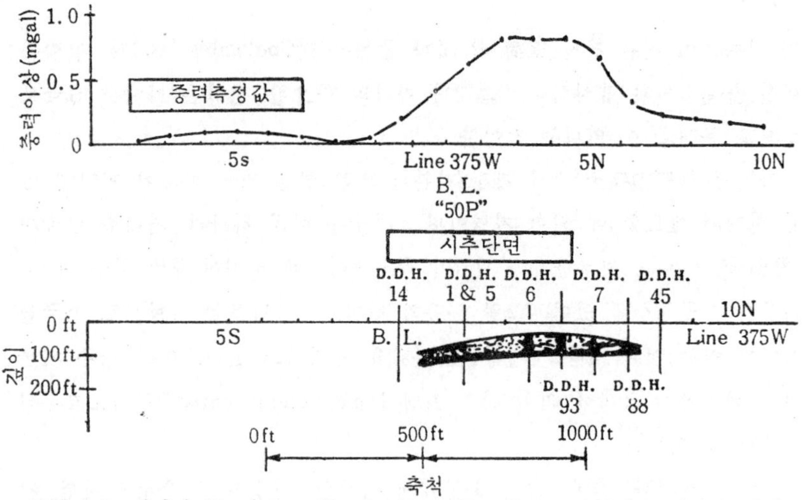


**그림 5-8.** 캐나다 Northwest Territories의 Pine Point 지대에서 광체에 의한 중력이상대 단면도

수적으로 이에 대한 중력보정(重力補正, gravity correction)을 실시하여 동일 기준면(基準面, datum)상에서의 중력치로 환산하여야 하며, 이를 토대로 하여 중력해석(gravity interpretation)을 하게 된다. 〈그림 5-8〉은 캐나다에 있어 연·아연광체발견의 예로서, 연·아연광석의 밀도는 $3.95/cm^3$이며 주변암석은 $2.65/cm^3$의 석회암으로 광체 최상부의 심도는 30ft, 최대 두께는 80ft인 조건에서 중력이상대가 뚜렷이 나타나고 있다.

## 2. 자력탐사

### (가) 기초원리

봉자석(棒磁石)이나 자침은 N극(또는 +극)과 S극(또는 −극)의 양자극(兩磁極)이 자석 끝부근에 있으며, 세기가 $m$인 자극(magnetic pole)에서 $r$만큼 떨어진 곳에 위치한 세기가 1인 단위자극이 받는 힘, 즉 자력(磁力)의 세기 $H$는

$$H=\frac{m}{r^2} \tag{5.6}$$

가 된다. 이 식은 전하(電荷)에 대한 쿨롱법칙(Coulomb's law)과 질량에 대한 뉴턴법칙과 흡사하다. 그러나 자력의 주요한 성질은 N극과 S극을 실제로 분리할 수 없다는 점이다.

자력탐사(磁力探査)에서 가장 기본이 되는 힘은 지구 자체가 지니고 있는 지자기(地磁氣)에 의한 자력이다. 지구는 마치 하나의 거대한 쌍극자(雙極子, dipole, 자극간의 간격 $l$이 측정거리 $r$에 비하여 훨씬 적을 때)의 자석이 지구중심에 있어 〈그림 5-9〉와 같이 대략 남북극 방향으로 자극을 가지고 있는 것과 같은 자력장(磁力場)을 유지하고 있다. 이와 같은 지구의 자력장은 쌍극자에 의한 자력 포텐셜(magnetic potential) 공식으로부터 유도할 수 있다.

중력 포텐셜과 같이 〈그림 5-9〉에서 자석의 (+) 및 (−)극에 대한 지구표면 $P$지점에서의 자력 포텐셜 $\phi_m$는

$$\phi_m = \frac{(-m)}{r_1} + \frac{(+m)}{r_2}$$

$$= \frac{(-m)}{\sqrt{r^2 + \left(\frac{l}{2}\right)^2 - rl\cos\theta}} + \frac{(+m)}{\sqrt{r^2 + \left(\frac{l}{2}\right)^2 + rl\cos\theta}}$$

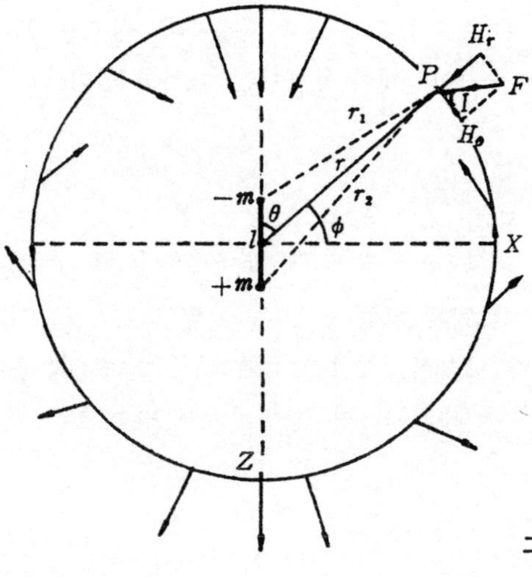


**그림 5-9.** 쌍극자에 의한 지구자장

이며, $r \gg l$이므로

$$\phi_m = -\frac{m}{r}\left\{(1-\frac{l}{r}\cos\theta)^{-1/2} - (1+\frac{l}{r}\cos\theta)^{-1/2}\right\}$$
$$= \frac{-ml}{r^2}\cos\theta = \frac{-M}{r^2}\cos\theta = \frac{\bar{M}\cdot\hat{r}_1}{r^2} \qquad (5.7)$$

로 표시된다. 여기서 $M=ml$은 자기모멘트(magnetic moment)이며 $\hat{r}_1$는 $r$ 방향의 단위 벡터이다.

포텐셜의 (−)미분은 해당되는 방향의 자장을 가리키므로 $P$ 지점에서 자북쪽을 향한 자장의 수평성분 $H_\theta$는

$$H_\theta = -\left(\frac{1}{r}\right)\frac{\partial\phi_m}{\partial\phi} = \frac{1}{r}\frac{\partial}{\partial\phi}\left[\frac{M}{r^2}\cos\left(\frac{\pi}{2}-\phi\right)\right]$$
$$= \frac{M}{r^3}\cos\phi = \frac{M}{r^3}\sin\theta \qquad (5.8)$$

가 되고, 자장의 연직방향성분 $H_r$는

$$H_r = \frac{-\partial\phi_m}{\partial r} = \frac{-\partial}{\partial r}\left(\frac{-M}{r^2}\cos\theta\right) = \frac{-2M}{r^3}\cos\theta \qquad (5.9)$$

가 되며, 지구의 북반구에서 $H_r$의 방향이 지구중심을 향하고 있음을 알 수 있다. $P$ 지점에서 이들 자장의 두 성분 $H_z(=H_r)$와 $H_0(=H_\theta)$로부터 전자력(全磁力) $F$와 복각(伏角, inclination) $I$는 각각

$$F = \sqrt{H_z^2 + H_0^2}$$
$$\tan I = H_z/H_0 = 2\cot\theta = 2\tan\phi \qquad (5.10)$$

로 표시할 수 있다.

지자기의 자장성분은 〈그림 5-10〉에서 보는 바와 같이 다섯 가지로 통용된다. 지자장의 강도는 전자력($F$)과 이의 수평성분($H_0$) 및 수직성분($H_z$)으로 (5.10) 식과 같은 관계를 가지며, 지자장의 방향은 전자력이 수평면과 이루는 각인 복각($I$)과 수평성분($H_0$)이 진북방향과 이루는 각인 편각(偏角, declination) $D$로 표시된다.

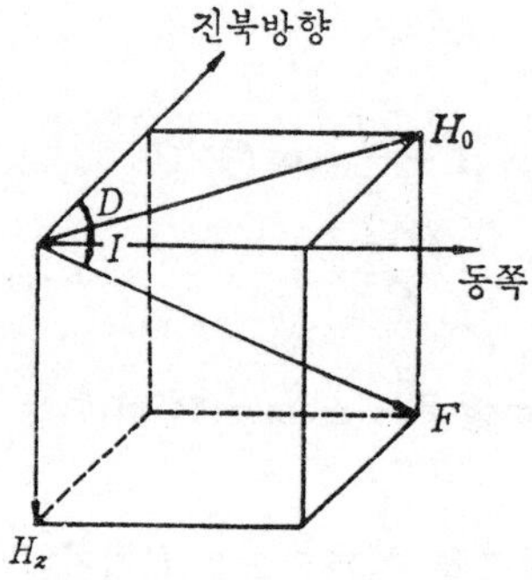


그림 5-10. 지자기의 자장성분

실제 지구표면에서 지자장을 측정하면, 북극 및 남극에서는 자장의 수평성분은 거의 없고 수직성분이 0.6oersted(c.g.s. 단위)이며, 적도(赤道)에서는 반대로 수평성분만 있으며 0.3oersted가 된다. 이와 같은 수치의 비교는 (5.8) 및 (5.9) 식의 관계에서 규명할 수 있으며, 따라서 지구의 자장은 개략적으로 자기 쌍극자에 의한 자장으로 볼 수 있음을 알 수 있다.

자성(磁性)을 가질 수 있는 물체를 지구자장 $H$에 놓으면 그 물체에 유도되어 자극이 형성되며 자화(磁化, magnetization)현상이 생긴다. 이 자화강도(intensity of magnetization) $I$는 단위 체적당의 자기모멘트($M/V$)와 같으며, 많은 자성물체는 외부의 자장 $H_e$의 방향에 비례하는 관계를 갖는다. 즉,

$$I = M/V = kH_e \tag{5.11}$$

여기서 $k$는 대자율(帶磁率, magnetic susceptibility)이며 자성물질에 따라 수치가 다르다. 자화강도는 같은 지구 자장하에서는 물질의 대자율에 비

〈표 5-4〉 대표적인 암석과 광물의 대자율

| 암석・광물 | 대자율×$10^{-6}$cgs emu | | 암석・광물 | 대자율×$10^{-6}$cgs emu | |
|---|---|---|---|---|---|
| | 범위 | 평균 | | 범위 | 평균 |
| 퇴적암 | 0~4,000 | 75 | 황동석 | | 32 |
| 변성암 | 0~5,800 | 350 | 황철석 | 4~420 | 130 |
| 산성화성암 | 3~6,530 | 650 | 갈철석 | | 220 |
| 염기성화성암 | 44~9,710 | 2,600 | 적철석 | 40~3,000 | 550 |
| 흑연 | | −8 | 크롬철석 | 240~9,400 | 600 |
| 암염 | | −1 | 자류철석 | $10^2$~$5\times10^5$ | 125,000 |
| 석영 | | −1 | 티탄철석 | $2.5\times10^4$~$3\times10^5$ | $1.5\times10^5$ |
| 석탄 | | 2 | 자철석 | $10^5$~$1.6\times10^6$ | $5\times10^5$ |

례하므로, 대자율이 큰 광물은 자력탐사의 좋은 표적이 되며, 따라서 자력탐사는 광물 및 암석의 대자율 차이에 의한 자장변화현상을 측정하는 탐사법인데, 대표적인 암석 및 광물의 대자율은 〈표 5-4〉와 같다.

(나) 적 용

지표부근의 광체나 지질구조는 일반적으로 생성 당시의 지자기에 의하여 자화되어 자장을 형성하게 된다. 일단 형성된 자장은 오랜 기간 동안 유지되고 이는 현재 지자기의 자력장과 합성되어서 지자기의 지역적 변화를 일으킨다. 따라서 자력계(磁力計, magnetometer)로 측정한 자력치에서 조사구역 전체에 걸쳐서 나타나는 현재 지자기의 광역적 변화량을 제거한 잔류자장(residual magnetic intensity)은 광체나 지하구조에 의한 국부적인 자력이상(magnetic anomaly)이 되며, 이로부터 지하구조에 대한 정보를 얻게 된다.

자력탐사에서는 자력의 기본단위로 oersted의 10만분의 1에 해당되는 $\gamma$(gamma)를 사용한다. 최근에 개발된 탐사용 자력계들은 $1.0\gamma$ 이상의 정밀도를 가지고 있다. 자력계에는 자장의 수직성분을 측정하는 플럭스게이

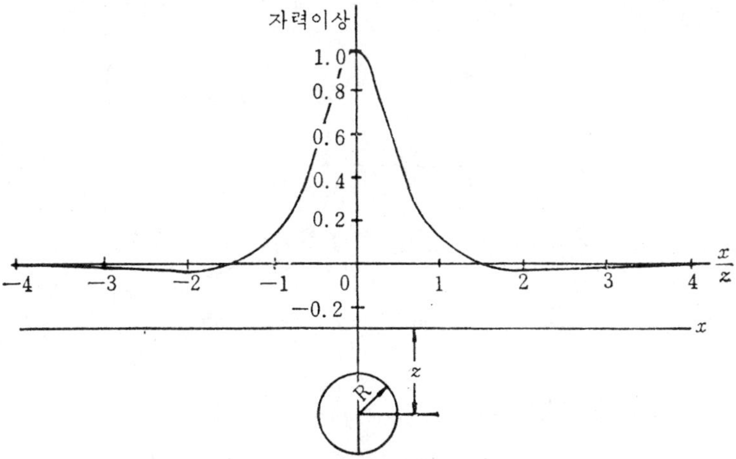


**그림 5-11.** 수직하게 자화된 구형광체에 의한 수직자력이상

트 자력계(fluxgate magnetometer, 교류전류에 의하여 자화된 물체에서 형성된 자장과 지자장의 관계를 이용한 것)와 전자력을 측정하는 핵자력계(核磁力計, proton magnetometer, 수소 원자핵의 회전운동과 지자장의 관계를 이용한 것)가 있다.

구형광체에 대한 중력이상의 공식을 유도한 것과 마찬가지로, 지하에 구형의 철광체가 수직으로 자화되어 있을 때 〈그림 5-11〉과 같이 지표상에서의 수직성분의 자력이상($H_z$)은 다음과 같이 구할 수 있다. 즉, 수직으로 자화된 구형체는 마치 구의 중심에 쌍극자가 수직으로 놓여 있는 것과 마찬가지로 볼 수 있기 때문에 쌍극자로부터 $r$만큼 떨어진 거리에서의 자력 포텐셜은 (5.7) 식과 동일하게 된다. 따라서

$$\phi_m = \frac{M}{r^2}\cos\theta$$

에서 $r = \sqrt{x^2 + z^2}$이며, $\cos\theta = z/\sqrt{x^2 + z^2}$ 이므로, 윗식은

$$\phi_m = \frac{Mz}{(x^2 + z^2)^{3/2}}$$

가 된다. 자력의 수직성분($H_z$)은 자력 포텐셜의 (−)수직미분이므로

$$H_z = -\frac{\partial\phi_m}{\partial z} = -M\frac{\partial}{\partial z}\left\{\frac{z}{(x^2 + z^2)^{3/2}}\right\}$$

$$H_z = M\frac{2z^2 - x^2}{(x^2 + z^2)^{5/2}} \qquad (5\text{-}12)$$

와 같다. 자기 모멘트 $M$은 (5.11) 식에 의하여

$$M = IV = I\frac{4}{3}\pi R^3$$

이므로, (5.12) 식은

$$H_z = \frac{4}{3}\pi R^3 I\frac{2z^2 - x^2}{(x^2 + z^2)^{5/2}} = \frac{4}{3}\frac{\pi R^3 I}{z^3}\frac{2 - (x/z)^2}{[1 + (x/z)^2]^{5/2}} \qquad (5.13)$$

이다. 〈그림 5-11〉은 $H_z$와 $x/z$의 관계가 나타나 있으며, 자장 $H_z$가 $x=\sqrt{2}\,z$에서 (+)에서 (−)로 바뀌고 있다.

동일한 구형광체라도 자화된 방향이 다르면 자력이상의 크기와 방향의 변화를 보이게 된다. 따라서 자력탐사는 중력탐사와는 달리 측정이나 해석에서 자장의 크기뿐만 아니라 방향까지도 함께 고려하여야 한다.

현장에서의 자력측정은 중력탐사의 경우와 같은 방법으로 실시된다. 탐사대상으로는 철광체, 철광물이 수반된 금속광체, 유전 및 지질구조탐사가 해당된다. 지자장은 지구 내외부의 조건변화에 따라 항시 변화하므로 자력이상이 크지 않은 측정치에서는 지자장의 시간적 변화에 의한 영향을 제거한다. 최근에 와서 항공기를 이용한 항공자력탐사(airborne magnetic survey)는 기타 항공탐사(항공전자탐사, 항공방사능탐사)와 함께 광대한 지역을 신속하게 탐사할 수 있으므로 지표지질자료가 적은 지역에서의 지질구조탐사에 유용하며, 광화대의 개략탐사에도 많이 이용되고 있다. 자력탐사의 일례로서 〈그림 5-12〉는 자철광체에 의한 자력이상대 분포와 해석단면도를 나타내고 있으며, 해석단면도의 경우 실제측정치와 광체모델에 대한 이론계산치가 거의 일치하고 있다.

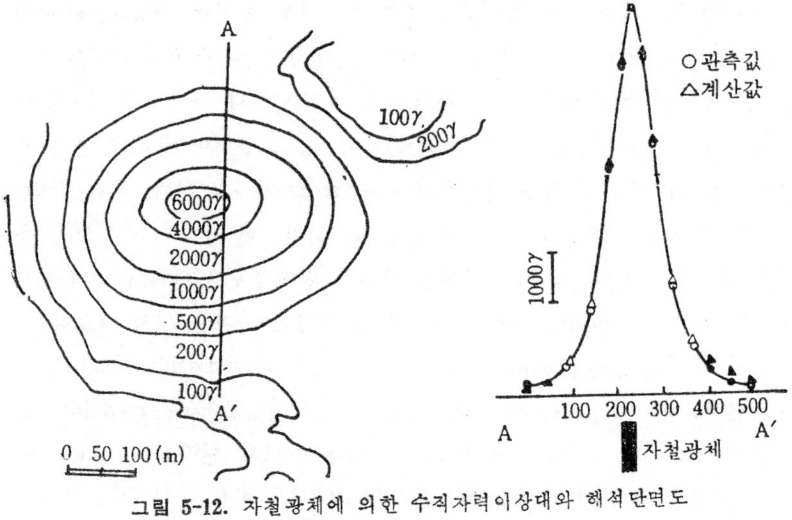


그림 5-12. 자철광체에 의한 수직자력이상대와 해석단면도

### 5.2.2. 탄성파탐사

탄성(彈性)과 밀도가 서로 다른 암석내에서의 탄성파는 전파속도가 다르며, 암석의 경계면에서 반사 및 굴절현상을 일으킨다. 탄성파를 지하에 전파시켜 이와 같은 현상을 거쳐 지표에 도달하는 전파시간과 파형을 측정함으로써 지하구조와 암석의 분포를 규명하는 탐사를 탄성파탐사(彈性波探査, seismic exploration)라 한다. 물리탐사 중 가장 많이 이용되는 탄성파탐사에는 반사법(反射法)과 굴절법(屈折法)이 있으며, 반사법은 주로 석유탐사에, 굴절법은 지반조사 등 건설과 관련된 기반조사에 널리 이용되고 있다.

#### 1. 기초원리

(가) 물질의 탄성

물체의 어느 면에 힘을 균일하게 작용할 때 단위면적당에 작용하는 힘을 응력(應力, stress)이라 하고, 응력에 의하여 물체의 형태가 변화되는 것을 변형이라 하며, 원래의 양에 대한 변형비를 변형률(變形率, strain)이라 한다. 물체의 면에 응력을 수직하게 작용시킬 때 물체의 내부에서부터 외부로 향하는 응력을 인장응력(tensile stress)이라 하며, 그 반대방향의 경우는 압축응력(compressive stress)이라 하고, 응력이 물체의 면에 평행된 방향으로 작용할 경우 전단응력(shear stress)이라고 한다. 후크(Hook)의 법칙에 의하면 탄성변형률은 응력에 비례하며, 이 법칙이 적용되는 물체를 탄성체라 한다. 응력과 변형률 사이의 관계식에서 나타나는 비례상수들을 탄성계수(elastic constants)라 하며 물질에 따라 수치가 다르다.

탄성계수에는 영률(Young's modulus), 포아송 비(Poisson's ratio), 강성률(剛性率, rigidity 또는 shear modulus), 체적탄성률(bulk modulus) 등이 있다. 〈그림 5-13〉에서 영률 $E$는 수직응력(또는 단축응력, uniaxial stress) $S$와 응력과 평행한 방향의 변형률 $\Delta l/l$의 관계를 나타내며, 포아송

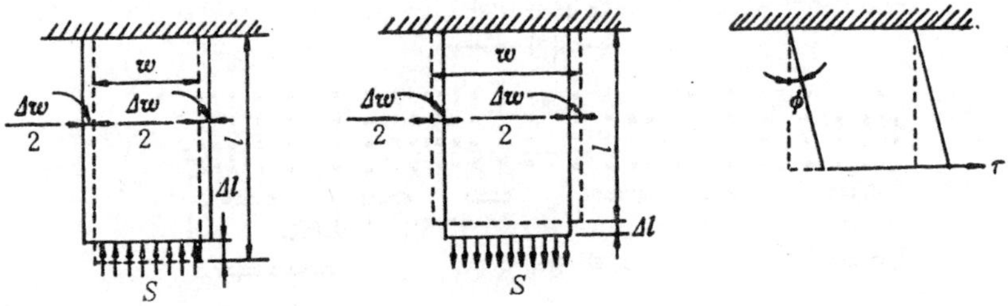


(a) 압축응력과 변형의 관계

(b) 인장응력과 변형의 관계

(c) 전단응력과 변형의 관계

그림 5-13. 응력과 변형의 관계

비는 종변형률(longitudinal strain) $\Delta l/l$과 횡변형률(transverse strain) $\frac{\Delta w}{w}$의 비이다. 또한 강성률 $\mu$는 전단응력 $\tau$와 전단변형률 $s$(또는 전단변형각, angular deformation, $\phi$)의 관계이다. 한편 체적탄성률 $k$는 균일한 압축응력 $P$를 체적 $V$에 작용할 때 체적의 변형률 $\Delta V/V$와의 관계이다. 즉

$$E = S/(\Delta l/l)$$

$$\sigma = -(\Delta w/w)/(\Delta l/l)$$

$$\mu = \tau/\phi$$

또한

$$k = P/(\Delta V/V) \tag{5.14}$$

이다. 따라서 $E$가 큰 물체는 변형률이 작고, 포아송 비는 0.5 이상이 될 수 없으며, 액체의 경우는 $\mu$가 영이 된다.

(나) 탄성파와 파동

탄성체에 가해진 급격한 충격은 변형을 일으키게 되고, 이 변형은 파동의 형태로 물체내에서 전파하는데 이를 탄성파(elastic wave)라 한다. 지진에 의하여 전파하는 탄성파를 지진파(seismic wave)라 하며, 탄성파에는 종파(縱波), 횡파(橫波)와 표면파(表面波)가 있다.

종파(longitudinal wave, compressional wave) 또는 P파(P wave)는 〈그림 5-14〉에서와 같이 매질밀도의 소밀(疏密)에 의한 입자의 운동으로 생

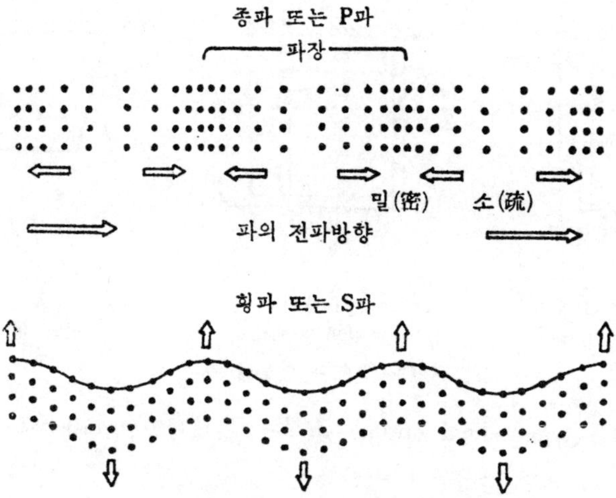


**그림 5-14.** 종파와 횡파의 형태

기며, 매질입자의 운동방향과 파동의 진행방향이 서로 같다. 고체, 액체 및 기체내를 모두 전파하는 종파는 탄성파 중에서 속도가 가장 빨라 P파(primary wave)라고 부른다.

P파의 전파속도 $V_P$는 매질의 탄성계수와 밀도 $\rho$에 의해 다음 식으로 표시할 수 있다.

$$V_P = \sqrt{\frac{k + \frac{4}{3}\mu}{\rho}} = \sqrt{\frac{E(1-\sigma)}{\rho(1-2\sigma)(1+\sigma)}} \qquad (5.15)$$

횡파(shear wave, transverse wave) 또는 S파(S wave)는 〈그림 5-14〉에서와 같이 매질입자의 운동방향이 파동의 진행방향에 대해 수직인 파로서 고체내를 전파한다. 횡파는 P파에 뒤이어 나타나는 파로서 S파(secondary wave)라고도 한다. 횡파의 전파속도 $V_s$는 매질의 탄성계수와 밀도에 의해

$$V_S = \sqrt{\frac{\mu}{\rho}} = \sqrt{\frac{E}{\rho} \cdot \frac{1}{2(1+\sigma)}} \qquad (5.16)$$

로 표시된다.

(5.15) 및 (5.16) 식에서 $V_P > V_S$임을 알 수 있으며, 많은 암석의 $\sigma$가

0.25이므로 $V_P=1.7V_S$가 된다. 또한 많은 암석의 $\rho$는 2~3gr/cm$^3$이기 때문에 탄성파 전파속도에 가장 영향을 주는 탄성계수는 $E$라 볼 수 있다.

표면파는 매질의 표면을 따라 전파되는 파이며, P파・S파에 비해 속도가 느리고 파장이 길며 진폭이 큰 특징을 가지는데, 지진재해의 대부분은 이 표면파에 의한다.

진행하는 구형파면(spherical wavefront)의 임의의 점은 새로운 구면파(spherical wave)의 파원이라는 호이겐스 원리(Huygens principle)에 의하여 입사파(入射波)가 매질의 경계면에 도달하면 그 점은 새로운 파원이 되어 일반적으로 두 개의 반사파(反射波, reflection wave(P파・S파))와 두 개의 굴절파(屈折波, refraction wave(P파・S파))가 생긴다.

〈그림 5-15〉에서와 같이 탄성파 속도와 밀도가 다른 매질의 경계면에서 반사와 굴절의 관계는

$$\frac{\sin i}{V_{P_1}}=\frac{\sin i_P}{V_{P_1}}=\frac{\sin i_S}{V_{S_1}}=\frac{\sin r_P}{V_{P_2}}=\frac{\sin r_S}{V_{S_2}} \qquad (5.17)$$

와 같으며, 이 관계를 스넬(Snell)의 법칙이라 한다. 윗식에서 입사 및 반사파가 같은 종류의 탄성파일 때 반사각은 입사각과 같음을 알 수 있으며, $\sin i=V_{P1}/V_{P2}$일 경우에는 $\sin r_P=1(r_P=90°)$이 되므로 굴절파는 아래 매

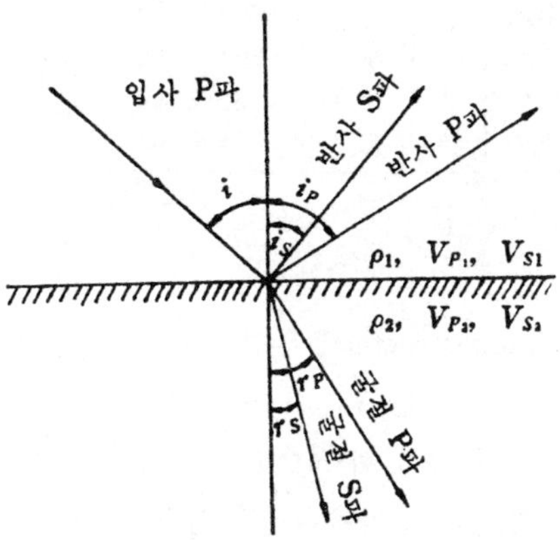


**그림 5-15.** 탄성파의 반사와 굴절

질로 전파되지 않고 경계면을 따라 전파하게 되는데, 이때의 입사각을 임계각(臨界角, critical angle)이라 한다.

한편 탄성파탐사에서 주로 이용되는 P파의 매질경계면에서의 반사계수(reflection coefficient ; $Rc$)는 입사파의 진폭(振幅, amplitude ; $A_i$)과 반사파의 진폭($A_r$)의 비이며, 경계면에 수직하게 입사($i=0°$)하였을 때는 다음과 같은 관계를 가진다.

$$Rc = \frac{A_r}{A_i} = \frac{\rho_2 V_2 - \rho_1 V_1}{\rho_2 V_2 + \rho_1 V_1} \tag{5.18}$$

따라서 매질의 $\rho V$(acoustic impedance) 차이가 반사계수를 결정하는 요소가 된다.

탄성파탐사에 있어 (5.17) 및 (5.18) 식을 참작할 때 암석의 가장 중요한 성질은 탄성파의 전파속도임을 알 수 있다. 〈표 5-5〉는 대표적인 암석별 P파의 전파속도를 가리키고 있다.

〈표 5-5〉 각종 암석별 P파의 전파속도

| 암 석 | 속도(m/sec) | 암 석 | 속도(m/sec) | 암 석 | 속도(m/sec) |
|---|---|---|---|---|---|
| 풍화토 | 100~600 | 홍적층 | 1,400~1,500 | 화강암 | 4,000~6,000 |
| 건사력 | 500~1,000 | 삼기층 | 1,700~3,700 | 반려암 | 5,000~7,000 |
| 습 사 | 600~1,800 | 사 암 | 1,500~3,500 | 고생층 | 4,500~5,500 |
| 혈 암 | 1,000~3,000 | 석회암 | 2,000~4,000 | 퇴적암지표 | 1,700~2,000 |
| 반성암 | 3,000~7,000 | 암 염 | 4,000~5,200 | 퇴적암지하 2,400m | 2,900~3,000 |
| 난약토 | 150~400 | 안산암 | 4,000~6,600 | 점 토 | 1,800~2,400 |

### 2. 굴절법

굴절법(seismic refraction method)은 탄성파에 대한 스넬의 법칙을 적용한 것으로, 임계각으로 입사한 굴절파만을 중점적으로 기록하여 적용한 것으로 지층의 심도, 경사 등 지하구조와 암석내를 통과하는 파의 속도를 규명하는 방법이다. 탄성파 굴절법은 지각의 구조를 연구할 때도 사용하나, 많은 경우는 건설 분야의 기반암조사에 널리 이용하고 있다.

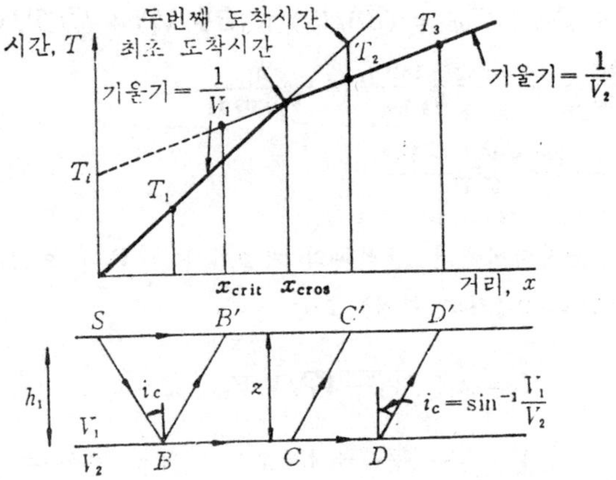


**그림 5-16. 굴절법의 원리 및 방법**

굴절법의 원리와 방법은 〈그림 5-16〉에 나타난 바와 같은데, 간단히 설명하면 다음과 같다.

즉, $V_1$과 $V_2(V_2>V_1)$를 가진 2개의 층이 있을 때, 발파점($S$)에서 일정한 간격으로 여러 개(일반적으로 12개 또는 24개)의 수진기(geophone, 매질의 역학적 진동을 전기적 신호로 바꾸는 기기)를 수신점($B'$, $C'$, $D'$ 등)에 설치하여 최초로 도달하는 P파의 도착시간(travel time)을 증폭기(amplifier)를 통하여 기록기(recorder)에 기록하고, 이를 수신점의 거리와 주행시간과의 관계인 주시곡선(travel-time curve)을 작성한 다음 이 곡선을 이용하여 지하구조를 해석하게 된다. 〈그림 5-16〉의 $C'$ 점에서 볼 때 $S$ 지점에서 탄성파가 발생하면 직접파(direct wave)는 $S$-$B'$-$C'$의 경로를, 굴절파는 $S$-$B$-$C$-$C'$의 경로를 따라 지표에 도달한다.

따라서 $D'$지점에서 직접파의 주시(travel time) $T_d$는 $T_d=x/V_1$이 되고, 이는 그림에서 원점을 지나고 기울기가 $1/V_1$인 직선으로 나타난다. 굴절파의 경우는 임계각 $i_c$가 다음과 같은 관계를 가지므로

$$\sin i_c = V_1/V_2,\quad \cos i_c = \sqrt{1-(V_1/V_2)^2},\quad \tan i_c = V_1/\sqrt{V_2^2-V_1^2}$$

굴절파의 주시 $T_R$은

$$T_R = T_{SB} + T_{BD} + T_{DD'} = (\overline{SB}/V_1) + (\overline{BD}/V_2) + (\overline{DD}'/V_1)$$
$$= \frac{h_1}{V_1 \cos i_c} + \frac{x - 2h_1 \tan i_c}{V_2} + \frac{h_1}{V_1 \cos i_c}$$
$$= \frac{x}{V_2} + \frac{2h_1 \sqrt{V_2^2 - V_1^2}}{V_1 V_2} \quad (5.19)$$

가 되며, 따라서 주시곡선에서 굴절파의 기울기가 $1/V_2$이 되고, 원점주시(intercept time, $x=0$에서의 주시) $T_i$는

$$T_i = 2h_1(\sqrt{V_2^2 - V_1^2}/V_1 V_2) \quad (5.20)$$

가 된다. 여기서 $T_i$, $V_1$, $V_2$는 주시곡선으로부터 직접 얻을 수 있으므로 상부층의 두께 $h_1$을 구할 수 있다.

이와 같이 굴절법은 지층의 성질(탄성파 속도)과 구조를 주시곡선을 해석함으로써 동시에 구할 수 있는 장점을 가지고 있으나, 여러 개의 불연속면이 있을 때는 해석의 정밀도가 떨어지고, 깊은 지층의 탐사에는 긴 측선이 필요하기 때문에 토목 분야의 기반조사 등 얕은 곳의 탐사에 적합한 방법이다.

### 3. 반사법

탄성파 반사법(seismic reflection method)은 지하에서 반사해 오는 파를 해석하여 퇴적층 등의 지하구조를 규명하는 방법으로 특히 석유탐사에 가장 많이 이용되고 있다.

우선 간단한 수평 2개층의 경우를 들어 반사법의 원리를 설명하면 다음과 같다. 〈그림 5-17〉과 같은 조건일 때 발파점 $S$에서 발생한 탄성파가 깊이 $z$에 있는 불연속면상의 $R$점에서 반사하여 $S$로부터 $x$만큼 떨어진 수신점 $D$에 도달하는 데 소요된 시간, 즉 반사파의 주시 $T$는

$$T = 2\overline{SR}/V_1 = \frac{2}{V_1}\sqrt{\left(\frac{x}{2}\right)^2 + z^2} \quad (5.21)$$

또는

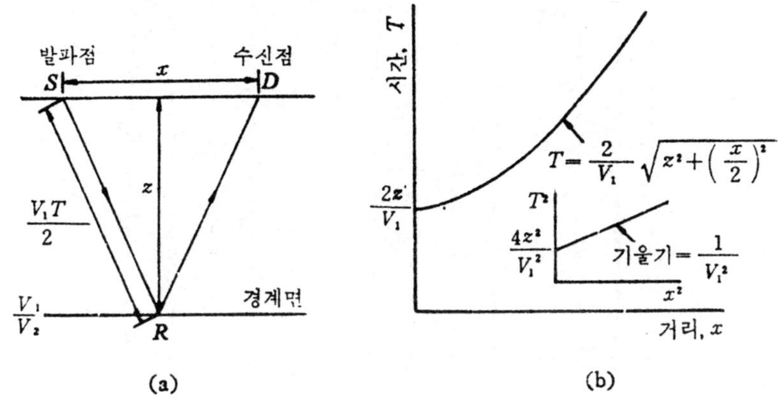


**그림 5-17.** 반사파의 진행과 주시곡선

$$z = \frac{1}{2}\sqrt{V_1^2T^2 - x^2} \qquad (5.22)$$

가 된다. (5.21) 식은 〈그림 5-17(a)〉에서 쌍곡선을 가리킨다. 또 (5.22) 식에서 $V_1$을 알면 불연속면의 깊이 $z$를 구할 수 있음을 알 수 있다. 한편 (5.21) 식의 양변을 제곱하고 정리하면

$$T^2 = x^2/V_1^2 + 4z^2/V_1^2 \qquad (5.23)$$

이 된다. 이는 〈그림 5-17(b)〉에서와 같이 $x^2$와 $T^2$로 주시곡선을 작성하면 기울기가 $1/V_1^2$인 직선이 되고, 이로부터 $V_1$를 구할 수 있게 됨을 알려 준다.

실제로는 지하에 전파속도가 다른 여러 층이 있으므로 〈그림 5-18〉에서와 같이 각 불연속면에서 반사해 온 파를 여러 수신점에서 기록하고 이를 정량적으로 해석하여 각 층의 깊이와 구조를 해석하게 된다.

반사법의 원리는 굴절법보다 간단하나 실제로는 기술적으로 복잡하고 더 어렵다. 그 이유는 석유탐사 등에 있어 대상 퇴적층의 심도가 2,000~4,000m 정도로 매우 깊으며 정밀한 구조변화를 찾아야 하기 때문이다. 또한 반사파기록에는 여러 잡음(noise)이 섞여 있어 이중에서 반사신호(反

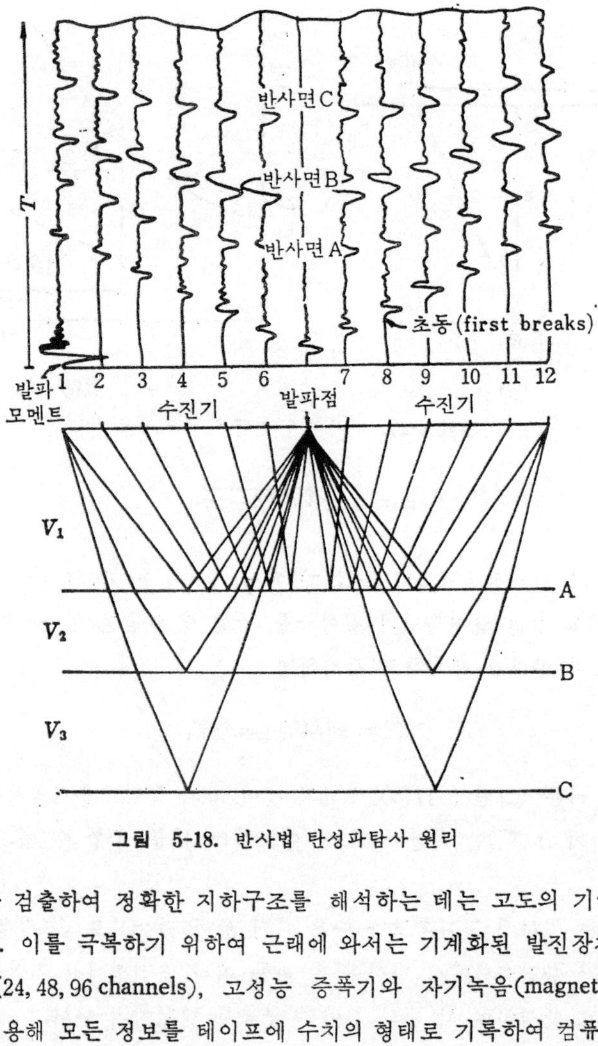


**그림 5-18.** 반사법 탄성파탐사 원리

射信號)를 검출하여 정확한 지하구조를 해석하는 데는 고도의 기술을 필요로 한다. 이를 극복하기 위하여 근래에 와서는 기계화된 발진장치, 많은 수신채널(24, 48, 96 channels), 고성능 증폭기와 자기녹음(magnetic tape) 방식을 이용해 모든 정보를 테이프에 수치의 형태로 기록하여 컴퓨터를 통하여 자료처리(data processing)하게 된다. 또한 이와 같은 탐사기술을 석탄층탐사에도 적용하고 있다. 〈그림 5-19〉는 북해의 석유탐사와 관련되어 전산처리된 반사기록이다.

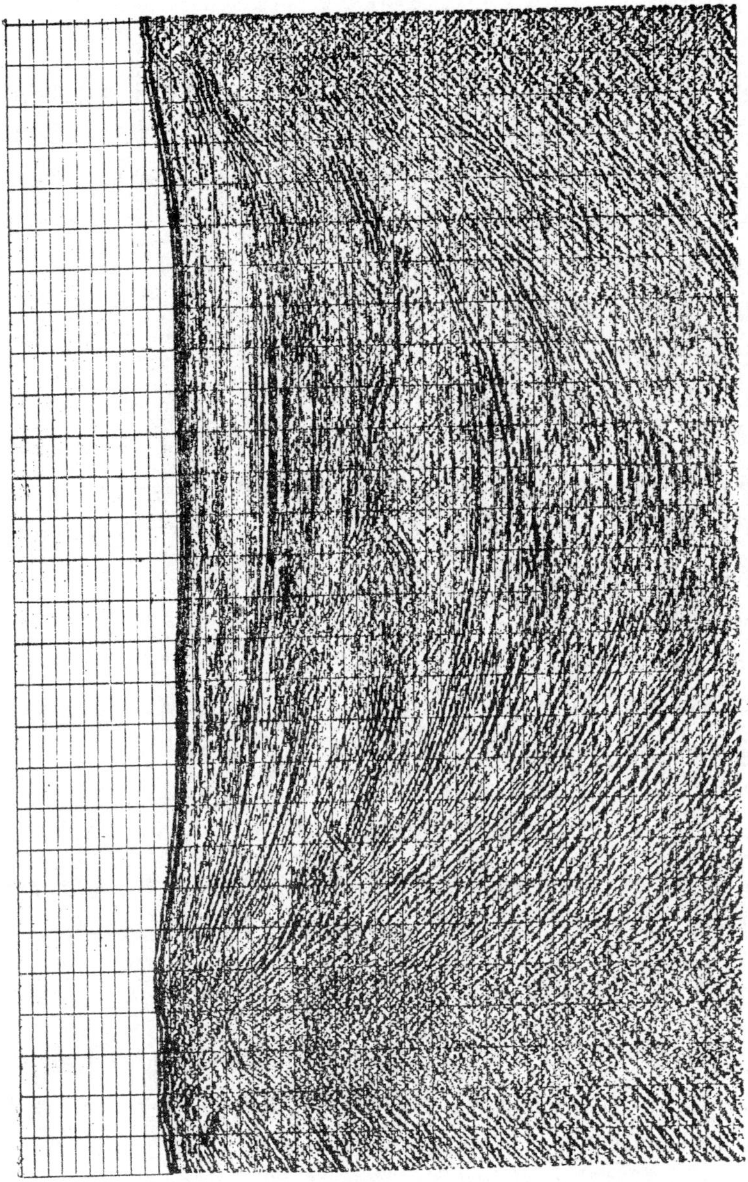

그림 5-19. 북해에서의 탄성파 반사기록

### 5.2.3. 전기 및 전자탐사

전기 및 전자탐사(電磁探査)는 다른 물리탐사방법에 비하여 적용방법이 가장 다양한데, 크게 중력 및 자력탐사처럼 자연적으로 존재하는 물리현상, 즉 자연적으로 발생하는 전류 또는 전자장을 측정하는 방법과 탄성파탐사와 같이 인공적으로 지하에 전기 또는 전자장을 보내 이에 대한 반응을 측정하는 방법으로 나눌 수 있다.

전기 및 전자탐사의 기본원리는 지하에 전기전도도가 주위 암석과 다른 광체나 지질구조가 존재할 때 이로 인해 전류 또는 전자장이 변화를 일으키게 되고 이 변화를 측정함으로써 지하에 대한 정보를 얻는 것이다. 결국 전기 및 전자탐사는 암석, 광물의 여러 물성 중에 주로 전기전도도가 서로 다른 점을 이용하는 것이다. 이에는 여러 종류의 탐사방법이 있으나 여기에서는 그중 많이 사용하는 전기비저항탐사, 유도분극탐사 및 전자탐사에 대해 설명하고자 한다.

#### 1. 전기비저항탐사

단면적이 같은 물체의 끝에 전위(voltage) $V$를 주었을 때, 이에 따라 흐르는 전류(current) $I$는

$$V = RI \quad \text{또는} \quad R = V/I \tag{5.24}$$

이며, 여기서 $R$는 비례상수로서 물체의 저항(resistance)이다. 또한 주어진 물체의 저항은 거리 $L$, 단면적 $A$와 다음과 같은 관계를 가진다.

$$R = \rho L/A \quad \text{또는} \quad \rho = RA/L = (A/L)(V/I) \tag{5.25}$$

여기서 $\rho$는 물질의 전기비저항(電氣比抵抗, resistivity)이라 하며 단위는 Ω-m이다. 따라서 전류가 흐르는 지하매질에서 전위의 크기는 암석, 광물의 비저항에 비례하게 되며 전기비저항은 암석이나 광물의 고유한 성질을 가리킨다.

암석, 광물이 지니고 있는 전기비저항은 〈표 5-6〉에서와 같이 동일 암석 또는 광물이라도 그 크기의 범위가 상당히 크며, 광물에 있어서는 일반적으로 흑연과 황화광물의 비저항이 낮다. 암석의 비저항은 암석의 수분함유율, 구성입자의 크기와 종류 등에 관련되며 일반적으로 오래된 암석, 수분이 적은 암석, 염수보다 담수에서 생성된 암석일수록 전기비저항치가 크다.

전기비저항탐사는 지표에 2개의 전류전극(current electrodes)을 통하여 직류(D.C.) 또는 직류에 가까운 전류 $I$를 지하에 흐르게 하고 2개의 전위전극(potential electrodes)에서는 이 전류가 매질에 흐름으로써 야기되는 전위차 $V$를 측정하여 그 매질의 비저항치를 산출함으로써 지하에 부존하는 광체나 지질구조의 상태를 해석하게 된다. 이때 적용하는 비저항 $\rho$의 공식은

$$\rho=2\pi(1/G)(\Delta V/I) \qquad (5.26)$$

이며, 여기서 $G$는 거리계수(geometric factor)로서 전극배열(電極配列)에 따르는 각 전극 사이의 거리의 함수가 된다. 〈그림 5-20〉은 전기탐사에서 흔히 사용하는 전극배열(electrode arrays)로 전기비저항탐사에는 주로 웨너(Wenner)와 슐럼버저(Schulumberger) 및 쌍극자(dipole) 배열을 이용하며, 이때의 $G$ 값은 각각 $G=1/a$, $G=\frac{1}{2n(n+1)a}$ 및 $\frac{1}{2n(n+1)(n+2)c}$이 된다.

지하에 하나의 매질이 균질하게 분포할 때 (5.26) 식에서 얻은 비저항값은 그 매질의 고유비저항이 된다. 그러나 지하에 광체 또는 지질구조

〈표 5-6〉 암석, 광물의 전기비저항

| 암석 · 광물 | 전기비저항(Ω-m) | 암석 · 광물 | 전기비저항(Ω-m) |
|---|---|---|---|
| 화성암 | $2\times10^2\sim10^4$ | 적철석 | $2\sim20$ |
| 변성암 | $10^2\sim10^4$ | 자철석 | $10^{-1}\sim1$ |
| 석회암 | $20\sim10^4$ | 흑연 | $10^{-4}\sim5\times10^{-3}$ |
| 사암 | $20\sim2\times10^3$ | 방연석 | $3\times10^{-5}\sim3\times10^2$ |
| 셰일 | $2\times10^{-1}\sim2\times10^2$ | 황철석 | $3\times10^{-5}\sim1.5$ |
| 점토 | $4\times10^{-1}\sim10$ | 황동석 | $10^{-5}\sim3\times10^{-1}$ |
| 보크사이트 | $2\times10^2\sim6\times10^4$ | 자류철석 | $6\times10^{-5}\sim5\times10^{-2}$ |

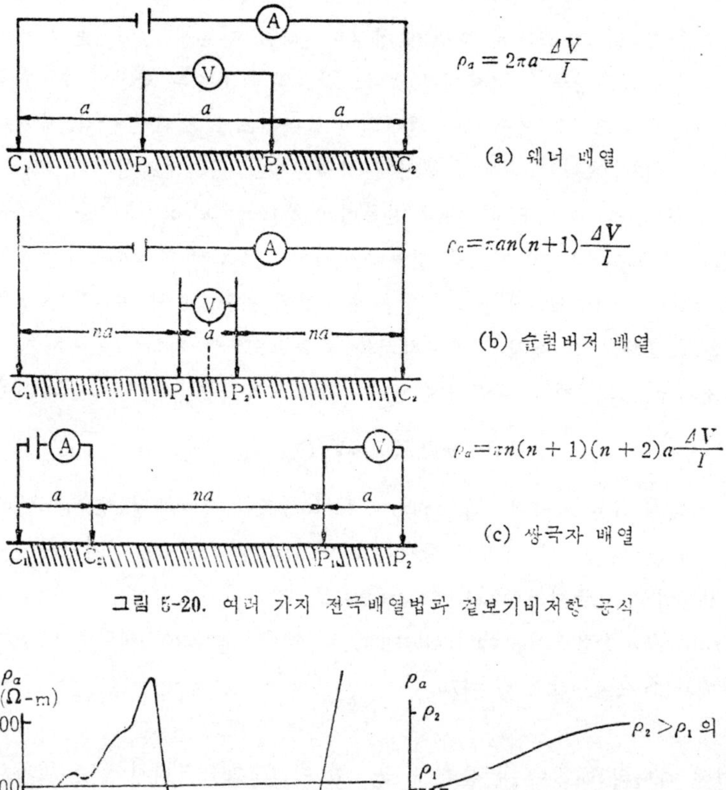


그림 5-20. 여러 가지 전극배열법과 겉보기비저항 공식

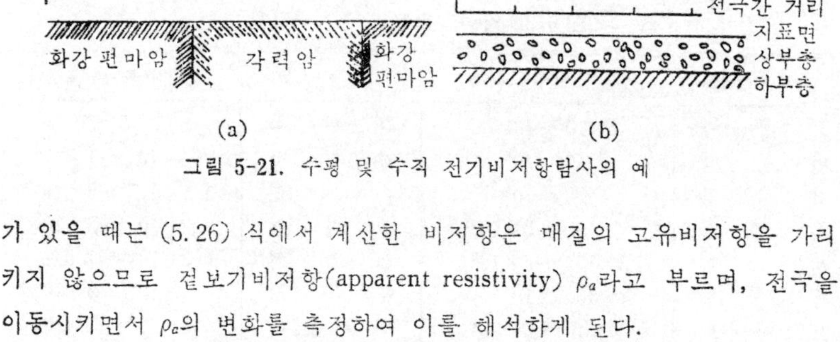


그림 5-21. 수평 및 수직 전기비저항탐사의 예

가 있을 때는 (5.26) 식에서 계산한 비저항은 매질의 고유비저항을 가리키지 않으므로 겉보기비저항(apparent resistivity) $\rho_a$라고 부르며, 전극을 이동시키면서 $\rho_a$의 변화를 측정하여 이를 해석하게 된다.

전기비저항탐사에는 수평탐사법(profiling)과 수직탐사법(depth sounding)

이 있다. 수평탐사는 전극간격을 고정시키고 탐사측선상에서 이들 전극을 동시에 이동하여 탐사를 행하여 수평적인 전기비저항의 변화양상을 보통 정성적으로 규명하는 방법이다(〈그림 5-21(a)〉 참조).

한편 수직탐사는 전극배열의 중심점을 기준으로 하여 탐사측선상에서 전극간격(웨너 배열에서는 모든 전극, 술럼버저 배열에서는 전류전극)을 점차로 확대하면서 겉보기 비저항치의 변화를 해석하여 지표 하부의 수직적인 매질의 변화양상을 보통 정량적으로 규명하는 방법이다(〈그림 5-21(b)〉 참조).

### 2. 유도분극탐사

전류전극에서 지하매질에 전류를 흘려 보내다가 갑자기 전류를 끊으면 전위전극에서 나타나는 전위차는 순간적으로 완전히 소멸되지 않고 수초 또는 수분에 걸쳐서 서서히 소멸되는 현상을 보인다. 이러한 현상을 유도분극(誘導分極) 또는 IP(induced polarization) 현상이라고 한다. 지하매질에서 생기는 유도분극현상은 주로 두 가지 원인, 즉 전극분극과 막분극의 원인으로 발생한다고 보고 있다.

〈그림 5-22(a)〉에서와 같이 지하매질 중의 전류통로에 전도성 금속입자들이 있으면, 전류의 흐름은 암석입자 사이의 공간을 메우고 있는 액체에서는 이온(ion)이 이동하다 금속입자 경계면에서 전자(electron)의 흐름으로 바뀌게 된다. 따라서 계속 같은 방향으로 전류를 주면 금속입자 경계면에 이온이 모이게 되어 분극현상을 가지게 되므로 전류를 갑자기 끊어도 분극현상은 순간적으로 완전히 소멸되지 않게 된다. 이와 같은 현상을 전극분극(電極分極, electrode polarization 또는 overvoltage effect)현상이라고 한다.

한편 〈그림 5-22(b)〉에서와 같이 암석공극 중 전류통로에 점토입자가 있으면 그 표면이 음으로 대전되어 양이온을 끌어당겨 주위에 모이게 하므로 막분극(膜分極, membrane polarization)현상이 발생하게 된다. 전류가 흐를 때에는 강제로 이 축적된 양이온을 점토입자로부터 멀리 밀면서 이

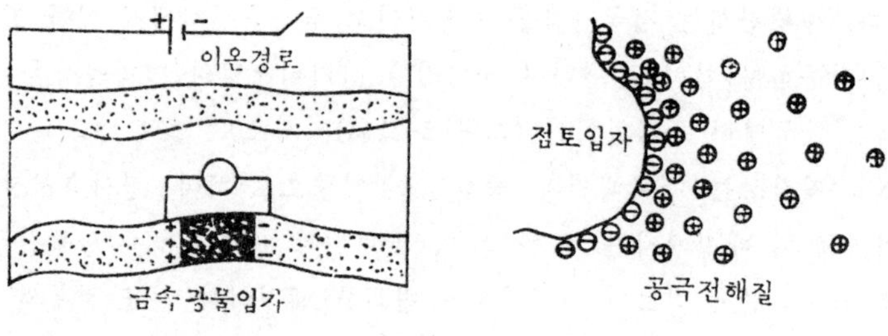


(a) 전극분극　　　　(b) 막분극

**그림 5-22.** 유도분극현상

온의 흐름이 계속되다가, 전류가 갑자기 끊기게 되면 다시 점토입자 주위에 모여들게 되는데 이를 막분극현상에 의한 유도분극현상이라 한다.

유도분극탐사는 〈그림 5-20(c)〉에서와 같은 쌍극자 배열(雙極子 配列, dipole arrays)을 사용한다. 전류전극에서 전류를 흐르게 하고 다른 전위전극에서 전류가 흐르는 동안의 전위차와 전류가 끊어진 후에 유도분극현상을 측정한다. 이 측정치로부터 지하의 겉보기 전기비저항과 유도분극의 정도를 산출하여 대상광물자원을 규명하게 된다. IP 탐사에서 대상광물자원은 동, 납 등 황화광물과 자철석, 흑연, 점토광물 등이다.

### 3. 전자탐사

지표면의 송신기에서 도선이나 코일에 교류전류를 흘려 보내면 전류의 변화율에 비례하는 전자장(electromagnetic field)이 발생하여 〈그림 5-23〉에서와 같이 1차 전자장(primary EM field)이 분포하게 되며 이 1차 전자장의 영향에 의하여 전도성이 좋은 광체에는 유도전류(誘導電流, eddy current)가 흐르게 된다. 이 유도전류에 의하여 광체 주위에는 2차 전자장(secondary EM field)이 발생하고, 이 2차 전자장은 1차 전자장과 결합하여 합성전자장을 형성하게 되는데 이를 지표면의 수신기(receiver)를 통하여 측정하게 된다. 일반적으로 2차 전자장은 지하부존광체 및 부존매질의 특성에 따라 그 크기, 위상, 방향 등이 결정되므로, 이 2차 전자장의 특성을 탐지하여 지하부존광체를 탐사하게 된다.

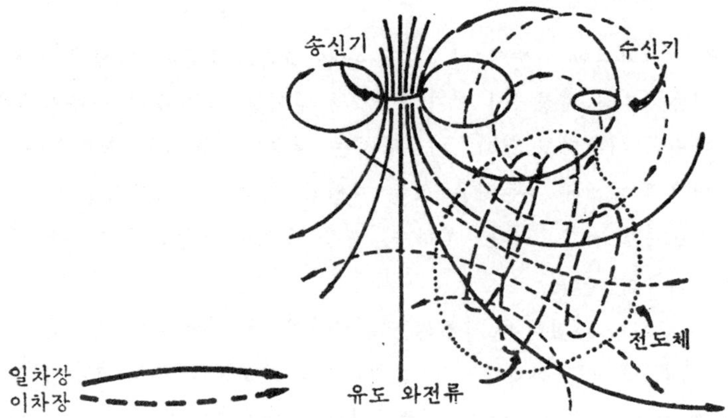


그림 5-23. 전자탐사의 원리

전기탐사와 비교하여 전자탐사의 장점은 다음과 같다. 첫째, 전류전극 대신 코일이나 루프(loop)를 사용하는 송신부와 수신부가 대지와 접촉 없이 이동하게 되므로 작업이 신속하게 이루어지며, 특히 항공기 등에 탑재시켜 광범위한 지역을 신속하게 탐사할 수 있다. 둘째, 표토층의 전기비저항이 너무 크거나 전류전극을 통해 지하로 전류를 흘려 보낼 수 없을 때 전자탐사의 방법을 이용할 수 있다.

## 5.3. 시 추 탐 사

지표에서의 탐사결과에 따라 지하자원의 부존위치와 규모를 과학적으로 추정하고 그 지점에서 지하에 구멍을 뚫어 지하에 부존하는 자원을 정확히 확인하는 탐사를 시추탐사(試錐探査)라 한다. 따라서 시추는 일반적으로 마지막 단계의 탐사방법이며, 시추공(試錐孔)에서 나온 암석시료를 관찰하고 시험하며 또한 시추공내에 측정기기를 집어 넣어 지층 및 부존자원의 심도, 형태, 품위 및 매장량을 파악할 수 있는 직접적인 탐사방법이다.

### 5.3.1. 시추활용

시추는 기자재와 기술의 발전으로 광산 갱내의 좁은 공간에서 사용하는 소형 시추기부터 해상에서 해저 수 km의 깊이를 뚫는 대형 시추기까지 다양한 방법이 이용되고 있다. 시추탐사는 부존자원을 직접 확인하는 탐사이기 때문에 지하에 부존하는 모든 자원과 지질조사에 활용된다. 탐사대상을 자원별로 석유, 석탄, 지하수, 광상 등으로 구분하여 그 활용을 설명하면 다음과 같다.

석유자원개발에 있어서 시추는 석유탐사의 채유(採油)에 필수적인 과정이다. 지질 및 지구화학탐사와 물리탐사에 의하여 석유의 부존이 추정되는 곳에 시추를 실시하여 그 부존상태와 부존암까지 확인하며, 개발성을 평가한 후 개발가치가 있을 때는 시추공이 석유나 가스의 생산통로로 이용되기도 한다.

석탄자원탐사에서 시추는 퇴적층지대의 함탄층(含炭層)이 대상이 된다. 시추를 통하여 함탄층의 두께와 경사, 그리고 깊이와 연장된 길이를 확인할 수 있으므로, 매장량을 계산할 수 있으며 개발계획을 세우게 된다.

지하수탐사에 있어서는 전기비저항탐사 등 지표탐사를 통하여 얻은 자료에 의하여 최종 탐사작업으로 시추를 실시하고 양수실험을 통하여 양수량과 대수층(帶水層)의 성질 등을 확인하며, 개발가치가 있을 때는 시추공을 이용하여 지하수를 양수하여 활용하게 된다.

근래에는 불규칙한 광체의 경우에도 물리탐사 또는 지구화학탐사의 발달로 대체적인 규모를 알 수 있기 때문에 시추에 의하여 흔히 확인작업을 하게 된다. 그러나 불규칙한 광체는 일반적으로 보다 적은 간격의 시추를 바둑판 모양의 격자식(grid system)으로 실시하는 것이 원칙이다. 특히 광상시추에 있어서는 광체의 두께, 품위가 매장량의 계산에 중요하다.

시추의 활용은 이들 탐사 외에도 토목, 건축 분야의 기반조사와 기반보강에 많이 이용되고 있다. 또한 광산에서 채광을 위하여 수갱, 통기공, 배수공 등을 설치하거나 갱도굴진을 위한 선진시추에도 응용되고 있다.

### 5.3.2. 시추방법

시추방법은 굴착이 어떠한 방법으로 이루어지느냐에 따라 분류된다. 굴착은 시추공의 바닥을 뚫고 들어가는 비트(bit)에 의하여 이루어지며, 비트의 동작방법에 따라 시추법을 분류한다면 충격식과 회전식으로 크게 나눌 수 있고, 근년에 와서는 주로 회전식을 택하고 있다.

회전식 시추(回轉式 試錐, rotary drilling)는 로드(rod) 또는 코어 배럴(core barrel) 밑에 연결한 비트에 적당한 압력을 가하며 회전시켜 원형의 구멍으로 굴착하는 것이다(〈그림 5-24〉 참조). 여기서 로드는 구멍을 뚫는 데 사용되는 파이프를 말하며 코어배럴은 코어를 채취하기 위한 장치이다. 시추장비의 구성은 〈그림 5-24〉에서와 같이 시추공 속에 비트, 로드, 케이싱 등의 장비류를 삽입하거나 인양하는 권상장치, 일정한 회전운동을 로드에 전달하여 비트를 가동시키는 회전장치(swivel), 이수(泥水, mud water)를 공내로 순환시키는 시추펌프와 로드 및 비트로 구성되어 있는 굴착기구로 되어 있다. 시추장비에 의하여 회전식 시추를 할 때 시추로드를 통하여 이수를 순환시켜 슬러지(sludge)나 커팅을 지상으로 배출하게 된다.

이수는 물을 흡수하면 팽윤되는 특성을 지니고 있는 점토류(주로 bentonite) 및 조니제(調泥劑)를 청수 속에 콜로이드(colloid) 상태로 분산시켜 만든 소성유체(plastic fluid)이다. 이수는 시추공내를 순환하면서 비트에 의하여 깎여 나온 슬러지와 커팅을 지표로 운반하여 굴진을 용이하게 한다.

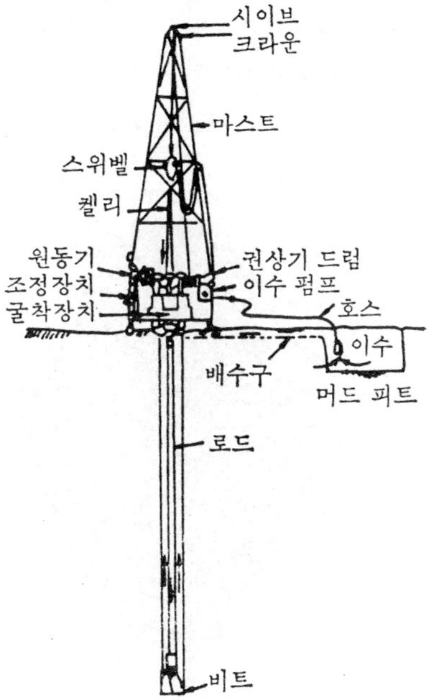


그림 5-24. 회전식 시추

이 과정에서 슬러지나 커팅은 자체의 무게 때문에 가라앉으려는 경향이 있으나, 이수의 점성이나 밀도 등의 제반성질과 이수의 순환속도를 조절하여 침전이 일어나지 않게 할 수 있다. 또한 이수의 역할은 이수주(泥水柱)의 압력을 지층의 압력보다 약간 높도록 함으로써 투수층으로부터의 물, 원유, 가스 등의 유출을 막고, 공벽에 이벽(泥壁, mud cake)을 형성시켜 지층의 붕괴를 방지할 수 있게 한다. 그 외에 비트의 표면을 통과하는 이수는 굴진시 마찰로 인하여 생기는 비트잇날의 열을 식혀 주고, 윤활작용도 하므로 굴착공구의 마멸을 적게 한다.

회전식 시추법은 일부 예외는 있으나 수직, 수평, 그리고 어떠한 방향으로도 굴착이 가능하다. 또한 육상뿐만 아니라 해상에서도 시추선이나 플랫폼(platform)을 설치하여 수천 m까지의 굴착도 가능하며, 메탈시추(metal drilling)와 다이아몬드시추(diamond drilling)로 분류할 수 있다. 메탈시추는 메탈 비트를 사용하여 굴착하는 방법으로서 메탈 비트(tungsten carbide bit)에는 연한 지층에 사용하는 2~4매의 잇날로 된 비트(blade bit)와 유전시추에서 가장 많이 사용하는 트리콘(tricone) 비트(〈그림 5-25 (a)〉 참조)가 있다. 한편 다이아몬드시추는 다이아몬드 비트를 사용하여 굴착하는 것을 말하며 다이아몬드 비트는 굳은 지층을 굴착하기 위하여

(a) (b)

그림 5-25. 트리콘 비트와 다이아몬드 비트

<그림 5-25(b)>에서와 같이 표면에 다이아몬드를 심어 넣은 비트이다.

비트에는 암석굴착시 코어를 채취할 수 있는 코어링 비트(coring bit)와 코어를 채취할 수 없는 논-코어링 비트(non-coring bit)가 있다. 메탈 비트의 가격은 다이아몬드 비트보다 저렴하며, 연암에서의 굴착속도가 다이아몬드 비트보다 빨라 경제적이나, 코어가 부서지는 경우가 많고 지름이 작은 비트는 코어채취율이 나쁘다. 일반적으로 광산시추에서는 코어채취의 필요에 의하여 다이아몬드 코어시추를 하며, 석유시추에서는 트리콘 비트에 의한 논-코어링 시추를 하는 것이 상례로 되어 있다.

### 5.3.3. 검　　층

시추과정에서 얻게 되는 다양한 자료를 수집·분석하여 시추공 주변지층의 상태를 조사하는 작업을 검층(檢層, logging)이라 한다. 검층은 크게 지질검층, 물리검층과 이수검층의 세 가지로 구분할 수 있다.

#### 1. 지질검층

지질검층은 시추 도중 채취되는 암석시료를 분석하여 암석의 지하분포 상태와 그 지질학적 특성을 조사하는 것이다.

지질검층기록을 일반적으로 지질주상도(地質柱狀圖)라 하며, <그림 5-26>에서와 같이 심도에 따른 암석의 종류를 도표로 표시하고, 그 옆에 암석의 각종 특성을 기재하고 있다. 암석시료로는 시추방법에 따라 커팅이나 코어를 이용한다. 근래의 지하수나 석유탐사 또는 일부 석탄탐사에서는 대부분이 커팅만을 채취하는 논-코어링으로 시추하고 있으며, 코어링시추는 광산시추와 기반조사 등을 위한 시험시추공에 대하여 주로 실시되고 있다. 최근에는 시추공내에 검층기기를 삽입하여 암석의 물리적 성질을 측정하는 물리검층이 발달함에 따라 점차 논-코어링시추가 증가하는 경향이 있다.

커팅시료를 심도에 따라 채취하고 분류하는 데 있어서 몇 가지 유의해야 할 점이 있다. 첫째는 커팅시료의 정확한 심도를 결정하는 것이다. 비트

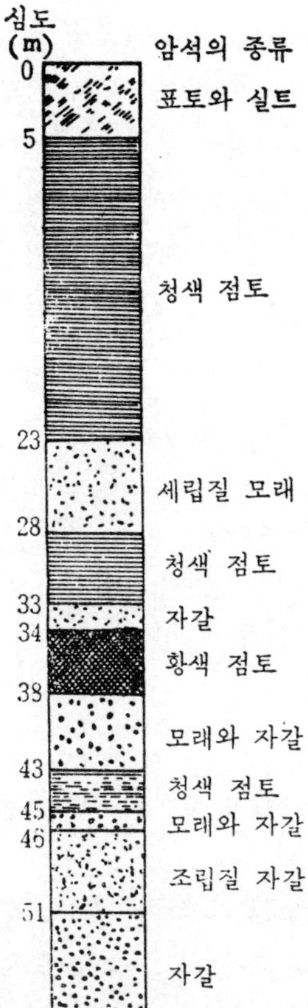


그림 5-26. 지질주상도의 예

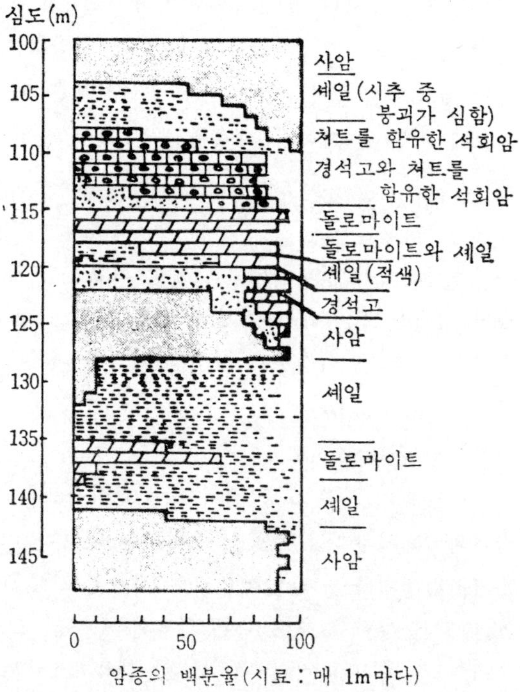


그림 5-27. 퇴적암 지역의 시추공에 대한 백분율 주상도의 예

에 의해 공벽으로부터 깎여 나온 커팅이 이수의 순환에 의해 지표까지 올라오는 데 소요되는 시간을 측정하여 이를 보정하여야만 한다. 이 지연시간은 시추심도와 이수의 순환속도에 따라 수분에서 수시간까지 걸리기도 한다. 둘째는 커팅시료로부터 지질주상도를 작성할 때에 지층의 경계면을 결정하는 문제이다. 즉, 커팅중 아주 작고 가벼운 입자는 이수에 섞여 빠져나가 버리고, 또한 시추공 상부 주변으로부터 암석 부스러기가 떨어져

내려 커팅과 섞이게 되어, 〈그림 5-27〉에서와 같이 커팅시료 중의 암석의 비율을 도표로 표시한 백분율 주상도를 작성하게 된다. 이 백분율 주상도에서 암석의 비율이 급격히 변화하거나 새로운 암석입자가 섞여 나오는 지점이 지층의 경계면에 해당된다.

커팅의 분석은 현미경을 이용하여 실시되는데, 지질주상도상에는 일반적으로 암석의 종류와 구성광물, 암석의 색, 조직, 입자의 크기와 모양 등을 관찰하여 기재하며, 시추공간의 지층을 대비하는 데 기본적인 자료 된다.

코어링시추시 뽑혀 나오는 원주상의 코어는 지하의 암석분포상태를 자연 그대로 보여주기 때문에 지질주상도를 작성하는 데에 가장 유용하다. 또한 지질학적 자료뿐만 아니라 각종 물리적·공학적 성질까지도 측정할 수 있기 때문에 커팅에 비하여 더욱 다양하고도 확실한 정보를 얻을 수 있다.

코어의 검층은 우선 뚜렷한 암석의 변화를 보이거나 구조적 특성을 잘 나타내는 구간을 전체적으로 확인한 후 자세한 분석을 하게 된다. 이때 파쇄대의 간격과 방향 및 파쇄대를 채우고 있는 물질들을 세밀하게 기재하여 두어야 한다. 시추중 코어회수율이 불량하거나 심하게 부서져 있는 구간은 단층대이거나 광화대가 발달해 있을 가능성이 크므로 유의하여야 한다. 또 이들 자료는 암석강도에 대한 각종 암석역학적인 실내 실험결과와 함께 광산의 설계나 대형 지하구조물 설치를 위한 기반설계를 할 때 매우 중요한 자료로 이용된다.

코어의 검층은 커팅의 경우와 마찬가지로 암석 및 조성광물을 분류·기술하고, 각종 암석의 특징을 조사한다. 특히 커팅만으로는 관찰하기 어려운 층리면이나 퇴적구조, 변질대와 광화대의 특성, 파쇄대와 절리의 발달 양상, 풍화상태 등을 자세히 관찰하여 기재한다. 광산시추의 경우는 광체를 찾거나 광체의 부존범위를 확인하는 것이 주목적이므로 광화대를 형성하고 있는 광물과 구조적 특성을 세밀하게 조사하는 것이 중요하며, 탄층 조사에 있어서는 탄층의 연속성 조사에 중요한 탄층의 주향과 경사, 상부

지층의 양상 및 지하수층의 유무와 그 성질도 잘 확인해야 한다.

## 2. 물리검층

물리검층(物理檢層, geophysical logging)은 시추공내에 측정기기를 삽입하여 시추공 주위의 지층을 연속적으로 탐사하는 것이다. 물리검층의 원리는 〈그림 5-28〉에서와 같이 시추공 속의 측정기기를 이용하여 시추이수나 지층에 기인하는 자연적 물리현상 및 인공적으로 발생시킨 물리현상을 측정하는 것이다. 이들 측정결과는 전도성 케이블을 통하여 지상에 있는 기록기에 전달되어 심도에 따른 곡선으로 표시되는데, 이를 물리검층곡선이라 한다.

물리검층은 시추작업중 얻어지는 커팅 또는 코어시료의 분석에 의한 검층기록과는 달리, 시추공 주변의 지층의 성질을 본래에 가까운 상태에서 측정하므로 지층을 정량적으로 분석하는 데에 필요한 정보를 제공한다. 물리검층은 물리탐사 분야 중 독자적인 영역을 확보하면서 발전해 왔다.

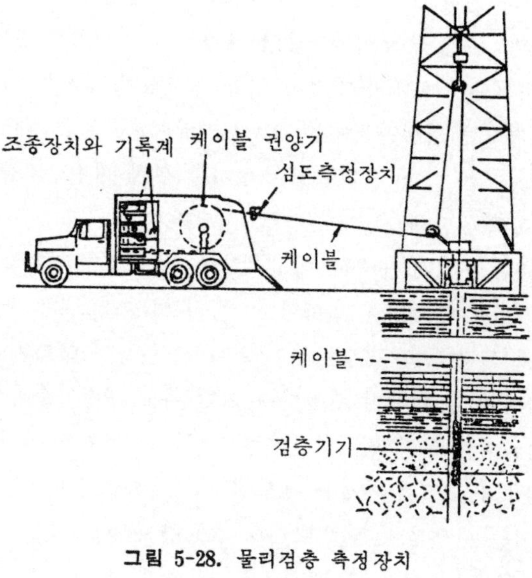


**그림 5-28.** 물리검층 측정장치

그 물리적인 원리는 각종 지표물리탐사의 원리와 크게 다를 바 없으며, 유형별로 분류하면 전기검층법, 방사능검층법, 음파검층법 및 기타 특수한 목적의 검층법으로 나눌 수 있다.

전기검층법은 시추공내에서 지층의 전기비저항과 자연적으로 생기는 전류에 의한 전기전위를 측정하며, 방사능검층법은 지층으로부터 자연적으로 발생하는 방사능 또는 인공적으로 유도시킨 방사능을 측정하고, 음파검층법은 시추공내에서 음파를 보내, 지층을 통과하여 도달하는 음파를 측정한다. 기타 검층법에는 지층의 경사와 방향을 측정하는 경사검층(dip meter), 시추공 주변암석의 원소를 분석하는 지화학검층(geochemical logs), 시추공의 지름의 변화를 측정하는 공경(caliper)검층, 이수의 온도를 측정하는 온도검층 등이 있다.

검층자료의 해석에 있어 유정검층(well logging)은 각종 검층법을 적용하여 저유지층을 판별하고 그 지층의 생산능력을 평가하게 된다. 이를 위하여 암상(岩相)을 판별하고, 지층에 탄화수소를 함유할 수 있는 충분한 공극을 가지고 있는지를 평가하며, 지층의 수포화율(water saturation)을 계산하여 공극에 탄화수소가 어느 정도 존재하고 있는지를 규명한다. 최근에 와서 유정검층은 전산처리기술의 발전으로 많은 검층자료를 종합적으로 해석할 수 있게 되었다.

유정검층에 대한 기술의 눈부신 발전에 비하여 광산시추를 비롯한 기타 검층의 응용은 아직 크게 활발하지 않다. 이는 일반적으로 광산지대의 지질구조나 암석의 분포상태가 복잡하여 검층자료의 해석이 쉽지 않기 때문이다. 또 하나의 이유는 광산시추에서는 대부분의 경우 코어를 채취하기 때문에 물리검층에 의한 자료의 필요성이 크게 인정받지 않기 때문이다. 그러나 물리검층은 시추에 비하여 그 비용이 저렴하고 코어의 회수가 불량할 때나 추가로 지하의 정보를 얻기 위하여 유용한 수단이라 볼 수 있겠다.

광산시추공에 대한 물리검층은 그 대상물의 특징에 따라 효과적인 방법을 선택하게 된다. 예를 들면, 대자율검층은 자성을 띠는 광물에 적합하

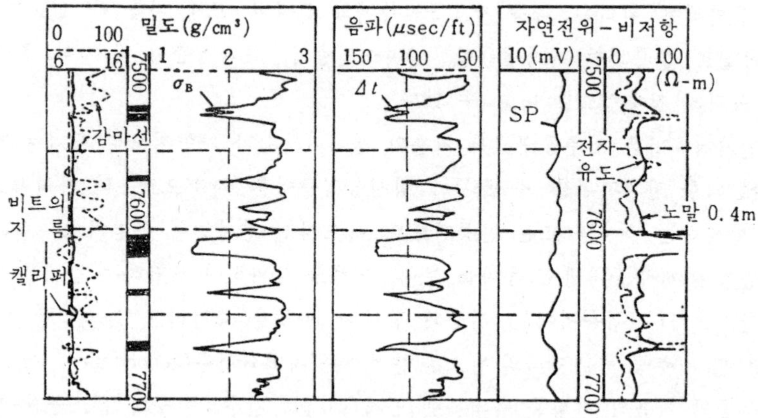


그림 5-29. 탄층에 대한 물리검층곡선

고, 유도분극(IP)검층은 황화광물을 조사하는데 효과적이다. 〈그림 5-29〉는 탄층에 대한 물리검층곡선의 예로서 석탄은 낮은 방사능의 세기, 낮은 밀도, 낮은 음파속도, 그리고 높은 전기비저항(우리나라 무연탄의 경우는 비저항치가 매우 낮다)을 나타내므로 주위의 암석층과 뚜렷이 구분된다. 특히 탄층은 시추시 쉽게 붕괴되기 때문에 코어회수율이 나쁘므로 코어시추 때에도 유용하게 적용할 수 있다.

지하수탐사에 있어서 표적이 되는 대수층은 유정에 있어서의 저유층의 성질과 유사하므로, 유정검층에 대한 응용원리를 지하수검층에 적용할 수 있다. 그러나 지하수공의 경우 유정에 비하여 시추심도가 짧고 공경도 작기 때문에 주로 전기검층과 자연방사능검층 등 기본적인 검층법으로 충분히 적용이 가능하다. 물리검층은 댐, 고층건물, 원자력발전소와 같은 대규모 구조물을 건설하기 위한 기반조사에도 응용되고 있다. 특히 속도검층이나 밀도검층으로부터 얻을 수 있는 암석의 역학적 성질에 대한 정보는 설계나 시공을 할 때 유용하게 이용되고 있다.

### 3. 이수검층

유정시추의 경우 비트가 함유지층을 굴착하게 되면 지층내에 갇혀 있던 석유나 가스가 시추공으로 흘러들어 커팅과 함께 이수에 섞여 지표로 올라오게 된다. 따라서 시추이수와 커팅을 분석·조사하면 지층내의 석유나 가스의 부존상태를 추정할 수 있다.

이와 같이 이수와 커팅내의 석유나 가스의 징후를 조사하는 작업을 이수검층(泥水檢層, mud logging)이라 한다. 이수검층은 유정시추시 지층내 탄화수소의 부존 여부에 대한 최초의 직접적인 정보를 제공하기 때문에 지질자료가 충분하지 못한 탐사시추공의 경우 거의 필수적으로 실시한다. 이수검층은 현장에 이동실험실을 설치하고 여러 가지 분석기기를 이용하여 시추이수를 연속적으로 분석하고 기록한다. 또한 커팅에 대한 암석학적 특성도 함께 관찰하고 기록한다.

이수검층은 시추중에 탄화수소의 징후를 측정할 수 있는 유용한 방법이지만 그 결과에만 전적으로 의존할 수도 없다. 만일 이수압을 지나치게 높게 시추를 하는 경우에는 이수의 침입으로 인해 탄화수소의 생산이 가능한 지층에 대해서도 아무런 징후를 발견하지 못한 채 지나칠 수가 있기 때문이다. 따라서 물리검층자료와 이수검층자료를 종합·분석하여 생산 가능한 저유암층을 판별하여야 한다.

# 6
# 자원생산기술

지하에 부존되어 있는 자원을 탐사를 통하여 확보하고, 이를 효율적으로 안전하게 채취하여 지상으로 운반하는 기술을 자원생산기술이라 한다. 지하자원은 크게 액체(기체 포함)와 고체상태로 대별할 수 있으며 각각 그 채취기술이 다른데, 이를 공학적으로 다루는 학문을 전자는 석유공학(石油工學) 또는 석유개발공학이라 하며 후자는 개발공학(開發工學) 또는 채광공학(採鑛工學)이라 한다.

## 6.1. 석유개발기술

석유의 생산기술은 지하에 매장되어 있는 석유(천연가스 포함)를 지상으로 끌어올리는 기술을 말한다. 그러기 위해서는 먼저 석유의 채유정을 저류층(reservoir)에 굴착하게 된다. 처음에는 압력이 높으므로 석유는 채유정을 통하여 지상까지 분출하지만 점차 압력이 감소되면 기계적 방법으로 퍼올리게 되며 더 나아가 외부에서 에너지를 가하여 석유회수율을 높이는 방법을 사용하고 있다.

### 6.1.1. 저류층의 성질

저류층(貯留層)에서 석유를 추출할 때 일반적으로 압력이 내려가면 저류층에 석유가 남아 있기 쉽고, 저류층의 종류에 따라서는 처음부터 석유가 유출하기 어렵다. 석유의 유동은 저류층의 물리적 성질에 직접 관계된다. 어떻게 하면 저류층에 남는 석유의 양을 줄이느냐 하는 것이 생산기술의 목표가 되므로 생산기술의 출발점은 저류층의 성질과 저류층에서 액체의 유동 등을 다루는 학문, 즉 저류층공학(reservoir engineering)에 해당된다.

### 1. 원유의 성질

저류층이란 저류암과 함류액체를 통틀어서 말한다. 저류층으로부터 생산되는 원유의 성질을 측정함으로써 원유정제방법을 결정하여 주고, 저류층의 온도와 압력하에서 원유의 물리적 성질이 규명되어 저류층내에서 원유의 흐름을 정확하게 알게 된다.

원유의 성질측정에는 수분과 이수분함량, 비중, 점성도, 유출점 및 증류실험이 있다. 수분과 이수분은 원유 속의 불순물이므로 이를 측정하여 원유의 생산량에서 공제하고 불순물을 제거한 시료로 각종 성질의 실험을 하게 된다. 원유의 비중은 원유의 성질을 알기 위하여 가장 기본이 된다. 세계적으로 사용하고 있는 비중의 단위는 API 단위로써 다음과 같이 표시된다.

$$\text{API} = 141.5/\text{비중}(60/60^{\circ}\text{F}) - 131.5 \qquad (6.1)$$

여기서 비중(60/60°F)은 60°F일 때 시료의 중량과 같은 체적의 60°F 물의 중량비를 말한다. 따라서 비중(60/60°F)=1일 때 API는 10이 되며 비중이 작아질수록 API 수치가 증가한다. 점성도(viscosity)는 원유의 유동성에 직접으로 영향을 주며, 온도의 상승에 따라 급격히 내려가게 된다. 유출점(pour point)은 낮은 온도에서 유동성(mobility)을 잃은 원유를 일정한 방법으로 따뜻하게 할 때에 유동이 시작되는 온도이다. 증류실험은 원유에 열을 주어 일정온도마다 유출하는 원유의 성분량을 측정하는 것을 말한다. 이 방법으로 원유에 포함된 가솔린, 등유, 경유, 중유 등을

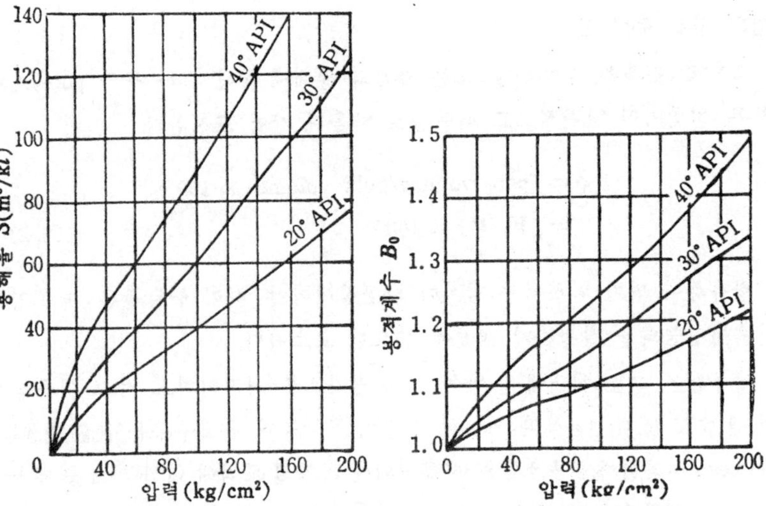


(a) (b)

**그림 6-1.** 압력에 대한 원유에서의 가스 용해율과 원유의 용적계수

정확히 알 수 있다.

한편 저류층에서 원유는 다음과 같은 성질을 가지고 있다. 일정온도에서 원유와 천연가스의 혼합물에 압력을 가하면 천연가스는 원유에 용해되고 원유의 용적은 팽창하며 원유의 점성은 내려간다. 원유에 대한 가스의 용해는 압력에 비례하지만 원유가 가스에 의해 포화되면 과잉된 가스는 유리상태로 존재하게 된다. 또한 압력이 일정한 경우에는 온도가 올라가면 원유에 대한 가스의 용해량은 감소한다.

일반적으로 압력에 따르는 원유에 대한 가스의 용해율과 원유의 용적계수는 원유와 가스의 성분에 따라 다른 성질을 가지고 있다. 〈그림 6-1〉은 미국에서 여러 저류층내의 원유에 대한 평균치를 나타낸 것으로 용해율 $S$는 1$kl$의 원유에 대하여 포화상태까지 용해된 가스의 양을 말하며, 원유 용적계수 $B_0$는 대기압에서의 용적을 기준으로 한 원유의 용적비율이다.

### 2. 저류암의 성질

석유개발과 관련하여 저류암의 성질로서 공극률, 유체투과율 및 입자표면의 성질 등이 있다.

공극률(空隙率, porosity) $\phi$는 암석의 총체적 $V$에 대한 공극(pore)체적 $V_p$의 비율이며 일반적으로 백분율로 다음과 같이 표시한다.

$$\begin{aligned}\phi &= (\text{pore volume}/\text{bulk volume}) \times 100 \\ &= (V_p/V) \times 100 \qquad (6.2)\end{aligned}$$

함유층이 되기 위하여는 암석이 다공질이어야 하며 공극률은 저류암의 원유저장능력을 결정하기 때문에 중요한 요소이다.

저류층은 그 자체내에서 원유 및 천연가스를 저장하기도 하고 이동경로가 될 수도 있다. 암석의 이러한 성질이 공극률과 유체투과율(流體透過率, permeability)이다. 공극률은 저류암내에 저장된 체적에 대한 자료를 제공하고, 유체과투율은 유체가 흐를 수 있는 능력을 가리키는 계수에 해당된다.

유체투과율에 관하여는 다르시(Darcy)의 법칙에 근거를 두고 있다. 즉, 균질성을 가진 지층에 유체가 직선상으로 흐를 때 다르시의 법칙은 다음과 같이 표시된다.

$$Q = kA\Delta P/(\mu L) \qquad (6.3)$$

여기서 $Q$ ; 단위시간당 흐르는 유량(cm³/sec)
$\mu$ ; 유체의 점도성(cp : centipoise)
$L$ ; 암석시료의 길이(cm)
$A$ ; 암석시료의 단면적(cm²)
$\Delta P$ ; 암석시료 전후의 유체의 압력차(atm : 대기압)
$k$ ; 유체투과율(darcy)

따라서 유체투과율은 유량과 관련하여 지층이 갖고 있는 상수로서 액체의 유동에 영향을 주는 공극의 크기와 기타 요소에 좌우되며, 예를 들어 같은 공극률을 가진 셰일과 사암이라도 셰일은 공극의 크기가 사암에 비하여 작기 때문에 유체투과율이 훨씬 작다.

유체투과율에는 절대투과율(absolute permeability), 유효투과율(effective

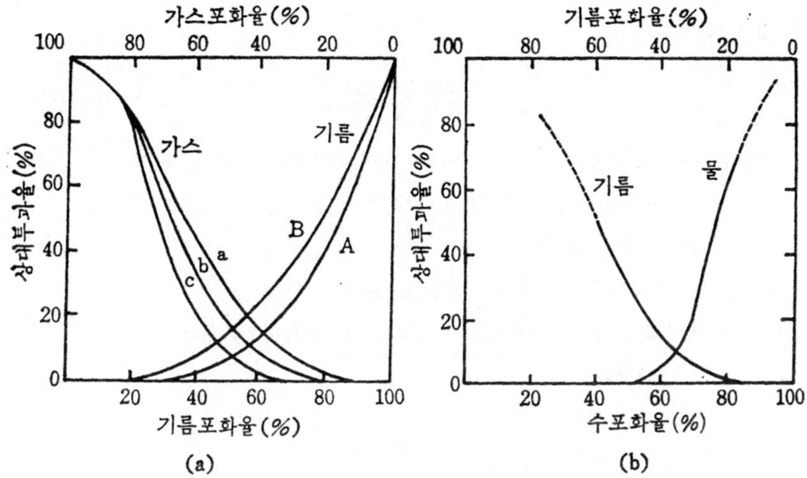


그림 6-2. 상대투과율

permeability)과 상대투과율(relative permeability)이 있다. 단일유체에 의해 측정된 유체투과율은 절대투과율이며 (6.3) 식에 의해 구할 수 있다. 지층내를 2상(相) 이상의 유체가 동시에 흐를 때에 특정한 유체에 대하여 구해진 유체투과율을 그 유체의 유효투과율이라 한다. 한편 상대투과율은 절대투과율에 대한 유효투과율의 비율(유효투과율/절대투과율)이다. 〈그림 6-2(a)〉는 저류층의 원유와 가스, 그리고 〈그림 6-2(b)〉는 원유와 물의 2상 유체에서 상대투과율을 표시한 예로서 수포화율이 80%일 때는 원유의 투과능력이 상실된다는 것을 알 수 있다.

### 6.1.2. 저류층의 유체흐름

석유생산의 시작으로 채유정(採油井)내의 이수압(泥水壓)이 저류층내 유체의 압력 이하로 떨어지게 되면, 저류층과 채유정 사이의 압력차이로 인하여 저류암 공극내의 함유물이 배출되게 된다. 이와 같은 기본관계를 표시한 것이 방사상(放射狀)의 흐름에 대한 다르시의 법칙이다. 액체로 포화된 일정한 두께의 균질한 수평 저류층이 있고 비압축 유체가 채유정을 향하여 방사상으로 흐르는 공식은 다르시의 법칙에 의하여 다음과 같이 표시된다.

$$Q=\frac{2\pi kh(P_e-P_w)}{\mu\ln(r_e/r_w)} \tag{6.4}$$

여기서 $Q$ ; 채유정에 흐르는 단위시간당 유체의 양(cm³/sec)

$k$ ; 유체투과율(md : millidarcy)

$h$ ; 저류층의 두께

$\mu$ ; 액체의 점성도(cp : centipoise)

$r_e$ ; 채유정에 배유되는 지역의 한계거리(채유정으로부터 반경거리)

$r_w$ ; 채유정의 반경

$P_e$ ; $r_e$에서의 압력(bar)

$P_w$ ; $r_w$에서의 압력(bar)

위의 식에서 하나 이상의 값이 이미 주어져 있거나, 또는 측정이 가능한 유정에 대해서는 유정의 산출량, 암석의 유체투과율, 유정의 산출면적(drainage area) 등 중요한 값들을 구할 수 있다.

한편 저류층의 유체흐름에 물질수지(物質收支, material balance)개념을 이용하여 유정의 생산과 관련한 중요한 자료로 사용하고 있다. 생산이 개시되면 저류층내에 기존의 평형상태가 파괴되는데, 이때 저류암내의 공극안에서 이루어지는 물질(원유, 가스, 물)간의 유입, 잔류 및 배출의 복잡한 현상은 물질수지의 식(equation of material balance)으로 나타낼 수 있다. 물질수지의 계산은 원유와 가스의 생산과정이 물리적인 과정이므로 질량보존의 법칙에 따른다는 원리에 근거하고 있다. 따라서 한 유층에서 생산·배출된 양과 이에 따라 생산정근처로 유입된 유체의 체적은 동일한 압력, 온도조건하에서 똑같아야 한다.

이같이 유체간에 치환작용이 일어나는데, 이는 공극이 어떤 경우라도 공간으로 남아 있을 수 없기 때문이다. 즉, 저류층 속에 남아 있는 탄화수소가 생산에 따른 저류압력의 강하로 팽창되어 공극을 채우는 수도 있고, 또 원유와 가스로 원래 채워져 있던 저류층내로 부근의 지하수가 유입되는 경우도 있다.

이때 저류층에서 생산·치환되는 물질간에 이루어지는 평형상태를 물질수지라 부른다. 저류층내의 물, 원유와 가스의 물리적 조건은 지표에서의 상태와는 상당히 다르므로 물질수지에서 고려되는 모든 체적은 단일 물리체계로 변환되어야 한다. 이때에 사용되는 기준치는 물질수지방정식의 유도시 나타나는 저류층 내부의 압력과 온도이다.

물질수지의 식은 저류층내 유체의 상태를 다음 순서에 따라 구할 수 있다. 먼저 압력 $P_i$하에서 저류층에서 원유(용해된 가스 포함)와 가스 캡(gas cap, 저류층내에 가스가 모인 것)의 유리가스가 점유하고 있는 체적은 다음과 같다.

$$NB_{0i} + mNB_{0i} = (1+m)NB_{0i} \tag{6.5}$$

여기서 $P_i$ ; 저류층의 초기압력
$N$ ; 원유의 원래 매장량
$B_{0i}$ ; $P_i$에서 원유의 체적계수
$m$ ; $P_i$에서 원유의 체적에 대한 가스 캡의 체적비

이 저류층의 원유부분에서 $N_p$(원유의 누적생산량)의 원유(용해된 가스 포함)가 채유정을 통해서 생산되며 그 결과 압력이 $P$로 내려간다. 그러면 처음의 가스 캡 부분은 압력이 내려가므로 다음과 같이 팽창한다.

$$mNB_{0i}(B_g/B_{gi}) \tag{6.6}$$

여기서 $B_{gi}$ ; $P_i$에서 가스의 체적계수
$B_g$ ; $P$에서 가스의 체적계수

또한 압력이 내려가면 원유에 대한 가스의 용해도가 감소하므로 그 부분만 원유에서 분리되어 유리가스가 된다. 그 양은 $N$에서 분리된 유리가스량으로부터 $N_p$에 용해하고 있던 가스량을 빼낸 것으로 다음과 같다.

$$B_g(N(S_i - S) - N_p(R_p - S)) \tag{6.7}$$

여기서 $S_i$ ; $P_i$에서 원유에 대한 가스의 용해율

$S$ ; $P$에서 가스의 용해율

$N_p$ ; 원유의 누적생산량

$R_p$ ; 누적가스원유비

다음에 유체에 대해서는 $N$에서 $N_p$를 빼낸 나머지의 원유와 외부에서 들어온 물(단, 산출된 것은 빼낸 것)이며, 이것은 다음과 같다.

$$(N-N_p)B_0+(W_e-W_p) \tag{6.8}$$

여기서 $B_0$ ; $P$에서 원유의 체적계수

$W_e$ ; 저류층으로의 침입수량

$W_p$ ; 물의 누적생산량

따라서 저류층의 체적은 압력 $P_i$에서나 $P$에서도 같으므로 물질수지의 식은 윗식으로부터 다음과 같이 구할 수 있다. 즉,

$$(6\cdot 5)=(6\cdot 6)+(6\cdot 7)+(6\cdot 8) \tag{6.9}$$

(6.9) 식은 목적에 따라 사용하기 쉽도록 배열할 수 있다. 예를 들어 원매장량 $N$을 구하는 식은 (6.9) 식에서

$$N=\frac{N_p\{B_0+B_g(R_p-S)\}-(W_e-W_p)}{B_0-B_{0i}+B_g(S_i-S)+mB_{0i}(B_g/B_{gi}-1)}$$

와 같다. 여기서 $B_{0i}$, $B_0$, $B_{gi}$, $S_i$, $S$ 등의 정확한 측정자료가 있으면 $N$를 산출할 수 있게 된다.

한편 (6.9) 식을 이용하여 생산량에 대한 예측을 할 수 있다. 이 예측에 있어 생산량은 저류층의 압력과 비례한다는 가정하에 계산되고 있다. 계산방법으로는 물리적 성질이 명확한 저류층에서 일정량의 원유를 생산할 때의 저류층 압력을 물질수지의 식에서 구한다. 이때 원유의 포화율에서 기름의 상대투과율과 가스의 상대투과율을 구한다. 이 값과 압력에 따른 유체성질의 값을 다르시의 식에 넣어서 채유정에서 유체의 단위시간당 생산량을 구한다. 이것을 반복하는 데 따라 생산경과(production history), 즉 저류층에서 원유의 회수가 진행되는 데 따라 변화하는 저류층

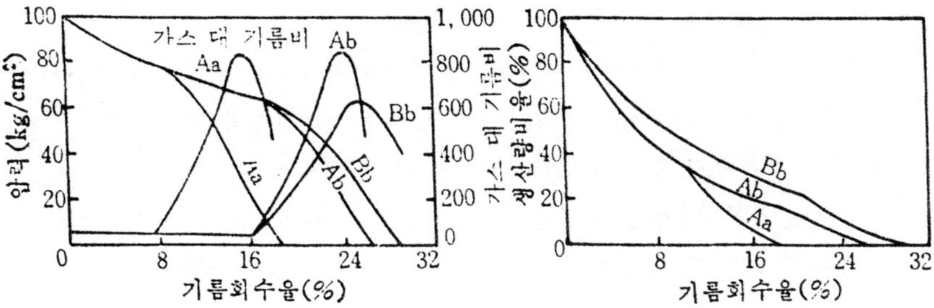


(a) (b)

**그림 6-3.** 생산경과

의 압력, 가스의 유비(油比), 유체의 단위시간당 생산량 등이 구해진다. 그 예가 〈그림 6-3〉에 표시되어 있다. 이 계산자료로 〈그림 6-1〉 및 〈그림 6-2〉를 사용했으며 또한 원유비중은 30API, 초기압력 100kg/cm², 가스 캡 부분이 없으며($m=0$), 저류층에서 지하수의 출입이 없는($W_e=0$, $W_p=0$) 상태에서 계산되었다. 그리고 A, B, a, b, c는 〈그림 6-2〉의 상대투과율을 표시한다.

〈그림 6-3〉에서 원유 및 가스의 상대투과율이 생산경과에 크게 영향을 주는 것을 알 수 있다. 이와 같이 생산과정을 예측함으로써 정확한 생산관리가 가능하고, 또한 2차 회수를 시작하는 시기를 결정할 수 있게 된다.

### 6.1.3. 생산개요

자연에너지에 의해 저류층에서 원유를 생산하는 것을 1차 생산 또는 1차 채유라 한다. 저류층 압력이 높고 용해가스가 많을 때에는 석유는 지표까지 분출하며, 이것을 자분(自噴)이라 한다. 저류층의 압력이 낮아지든가 또는 가스량이 감소되면 자분은 약해지며 또는 중지되는 수가 있다. 다음 단계에서는 채유정 속에 가스를 불어넣어서 석유를 퍼 올리는 방법, 즉 가스 리프트(gas lift)를 한다. 저류층 압력이 더욱 낮아지면 펌프채유를 한다. 이 방법은 자분채유 및 가스 리프트가 적당치 않은 모든 저류층에 사용되므로 세 가지 종류 중 가장 많이 사용된다. 이와 같은 1

차 생산과 병행하여 회수율 증가법이 이루어진다.

채유정의 자분이 시작되어 안정한 상태로 되면, 우선 제일 먼저 이루어지는 것은 공저(孔底)시료채취와 공저압(자분 및 밀폐압)측정이다. 유전개발 초기에 저류층 압력과 유체의 물리적 성질측정은 대단히 중요하고 금후 개발방침의 결정에 중요한 자료가 되므로 원유, 가스, 물의 생산량 및 지표에서 채유정의 압력은 매일 기록되어 채유정과 저류층의 관리를 위해서 사용된다. 그리고 공저압측정은 저류층의 성질에 따라 몇 개월에 한 번의 비율로 이루어진다.

지하에서 지표로 올라온 석유에는 가스와 물이 혼합되므로 먼저 석유에서 가스와 물을 분리하고 각 유체량을 측정한다. 석유와 가스는 유전에서 일시적으로 탱크에 저장한 후에 파이프 라인에 의해 목적지로 운반된다. 가스 속에는 메탄, 에탄, 프로판, 부탄 등이 혼합되었으므로 분리해서 판매한다. 또한 원유에 물이 에멀존(emulsion) 상태로 혼합되어 있을 때는

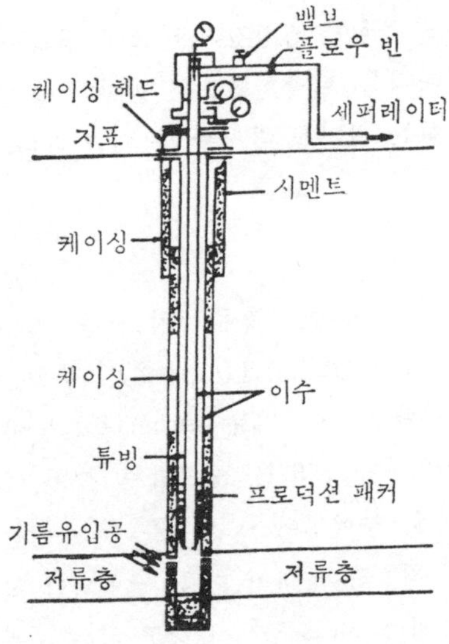


그림 6-4. 채유정

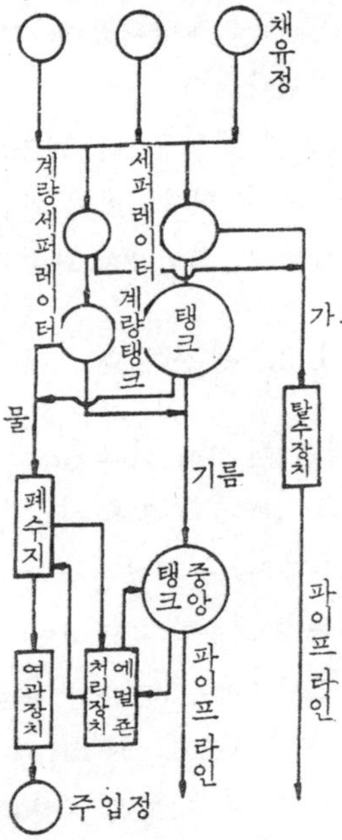


그림 6-5. 생산계통도

분리하기 어려우므로 특별한 처리장치가 필요하다.

석유생산에서 가장 중요한 설비는 채유정이다. 이것은 〈그림 6-4〉에서와 같은 구조를 가지고 있다. 이 그림은 개략적으로 나타낸 것이며 실제는 지표부분에 더 많은 밸브가 부착되어 있다. 〈그림 6-5〉는 채유정에서 생산된 유체가 가스, 기름, 물로 분류되어 각 유체마다 처리되는 계통도이다. 이 그림은 자분채유의 계통도이고 가스 리프트일 때는 콤프레셔 등이 첨가되며, 펌프채유일 때는 펌프장치가 첨가되는데, 전체에는 변함이 없다. 새로운 유전에서는 생산이 자동화되어 있어 자동적으로 ① 채유정의 산출, ② 채유정의 테스트, ③ 유체의 분리, ④ 탱크내 유체의 계량, ⑤ 유전에서 송출 등이 조절된다. 채유정과 탱크 등의 상태가 자동적으로 중앙 컴퓨터에 보고되고, 컴퓨터에서 그에 따른 지시를 현장에 보내어 자동적으로 생산이 이루어진다.

### 6.1.4. 1차 생산

#### 1. 자분채유

튜빙내에서의 유체의 무게 및 유체저항보다 저류층의 압력이 높을 때에는 저류층내의 유체는 지표까지 분출한다. 이것은 가장 경제적인 생산방법이므로 자분을 길게 끄는 것이 유리하다. 자분의 에너지가 되는 것은 저류층내의 용해가스와 유리가스이다. 자분을 방해하는 것은 유체저항과 튜빙내의 유체중량이며, 여기에는 가스의 슬립이 관계된다. 가스 슬립(gas slip)이란 액체가 가스보다 밀도가 높으므로 중력작용을 크게 받으며 또 유도저항이 크므로 가스가 액체보다 먼저 흐르는 것을 말한다. 이 사실은 수직으로 상승하는 이상(二相)유체에서 반드시 일어나는 현상이며, 유체의 유동저항보다도 더욱 중요하다.

저류층의 압력이 충분히 높아지지 않으면 가스 슬립 때문에 튜빙 속은 액체로 충만되고 액체중량 때문에 자분이 중지되는 원인이 된다. 여기서 가스원유비(gas oil ratio)를 설명하면 이것은 채유정에서 산출되는 원유와 가스에 관해 대기압에서 원유의 체적에 대한 가스체적의 비율을 말한다.

이것은 저류층의 성질을 알고 있으면 다음과 같은 식으로 구할 수 있다.

$$\text{가스원유비} = \frac{k_0}{k_g} \frac{\mu_0}{\mu_g} \frac{B_0}{B_g} + S \qquad (6.10)$$

여기서 $k_0$, $\mu_0$ 및 $B_0$ ; 각각 원유에 대한 상대투과율, 점성도, 체적계수
$k_g$, $\mu_g$ 및 $B_g$ ; 각각 가스에 대한 상대투과율, 점성도, 체적계수
$S$ ; 원유에 대한 가스의 용해율

자분을 길게 끌기 위해서는 저류층 속의 가스를 함부로 방출하지 않도록 해야 한다. 그러기 위하여는 어느 정도로 생산을 제한해서 가스원유비가 가장 작은 상태로 생산하여야 하는데, 생산제한장치인 플로우 빈(flow bean)에 의하여 생산을 조절한다(〈그림 6-4〉 참조). 생산을 제한하여도 가스원유비가 전혀 영향을 받지 않을 때는 생산제한을 할 필요가 없다.

석유를 생산할 때에는 저류층 전체압력이 일정하게 내려가는 것이 바람직 하다. 특정한 채유정 또는 구역의 압력이 다른 부분보다 아주 작으면 외부에서 물이 침입하여 원유의 흐름을 방해할 때가 있다. 이것을 막기 위하여 밀폐 공저압의 기록을 조사하여 특정구역의 압력이 특히 낮아지면 그 채유정의 생산정지 또는 제한을 하게 된다. 이상과 같이 자분을 길게끌어서 저류층 전체에서 원유의 회수율을 높이기 위하여는 채유정의 매일의 변화상태와 적절한 시간간격으로 밀폐 공저압을 측정하여 저류층 전체를 관리하여야 한다.

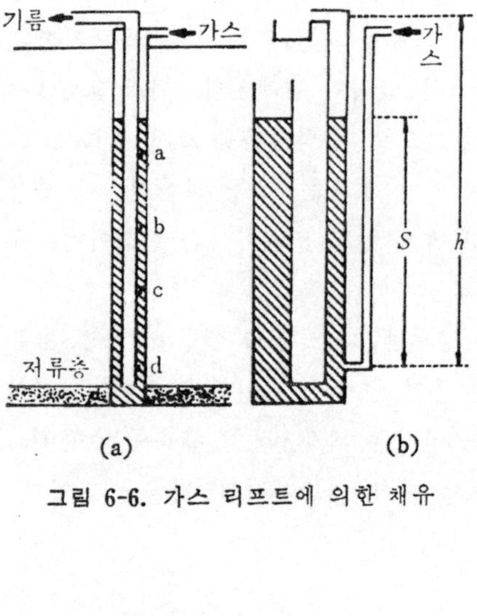


그림 6-6. 가스 리프트에 의한 채유

## 2. 가스 리프트 및 펌프채유

석유생산과 더불어 저류층 압력이 차츰 낮아지고 어느 한계 이하가 되면 자분이 그친다. 이때에는 가스 리프트에 의하여 생산하는 것이 가장 일반적인 방법이다. 가스 리프트의 원리를 나

타낸 것이 〈그림 6-6〉이다. 이 그림에서 튜빙에 a, b, c, d 4개의 플로우 밸브(flow valve)가 부착되어 있다. 지표에서 케이싱과 튜빙 사이에 가스(보통은 메탄가스)를 주입한다. 주입된 가스는 액면을 저하시키게 되며, 액면이 a보다 낮아지면 a가 열려서 가스는 튜빙내로 들어가 원유와 같이 상승한다. 더욱 가스압력을 높이면 a가 닫히고 b가 열려서 가스와 원유는 튜빙내에서 상승한다.

이와 같이 해서 최후에는 a, b, c가 닫히고 d만 열려서 가스와 원유가 상승하고 이 상태로 오래 계속해서 액체를 퍼 올리게 된다. 따라서 a, b, c의 밸브는 시동압력을 낮추기 위해 사용되며 주요한 밸브는 d이다. 플로우 밸브는 압력에 따라 자동적으로 개폐되는 기능을 갖고 있다. 가스 리프트의 효율은 〈그림 6-6(b)〉에서 파이프의 유효거리 $h$에 대한 저류층의 압력에 상당하는 높이 $S$의 비율 $\sigma$(submergence ratio)와 밀접한 관계를 가지며, $\sigma$가 작아지면 가스 슬립이 크게 된다. 가스 슬립의 정의는

$$가스\ 슬립 = \frac{V_g - V_l}{V_g} \times 100 \qquad (6.11)$$

여기서 $V_g$ ; 가스의 상승속도

$V_l$ ; 액체의 상승속도

따라서 $\sigma$가 클수록 또는 가스의 상승속도가 작을수록 가스 리프트의 효율이 크게 된다.

자분채유가 정지되고 가스 리프트의 효율이 작아지면 그 다음의 생산방법은 펌프채유이다. 이 방법은 채유정 속에 펌프장치를 부착해서 석유를 퍼 올리는 방법이다.

### 6.1.5. 회수율 증가법

자연에너지에 의해 저류층에서 회수되는 석유는 원래 매장량의 20∼30% 정도라고 일반적으로 보고 있다. 저류층에 인공적으로 에너지를 가하여 원유의 회수율을 증가시키는 방법을 회수율 증가법(enhanced recovery)이라 한다. 이 방법에는 가스주입, 수공법(水攻法), 열에 의한 회수법 등

여러 종류가 있다. 이 방법을 유전에서 처음으로 실시하는 경우를 2차 회수(secondary recovery)라 한다. 2차 회수를 한 후 다른 방법에 의해 회수율을 증가시키는 방법이 3차 회수(tertiary recovery)이다.

회수율증가법의 계획은 유전개발에서 될 수 있는 대로 빠른 시기에 이루어야 한다. 그 이유는 회수율 증가법시에는 반드시 주입용 채유정을 필요로 하므로 1차 생산을 위해서 유정을 굴착할 때 주입정의 굴착계획을 진행하면 경제적으로 유리하기 때문이다. 회수율증가법에서 가스주입(gas injection)법은 저류층의 압력유지(pressure maintanence)와 가스 드라이브(gas drive)가 있다. 압력유지법은 유전개발 초기에 유층에 가스를 압입(壓入)하고 압력을 되도록 높게 유지하여 그 결과 자분이 오랫동안 계속되고 저류층에 대한 물의 침입이 적어져 원유의 회수율을 높아지게 하는 것이다. 이때 채유정수 10공에 대하여 주입정은 1~2공 정도로 그 비율이 작으며, 주입정은 구조의 정부(頂部)에 배치하게 된다. 가스 드라이브는 1차 생산이 거의 끝날 때 이루어지는 것으로 가스가 원유를 나머지 채유정으로 밀어서 석유를 회수하는 방법이다.

수공법(water flooding)은 저류층에 물을 주입하여 원유를 밀어 이동시키는 방법이다(〈그림 6-7〉 참조). 표준방법으로는 정방형의 4각 주입정을 배치하고 그 중앙에 채유정을 배치하는 5정법이다. 저류층의 성질, 채유정의 생산경과 등에 따라 적합한 수공법을 실시하고 저류층에 남아 있는 원유의 반 이상을 회수할 수 있다고 본다.

화공법(fire flooding in-situ combustion)은 저류층 중 원유의 일부를 연소시켜 발생하는 가스와 열에 의하여 원유를 밀어내는 방법이다. 이때 적당한

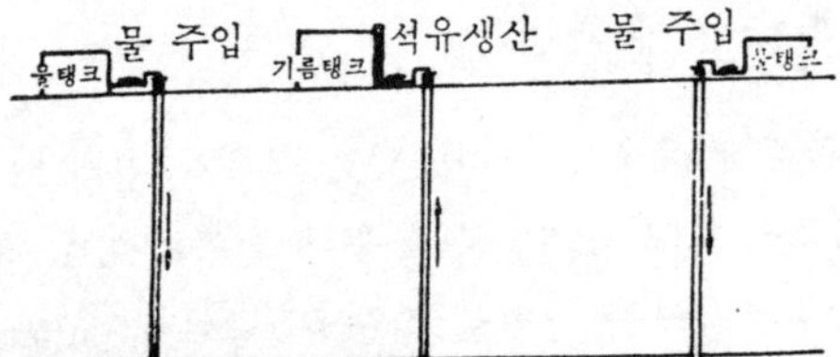


**그림 6-7.** 수공법에 의한 석유회수

양의 공기를 연속적으로 보내서 석유의 연소를 일정하게 유지해야 한다.

## 6.2. 고체자원개발기술

탐사를 통하여 확보된 고체인 광체를 효율적으로 안전하게 채취하는 기술을 채광기술이라 한다. 광체는 지표에 노출되기도 하고 지하심부에 매장되어 있기도 하며 그 부존조건과 자원의 종류에 따라 여러 가지 채취방법과 기술이 적용된다. 그리고 채광은 경제성이 있어야 하며, 종업원의 안전한 작업환경과 복지를 향상시킬 수 있는 기본적인 원칙 아래에서 작업이 수행되어야 한다.

### 6.2.1. 암석역학

지하암반내에 광석을 채굴하기 위하여, 또는 구조물을 설치하기 위하여 공동을 만들게 되면 평형상태에 있던 암반내 지압의 균형이 깨져서 변형을 일으키게 된다. 이러한 변형은 갱도(坑道)를 축소시키게 되고 때에 따라서는 갱도가 무너지게 된다. 따라서 개발기술에 있어 지압 또는 응력(stress)에 의한 암석 또는 암반의 역학적인 반응이 매우 중요한 요소가 되며, 이를 다루는 학문을 암석역학(rock mechanics)이라 한다. 최근에 와서 암석역학은 자원개발기술뿐만 아니라 지하공간이용과 관련된 기술문제에 대단히 중요한 학문으로 정착되었다.

#### 1. 암석의 물리적 성질

일반적으로 암석의 물리적 성질 중에 암석역학에 직접 관련되는 역학성질의 항목은 다음과 같다.

① 비중(specific gravity)

② 공극률(porosity)

③ 함수율(含水率, water content ratio)

④ 유체투과율(permeability)

⑤ 경도(硬度, hardness)

⑥ 탄성계수 또는 영률(modulus of elasticity or Young's modulus)

⑦ 강성률(剛性率, modulus of rigidity)

⑧ 포아송 비(Poisson's ratio)

⑨ 체적탄성률(bulk modulus or volume elasticity)

⑩ 압축강도(compressive strength)

⑪ 인장강도(tensile strength)

⑫ 전단강도(shear strength)

⑬ 탄성파속도(elastic or sonic wave velocity)

위 항목에서 압축강도 $\sigma_c$는 시험시료의 단축압축에서 최대 파괴하중을 〈그림 6-8〉과 같이 압축방향에 수직한 초기 단면적 $A$로 나눈 값을 말한다.

$$\sigma_c = P_c/A(\mathrm{kg/cm^2}) \qquad (6.12)$$

인장강도 $\sigma_t$는 시험시료의 단축방향의 인장에 의하여 최대 파괴하중 $P$와 인장방향에 수직한 시험시료의 초기 단면적 $A$로부터 다음 식이 얻어진다.

$$\sigma_t = P_t/A \qquad (6.13)$$

일반적으로 암석의 인장강도는 압축강도의 1/10~1/30 정도로 작은 값을 가지고 있다.

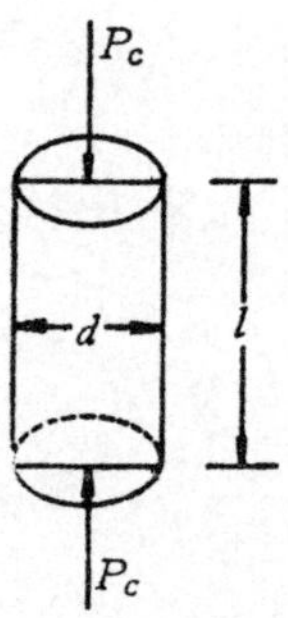


그림 6-8. 압축강도

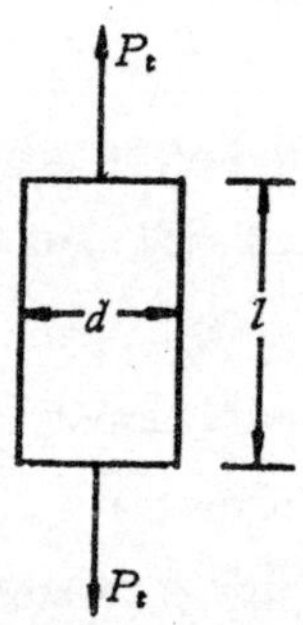


그림 6-9. 인장강도

## 2. 암석의 탄성

암석의 한 방향에서 하중을 주었을 때 응력과 변형률(stress-strain) 곡선이 〈그림 6-10(a)〉와 같이 특별한 변화가 일어나기 전에 파괴가 되는 경우를 취성파괴(脆性破壞, brittle fracture)라 하며, 동일한 암석 주위에 봉압을 가하고 축방향에 하중을 가하면 〈그림 6-10(b)〉에서와 같이 항복점(降伏點, yielding point) 이후의 거동을 나타낸 후 파괴되는 데 이를 연성파괴(延性破壞, ductile fracture)라 한다.

물체의 파괴에서 취성 및 연성파괴는 응력상태, 온도, 변형률, 속도 등에 의해 그 형태가 좌우된다. 연성파괴시는 일정한 응력에 도달하면 갑작스럽게 영구변형이 생기고 이 응력을 경계로 응력-변형률 곡선의 구배가 현저히 작아지며 항복점 후의 거동은 적은 응력의 증가에도 큰 변형이 생긴다.

암석역학에서 응력 또는 변형률에 관하여 모어원(Mohr circle) 표시방법을 많이 사용한다. 이를 이해하기 위하여 〈그림 6-11〉에서와 같이 2차원의 응력분포가 수직응력성분인 $\sigma_x, \sigma_z$와 전단응력성분인 $\tau_{xz}, \tau_{zx}$로 주어졌을 때 $z$축에 각 $\theta$로 경사되어 0점을 통과하는 면에서 그 면적이 $a$이면 수직응력 $\sigma_n$과 전단응력 $\tau$에 의한 힘은 각각 다음과 같이 표시할 수 있다.

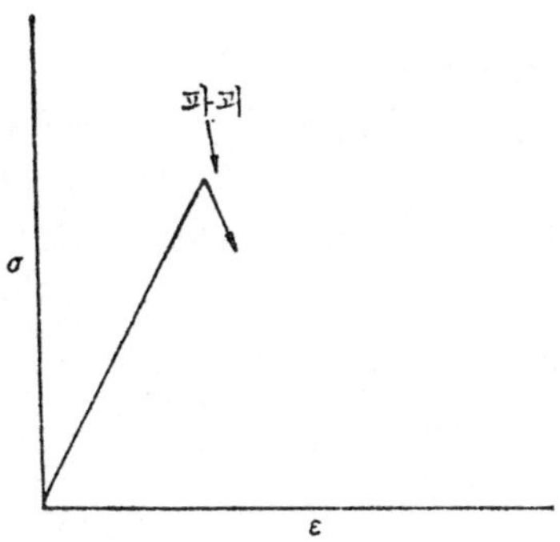


(a) 취성파괴

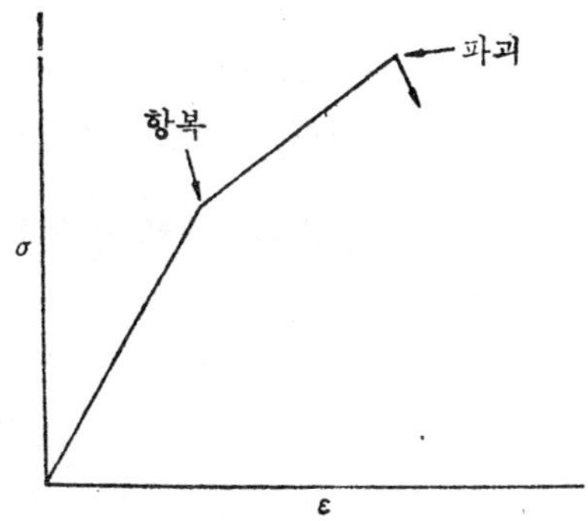


(b) 연성파괴

**그림 6-10.** 암석의 탄성과 파괴현상

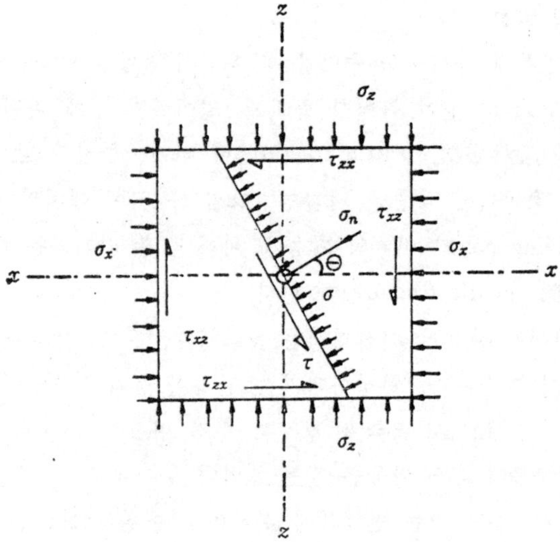


그림 6-11. 2차원에서의 응력분포

$$\sigma_n a=(\sigma_x \cos\theta + \tau_{xz}\sin\theta)a\cos\theta + (\sigma_z\sin\theta + \tau_{zx}\cos\theta)a\sin\theta$$

$$\tau a=(-\sigma_x\sin\theta + \tau_{xy}\cos\theta)a\cos\theta - (\sigma_z\cos\theta - \tau_{zx}\sin\theta)a\sin\theta \quad (6.14)$$

여기서 $\tau_{zx}=\tau_{xz}$이기 때문에

$$\sigma_n=\sigma_x\cos^2\theta + \sigma_z\sin^2\theta + 2\tau_{xz}\sin\theta\cos\theta$$

$$\tau=(\sigma_z-\sigma_x)\sin\theta\cos\theta - \tau_{xz}(\sin^2\theta - \cos^2\theta) \quad (6.15)$$

만일 $\tau_{xz}=\tau_{zx}=0$로서 수직응력만 주어졌을 때 $\sigma_z=\sigma_1$, $\sigma_x=\sigma_3$(여기서 $\sigma_1>\sigma_3$ 로 가정)로 하면, 윗식은

$$\sigma_n=\frac{1}{2}(\sigma_1+\sigma_3)+\frac{1}{2}(\sigma_1-\sigma_3)\cos 2\theta$$

$$\tau=\frac{1}{2}(\sigma_1-\sigma_3)\sin 2\theta \quad (6.16)$$

가 된다.

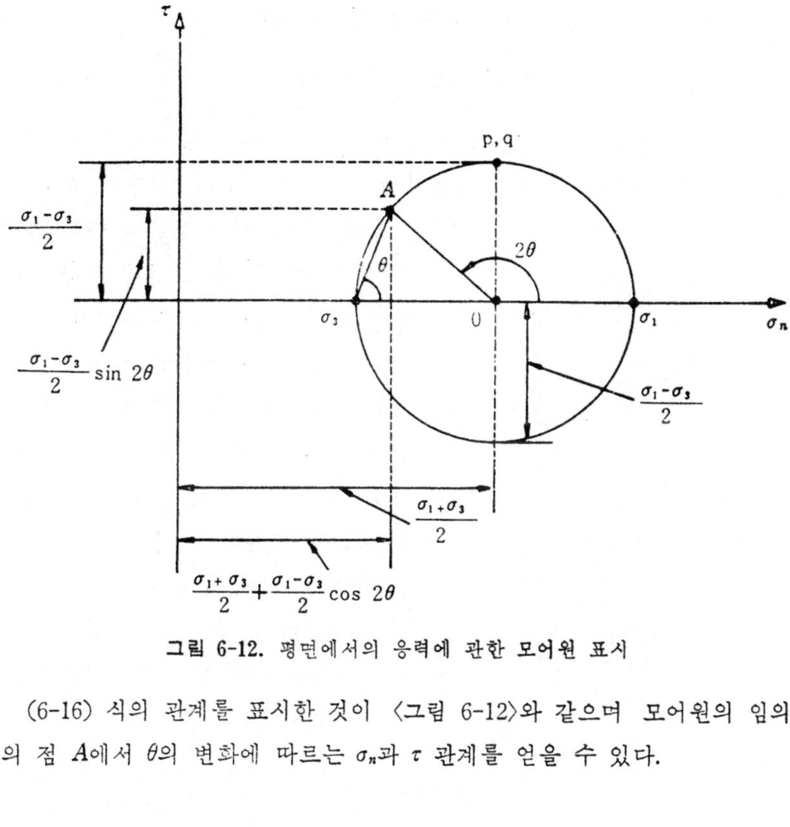


**그림 6-12.** 평면에서의 응력에 관한 모어원 표시

(6-16) 식의 관계를 표시한 것이 〈그림 6-12〉와 같으며 모어원의 임의의 점 $A$에서 $\theta$의 변화에 따르는 $\sigma_n$과 $\tau$ 관계를 얻을 수 있다.

### 3. 암석의 파괴

암석의 파괴에 대하여 우선 최대 전단응력파괴설(剪斷應力破壞說)에 의해 설명할 수 있다. 이 설에 의하면 압축을 주었을 때 압축작용을 받은 암석은 전단응력에 의하여 파괴된다고 보고 있다. 물체내의 어느 점에 있어서 응력을 $\sigma_1 \geq \sigma_2 \geq \sigma_3$라고 하면, 그 점의 최대 전단응력은 $\tau_{max}=(\sigma_1-\sigma_3)/2$로 된다. 여기서 $\sigma_1, \sigma_2, \sigma_3$는 $x, y, z$축 방향의 주응력(principal stresses)이며 어느 면에 수직되는 축방향의 주응력은 그 방향에 전단응력은 없고 수직응력만 있을 때를 말한다. 이와 같은 관계는 (6.16) 식에서 $\tau$가 최대가 되는 조건이 $\theta=45°$일 때임을 알 수 있다. 즉,

$$\tau_{max} = \frac{(\sigma_1 - \sigma_3)}{2}\sin(2 \times (\pi/4))$$
$$= (\sigma_1 - \sigma_3)/2 \qquad (6.17)$$

이다. 최대 전단응력설에서는 압축강도와 인장강도가 같은 물질에 대하여 적용되며, 또한 여기서는 중간 주응력 $\sigma_2$는 파괴에 관련되어 있지 않다.

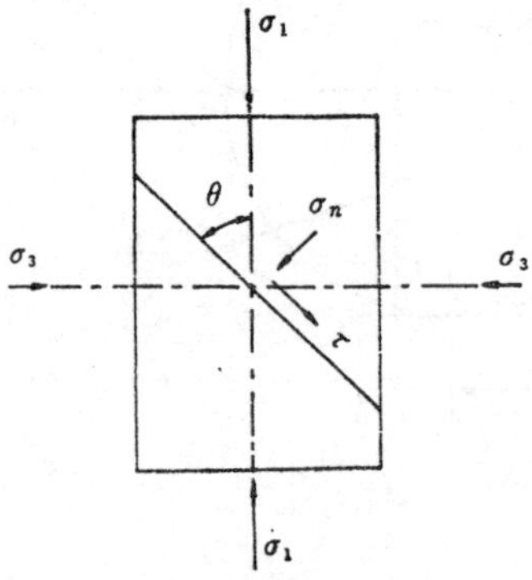


그림 6-13. 2차원 압축시의 파단면과 작용응력

실제 암석에서는 $\theta$값이 45°보다 작게 나타나는 현상을 보인다. 이를 설명하는 이론으로 쿨롱(Coulomb)의 내부마찰(internal friction)설이 있다. 쿨롱의 개념에 의하면 암석의 파괴는 전단응력($\tau$) 외에 그 면에 주어진 수직응력($\sigma_n$)에 비례하여 추가되는 응력($\mu\sigma_n$)이 작용된다. 즉, ($\tau \pm \mu\sigma_n$)의 최대치가 일정한 값에 도달하였을 때 파괴된다는 것이다. 〈그림 6-13〉에서 쿨롱의 내부마찰설은 다음과 같이 된다.

$$|\tau| = S_0 - \mu\sigma_n \qquad (6.18)$$

여기서 $S_0$ ; 전단강도

$\mu$ ; 내부마찰계수(coefficient of internal friction)

(6.18) 식에 $\sigma_n$과 $\tau$에 관한 (6.16) 식을 대입하면

$$S_0 = \mu\sigma_n + |\tau| = \mu\frac{\sigma_1 + \sigma_2}{2} + \frac{\sigma_1 - \sigma_3}{2}(\sin 2\theta + \mu\cos 2\theta) \qquad (6.19)$$

가 된다. (6.19) 식에서 $dS_0/d\theta = 0$일 때 $S_0$가 최대치를 가지게 되므로

$$\frac{dS_0}{d\theta} = (\sigma_1 - \sigma_3)(\cos 2\theta - \mu\sin 2\theta) = 0$$

이며, 따라서 윗식을 만족시키는 조건은

$$\tan 2\theta = \frac{1}{\mu} \tag{6.20}$$

이다.

(6.20) 식에서 $\mu=0$이면 $\theta=45°$가 되어, 최대 전단응력파괴설인 (6.17) 식이 되고, $\mu>0$일 때는 (6.20) 식은 $\theta<45°$가 되어 압축실험결과를 설명하게 된다.

### 6.2.2. 개　갱

지하에 매장되어 있는 광석이나 석탄을 채굴하려면 지표에 갱구(坑口)를 설치하고, 이 갱구로부터 직접 광석을 채광하는 막장까지 갱도를 설치하여야 한다. 개갱(開坑)은 갱구로부터 막장까지에 이르는 여러 가지 갱도를 계획하고 굴진하는 것을 의미하며, 광산개발에 있어 매우 중요한 작업과정이라 할 수 있다.

개갱계획을 세울 때에는 갱구의 위치, 갱구의 수, 갱도의 형태와 크기 및 갱도의 굴곡과 기울기 등에 대하여 사전에 충분한 검토를 한 후 결정해야 하며 특히 개갱을 할 때 개설된 갱도가 그 광산이 폐광될 때까지 유지되어야 하는 경우가 많으므로, 갱구 주위의 지형적 조건과 갱도가 설정될 암반의 강도 및 광석의 수송조건 등에 대해서도 세밀하게 조사하여 가장 안전하고 경제적인 개갱이 되도록 해야 한다.

#### 1. 갱도의 종류

광산개발에 착수하게 되면 노두로부터 광맥을 따라 굴진함으로써 채광을 하면서 탐광도 겸하게 되는 경우가 많다. 이와 같은 갱도를 탐광굴진갱도라 하며, 대부분 수평으로 개설하여 자연배수와 인력운반을 할 수 있게 한다.

이와 같은 과정이 지나면 본격적인 개발에 착수하게 되는데, 광산이 있는 지방의 하천보다 상부에 있는 광량을 채굴하기 위하여 일단 수평갱도

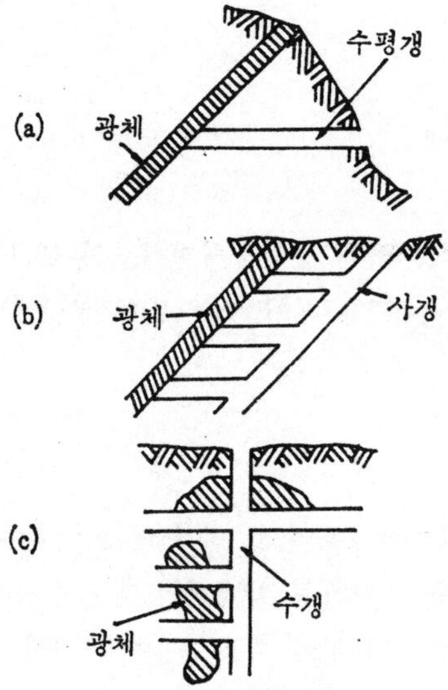


그림 6-14. 갱도의 종류

(〈그림 6-14(a)〉 참조)에 의한 개갱을 하게 되고, 그 후 점차로 하천수준보다 낮은 하부개발에 착수하게 된다.

하부개발을 위한 개갱방법은 사갱(斜坑, incline)과 수갱(竪坑, shaft)에 의한 방법(〈그림 6-14〉 참조)이 있으며, 석탄층이 지하일정심도에 수평 또는 완경사로 매장되어 있는 경우에는 처음부터 수갱에 의한 개갱방법이 좋다. 그러나 노두에서 급경사로 지하 깊숙히 매장되어 있는 경우, 처음에는 사갱에 의하여 개갱을 하고 그 뒤 일정심도에 이르면 수갱으로 굴진하는 것이 바람직하다고 할 수 있다.

그 이유는 사갱에 의하여 개갱을 하게 되면 광석을 채굴하여 광산경영을 하면서 단계적으로 심부로 내려갈 수가 있어 경제적인 이점이 있는 반면, 수갱을 굴착하기 위해서는 처음부터 많은 투자를 해야 하기 때문이다. 그러나 처음 사갱에 의한 개갱을 했다가 일정한 심도에 도달했다고 반드시 수갱을 건설하는 것은 아니다. 수갱은 건설하는 투자에 비하여 충분한 광량이 있어야 한다.

### 2. 굴 착

운반갱도, 크로스 갱도(cross cut, 운반갱도에서 광맥에 최단거리로 착맥시키는 갱도) 및 일반적인 사갱과 같이 단면이 작은 갱도를 굴진할 때는 전체를 한꺼번에 굴착한다. 갱도굴진을 하는 방법은, 착암기(rock drill)로 갱도진행방향의 암벽에 적당히 천공을 한 후 폭약을 장전한 다음 발파하며, 이때 파쇄된 암석을 광차에 실어서 갱 밖으로 운반한다. 이때 암반이 약하면 낙반의 위험이 있으며 지주를 세워 주어야 한다.

착암기(〈그림 6-15〉 참조)에 사용하는 동력은 주로 압축공기로서 갱 밖에 설치된 공기압축기로부터 송기관에 의하여 막장까지 압축공기가 공급되며, 이 압축공기의 압력은 5～7kg/cm² 정도가 되어야 효율이 좋다. 현재 여러 나라에서 굴착기계가 많이 개발되어, 고속굴진이나 대단면 갱도굴착을 위하여 천공하는 점보 드릴(jumbo drill) 등을 사용하고 있으며, 그 밖에 천공발파를 하지 않고 전단면을 갉아 들어가면서 시추(boring)와 같이 전진시키는 전단면굴착기 등이 개발되어 사용하고 있다.

갱도의 발파굴착에 있어서 중요한 것은 발파공의 위치 및 방향과 심도의 결정이다. 이와 같은 것은 암반의 강도와 성질, 천공방법 등에 의하여 결정해야 하고, 그 광산의 특성에 알맞도록 조정하여야 한다. 암석발파는 자유면(free face), 노출된 면이 많을수록 효과가 크므로, 굴진갱도의 1면 밖에 없는 자유면을 2개의 자유면으로 만들어야 하며, 그러기 위하여는 심발발파(心拔發破, center cut blasting)를 하여 중심부의 암석을 뽑아 낸 다음 순차적으로 밖의 발파공으로 폭약을 점화하게 된다. 심발발파란 자유면을 1개 더 만들기 위하여 굴진갱도 중심부에 뚫어 놓은 심발공을 먼

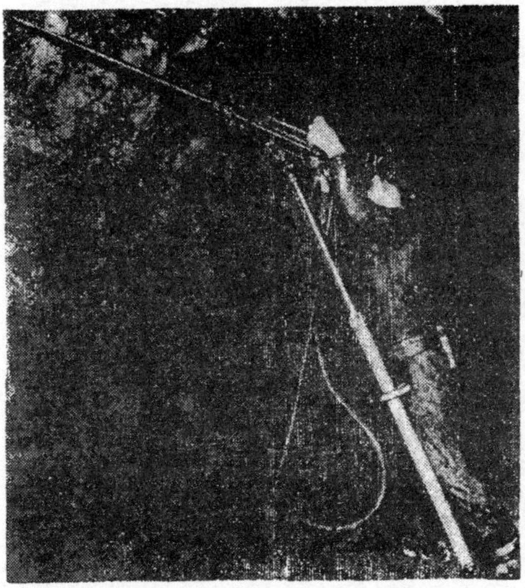

그림 6-15. 착암기

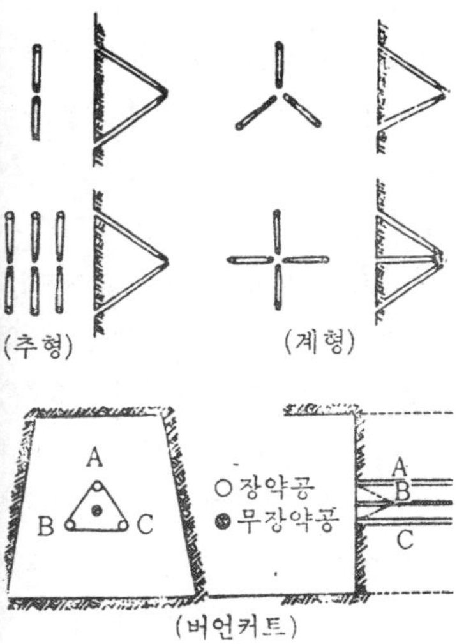


그림 6-16. 심발발파의 종류

저 발파하여 뽑아 내는 작업이다.

심발발파의 종류에는 〈그림 6-16〉에서와 같이 계형(楔形, wedge cut), 추형(錐形, pyramid cut)과 버언커트(burn-cut) 등이 있으나, 1회 굴착진행이 1m 내외일 때에는 주로 앞의 두 가지 형을 채택하고, 1회 발파에 2m 이상 굴착할 때에는 버언커트 발파를 하는 것이 유리하다.

### 6.2.3. 채 광 법

#### 1. 채광법의 개요

채굴하고자 하는 광물자원의 위치, 즉 지하에 위치하는지, 지상에 위치하는지, 또는 해저에 위치하는지에 따라 채굴방법은 갱내 채굴, 노천채굴 및 해저채굴 등으로 그 방법이 구분되며, 일반 광석과 석탄을 채굴하는 데에도 채광법(採鑛法)과 채탄법으로 구분하게 된다.

광석을 채굴하는 장소의 암반의 강도에 따라 무지지(無支持)채굴법, 지지채굴법 및 붕락(崩落)법으로 분류되는데, 채굴한 공동을 그대로 방치해 두어도 충분히 견딜 수가 있어 아무런 지지를 하지 않아도 될 경우 무지지채굴법이라 하고, 채굴에 의하여 만들어진 공동을 자연적으로나 인위적으로 붕락되지 않도록 지지해 주는 채광법을 지지채굴법이라 한다.

채광법에는 여러 가지 종류가 있는데, 채광법을 선택할 때에는 안전, 능률, 경제의 세 가지 요건을 구비할 수 있는 방법을 선택해야 한다. 아무리 능률이 좋고 비용이 적게 드는 경제적인 채광법이라도 보안상 위험이 따르면 채택할 수가 없으며, 안전하게 작업을 할 수 있는 채광법이라도 경제성이 없으면 채택될 수 없기 때문이다.

이와 같은 채광법 선택의 3대 요소를 구비한 채광법을 결정하기 위해서는 다음과 같은 조건이 고려되어야 한다. 즉, 광상의 형태와 규모 및 경사, 광석의 물리적 성질, 품위분포상태, 상하반의 강도 등에 대하여 면밀히 검토한 다음 결정해야 한다. 그리고 투자자본의 많고 적음에 따라 전체채굴을 할 것인지 아니면 부분채굴을 할 것인지를 결정해야 한다. 자본이 넉넉하면 많은 광석을 처리함으로써 평균 품위는 떨어지더라도 이익을 얻을 수가 있으나, 자본이 넉넉하지 못할 때에는 고품위구역만 채굴하여 이익을 얻어야 한다.

채광법이 결정되면 채광에 들어가기 전에 광산 전반에 걸쳐 운영계획을 수립해야 하며, 이를 위해서 생산량과 능률, 인원계획 및 투자규모, 생산원가계획과 판매계획 등을 사전에 면밀히 검토하여 세우게 된다. 광산경영에서는 생산을 위하여 투입되는 전체 금액인 생산원가보다 생산된 광석의 판매수익이 많을 때 이익이 남게 된다. 따라서 광산의 경영에 있어 판매가격은 임의로 조정할 수 없으므로 생산원가가 적게 들도록 노력하려면 무엇보다 채광법 선택이 주요 비중의 하나에 해당된다.

## 2. 갱내 채굴법

갱내 채굴을 크게 나누면 무지지채굴법, 지지채굴법, 붕락채굴법 등이 있으며 이중 중요한 것 중 일부를 설명하면 다음과 같다.

무지지채굴법(無支持採掘法, open stoping)은 천반이나 좌우의 측벽을 지지하지 않아도 붕락되지 않을 정도로 견고한 모암과 광석일 때 적용되는 채광법으로서, 채굴 후에 생긴 공동을 충전물이나 지주 등으로 지지하지 않고 그대로 방치하면서 채굴해 나가는 방법이다. 그러나 광체가 큰 경우 상반을 지지하기 위해 광주(鑛柱)를 남겨 둔다든가 또는 급경사 광체에서 채굴발판을 만들기 위하여 가로목(橫木) 등을 설치하는 것은 모두 무지지채굴법에 속한다.

무지지채굴법의 한 예로서 상향계단법(overhand stoping)은 다음과 같다. 〈그림 6-17〉에서와 같이 위와 아래 갱도를 연결하는 갱정(raise) 밑에서부터 수평하게 계단형으로 채굴을 시작하며, 채굴된 광석이 경사면을 미끄러져 아래로 내려오면, 이 광석을 갱정에 긁어 넣어 아래 운반갱도로 보낸다. 이 채굴법은 위로 계단을 만들면서 진행해 갈수록 작업장이 증가하여 각각 독립된 작업을 할 수 있기 때문에 능률을 향상시킬 수 있다. 계단의 높이는 일반적으로 1.2~1.3m 정도이며 아래 갱도를 보호하기 위하여 갱도 윗부분에 광주(pillar)를 남겨 둔다. 또한 광맥의 경사가 심하

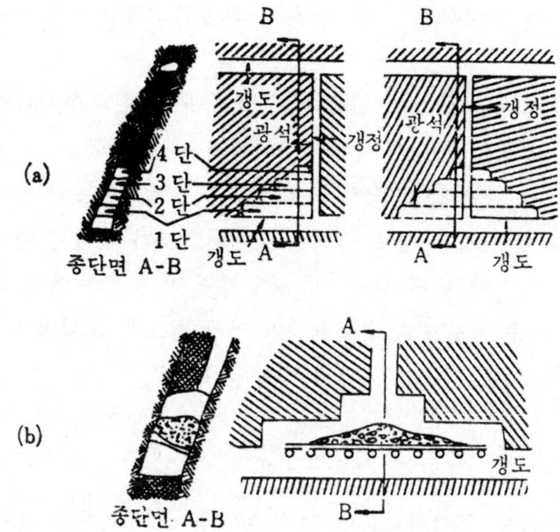


그림 6-17. 상향계단법

여 윗부분 채굴을 위한 작업장설치가 곤란할 때에는 하반에 발판을 만들어 놓고 작업을 한다. 이 채굴법은 광맥의 경사가 심하여 채굴된 광석이 아래 갱도로 자연적으로 떨어질 수 있고, 또 맥폭이 별로 두껍지 않은 경우에 적용된다.

지지채굴법(supported stoping)은 모암이나 광석이 비교적 연약하며 채굴공동을 그대로 놓아 둘 수 없는 경우에 폐석이나 광미(鑛尾, tailing)로 충전하거나 12개의 갱목을 고정시켜 만든 육면체형 스퀘어틀(square set)로 천장을 지지하고 채굴해 가는 방법이 있다.

충전식 채굴법에서 일반적으로 쓰이는 방법은 수평 상향충전법(horizontal cut and fill stoping)이다. 이 방법은 광체 중앙에 상부로 연결된 슈트(chute)가 있고, 버력으로 충전된 곳에는 별도로 광석슈트와 인도를 설치해 놓는다. 작업방법은 〈그림 6-18〉에서와 같이 수평 슬라이스(slice)를 아래쪽부터 차례로 채굴하고, 그 자리를 충전해 가면서 위쪽으로 진행해 가는데, 한 슬라이스의 높이는 보통 2~3m이다.

만일 광석 중에 많은 맥석이나 또는 모암 등이 혼합되어 있을 때에는 작업장에서 선별하여 버력은 캔 자리에 충전물로 사용하고, 광석은 충전

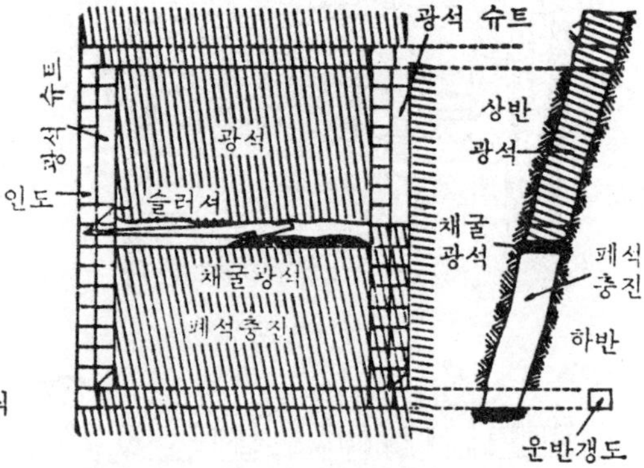


그림 6-18. 수평 상향충전식 채굴법

물 속에 설치된 광석 슈트를 통하여 운반갱도로 보낸다. 이때 광석 슈트와 인도는 채굴이 진행됨에 따라 위쪽으로 연장시켜야 한다.

갱내 채굴에서 붕락법(caving method)은 광체를 채굴하여 천정 윗부분의 광체 또는 암석을 자중에 의하여 무너지게 하여 캔 자리를 메우게 하든지, 또는 광체의 밑을 파내서 틈을 만들어 주며 그 위의 지층이나 광체가 자중에 의하여 무너져 부서지게 하여 채굴하는 방법이다. 이 채굴법은 저품위의 광석이 선별할 수 없을 정도로 균일하게 분포된 비교적 규모가 큰 광체로서 광상과 모암이 연약하여 쉽게 붕락될 수 있는 경우에 채택된다.

이 방법의 한 예로 톱슬라이싱(top slicing)법이 있다. 이 방법은 광상이 가로와 세로로 매우 넓게 퍼져 있고, 광석 및 상반이 모두 연약하여 굴착 및 붕락이 쉬우며, 광상의 형상이 규칙적인 수평 층상광상이나 급경사 후층 또는 괴상인 곳에 쓰이는 방법이다. 광상의 위에서부터 수평분층(slice)으로 나누어 채굴하여 점점 아래로 내려가고, 캔 자리는 이것을 덮고 있던 모암의 천장이 자중에 의해 무너져 메우게 된다. 이때 무너지는 암석이 광석과 섞이지 않게 하고 캔 자리의 공동을 메우기 위하여 캔 자리의 지주를 모두 넘어뜨려 광체와 무너진 지층 사이에 매트(mat)를 만드는데, 이는 톱슬라이싱법에서 매우 중요하다(〈그림 6-19〉 참조).

이 채굴법의 장점은 채광 실수율이 높고, 버력의 혼입률이 낮으며, 작업

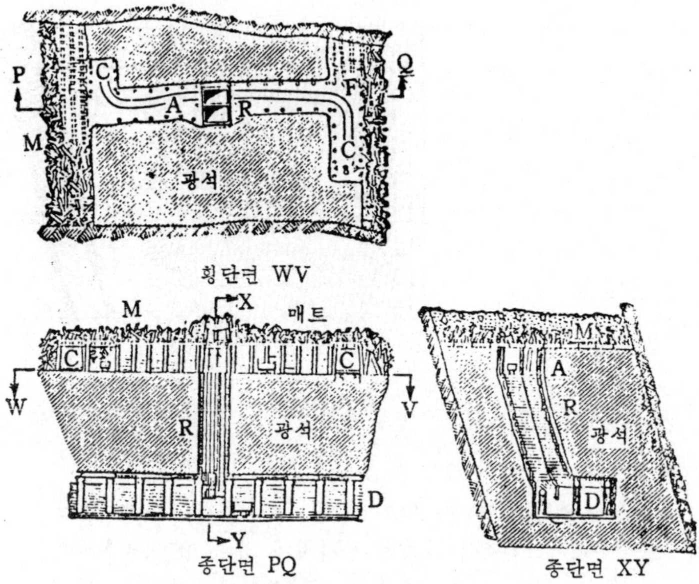


**그림 6-19.** 톱슬라이싱법

이 안전한 점이다. 그러나 매트 형성을 위한 갱목의 소비량이 많으며, 채굴준비 등으로 채굴비가 많이 소요되고, 막장통기가 좋지 않은 단점이 있다.

톱슬라이싱 채굴법을 〈그림 6-19〉를 참조하여 작업실례를 설명하면 다음과 같다. 이 광체에 대하여 수직거리 30m 간격으로 위아래로 연층갱도(drift)를, 또 수평방향으로 30m 간격으로 갱정(raise)을 설치한다. 다음 상부 연층갱도의 중앙부, 즉 좌우 갱정에서 15m인 지점에서 3×3m의 수평분층을 주향과 직각되는 방향으로 굴착한 다음 그곳에서부터 갱정으로 후퇴하면서 작업을 하는데, 채굴된 광석은 연층갱도를 거쳐 갱정에 쏟는다.

### 3. 노천채굴법과 채탄법

광상이 지표에 노출되어 있거나 지표에서 그다지 깊지 않은 곳에 부존되어 있을 때, 지표의 표토를 제거한 다음 지표에서 직접 채굴하는 방법을 노천(露天)채굴법(open cut method)이라 한다. 외국의 경우, 석탄이나 철광석을 노천채굴법에 의하여 채굴하는 곳도 많으나, 우리나라에서는 석회석광산이나 규석광산 등에서만 이 채굴법이 채택되고 있다.

이 채굴법은 채굴비가 싸고 작업이 안전하며 많은 생산량을 낼 수 있는 장점이 있으나, 기후와 일기의 영향을 많이 받고 심도의 제한을 받는 점이 단점이다. 우리나라에서는 거의 계단채굴법을 적용하고 있다. 이 계단채굴법은 큰 광체에 높이 15m, 폭 2m 정도의 계단을 여러 개 만들어, 이 계단에서 수직으로 장공(長孔)을 뚫어 발파하여 파쇄된 광석을 기계력으로 적재·운반하게 되어 있다.

석탄을 채굴하는 것은 일반 광석에 비하여 지압이 크게 작용하고, 석탄의 산화열이나 폭발성 가스를 제거하기 위하여 많은 통기장치가 요구될 뿐만 아니라, 출수나 화재 등의 재해위험률이 높으므로 금속광산의 채광법과는 구분하여 석탄채굴하는 방법을 채탄법이라 한다.

우리나라 탄광에서는 거의 붕락법을 탄광의 조건에 맞도록 설계하여 적용하고 있다. 외국의 경우, 탄층은 지하에 거의 수평이거나 완경사로 매장되어 있고, 탄층의 변화가 작으며, 상하반의 강도가 비교적 강하여 기계화하는 데 좋은 조건을 가지고 있으나, 우리나라의 탄층은 불규칙하고 급경사로 매장되어 있으며, 탄층의 변화가 심하여 채탄을 기계화하는 데 어려운 조건을 안고 있다. 그러나 우리나라의 탄광은 날로 심부화되고 있어, 이에 따른 지압이나 지열이 높아지고, 출수나 가스폭발의 위험이 증가하고 있으므로 채탄법을 기계화하지 않으면 안되는 실정에 있다. 석탄광을 기계화하는 데는 목재지보를 철재지보로 바꾸고, 인력 대신 기계력으로 석탄을 절삭하여 채굴해야 하며, 채굴된 석탄을 체인 컨베이어(chain conveyor)로 운반하도록 해야 한다.

### 6.2.4. 운반, 통기, 배수

#### 1. 운 반

광산운반이란, 광석이나 폐석을 실어 내고, 사람이나 자재를 갱 밖으로 운반하는 모든 작업을 말하며, 광산운반은 갱내에서 이루어지는 갱내 운반과 갱 밖에서 이루어지는 갱외 운반으로 구분된다.

갱내 운반장치로는 광차, 기관차, 권양기, 컨베이어 등이 있다. 광산에서 많이 사용되는 광차는 광석이나 석탄을 운반하는 용기로서 국내 광산에서는 주로 1톤과 3톤 용량의 광차를 사용하고 있다. 광차는 충격이나 마찰 또는 부식 등에 강하고, 운전중 레일에서 탈선이 잘되지 않으며, 수명이 길고 값이 싼 것일수록 좋다.

광산에서 사용되고 있는 기관차의 종류는 전기기관차, 내연기관차 등이 있다. 이중 전기기관차에는 가공선식(架空線式, trolly locomotive) 전기기관차와 축전지식(battery locomotive) 전기기관차가 있으며, 내연기관차는 가솔린기관차와 디젤기관차로 구분된다. 내연기관차는 연기와 가스가 배출되므로 갱내보다 갱 밖에서 주로 사용된다. 가공선식 기관차는 운행비가 가장 싸고 효율이 크며 고장률이 적어 주운반갱도에서 가장 많이 사용되며, 폭발성 가스가 있는 탄광에서 막장운반용으로는 축전지식 전기기관차가 많이 운행되고 있다.

광산에서는 와이어 로프(wire rope)에 의한 운반이 많다. 사갱이나 수갱에서 권양기(捲揚機, hoist)로 광차나 케이지(cage) 또는 스킵(skip)을 운반할 때 로프를 사용하여 운반한다(〈그림 6-20〉 및 〈그림 6-21〉 참조). 케이지운반법은 엘리베이터와 같이 생긴 케이지에 광차를 실어 운반하는 장치로서, 갱내에서 광석이 실린 광차를 케이지에 싣고 올라와서 갱구에서 실린 광차는 밀어내고 공차를 실어 갱내로 들어가게 하는 장치이다.

한편, 스킵은 갱 안에서 광차에 실린 광석을 스킵에 실을 수 있는 장치를 만들어 스킵에 싣고 갱 밖으로 올라와서 다시 스킵에 담긴 광석을 쏟아내고 빈 스킵이 다시 갱 안으로 들어가서 광석만 실어 올리도록 한 장치이다.

광산에서 사용되는 연속운반기는 컨베이어(conveyor)가 있으며, 이것은 갱 안에서 광석이나 석탄운반에 많이 쓰이는 운반기계이다. 광산의 갱 안팎을 막론하고 많은 용량의 광석이나 석탄을 운반하기 위해서는 벨트 컨베이어(belt conveyor)가 가장 많이 사용되고, 석탄채굴막장에서는 체인

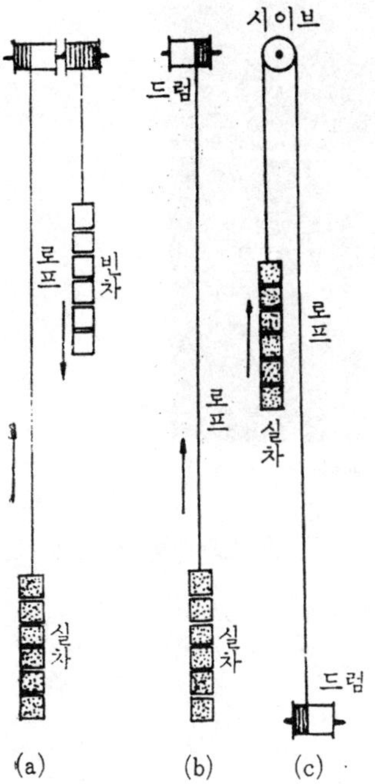


그림 6-20. 광차권양운반

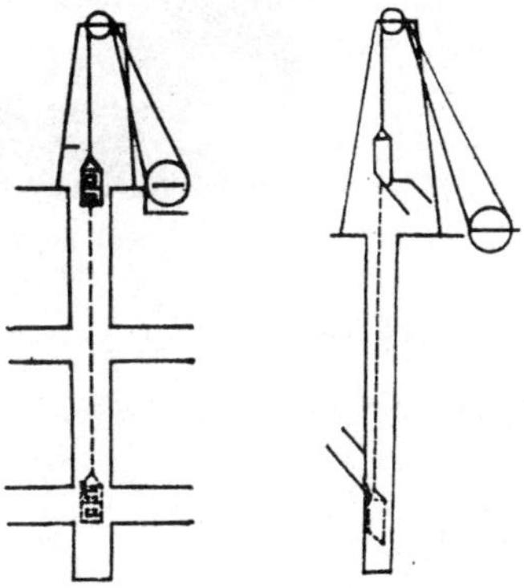

그림 6-21. 케이지 권양과 스킵 권양

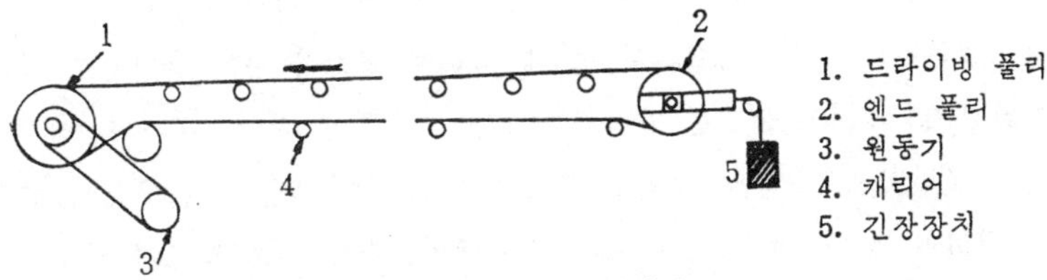


그림 6-22. 벨트 컨베이어

컨베이어(chain conveyor)가 사용되는데, 특히 기계화된 채탄막장에서는 체인 컨베이어가 없어서는 안된다.

벨트 컨베이어는 운반물을 〈그림 6-22〉에서와 같이 환상의 벨트 위에 올려놓고 벨트 자신을 이동시키면서 운반하는 장치이다. 벨트에는 면포에 고무를 입힌 고무벨트, 철판으로 만든 벨트와 합성수지제품의 벨트가 있다. 체인 컨베이어는 철재 트로프(trough) 속에서, 〈그림 6-23〉에서와

그림 6-23. 체인 컨베이어

같이 체인에 일정한 간격으로 철봉을 가로로 붙인 스크레이퍼(scraper)를 이동시켜 운반시키는 장치이다.

## 2. 통기 및 배수

### (가) 통 기

갱내 공기는 대기가 갱내를 통과하는 도중 여러 가지 원인(석탄, 황화광물, 갱목류의 산화, 내연기관 등)에 의하여 산소의 양이 줄어들고 대신 이산화탄소, 메탄가스 또는 일산화탄소를 함유하게 된다. 대기의 신선한 공기가 일반적으로 깊은 갱안을 통과하게 되면 입기될 때의 온도와 습도에 관계없이 배기될 때에는 온도가 13~18°C, 습도 90% 정도가 된다. 입기될 때의 공기 중에는 산소가 대체로 21% 정도 포함되어 있으나, 이 공기가 갱 안을 통과하여 다시 나올 때에는 산소 자체의 양이 감소되기 때문에 갱 안에서 일하는 사람들이 곤란을 받게 된다. 따라서 통기(通氣, ventilation)의 목적은 갱 안에 신선한 공기를 공급하여 작업원의 건강을 보호하고, 갱 안의 폭발성이나 유독성 가스를 희석시키는 한편, 갱 안의 온도와 습도를 낮추어 작업환경을 좋게 하는 데 있다.

통기방법에는 자연통기법과 기계통기법이 있다. 자연통기법은 높은 곳

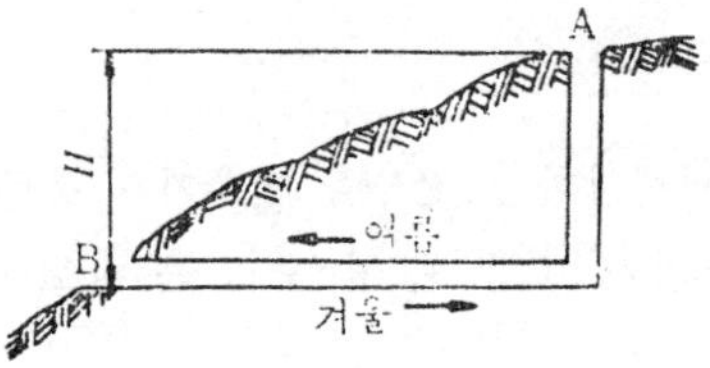


그림 6-24. 자연통기갱도

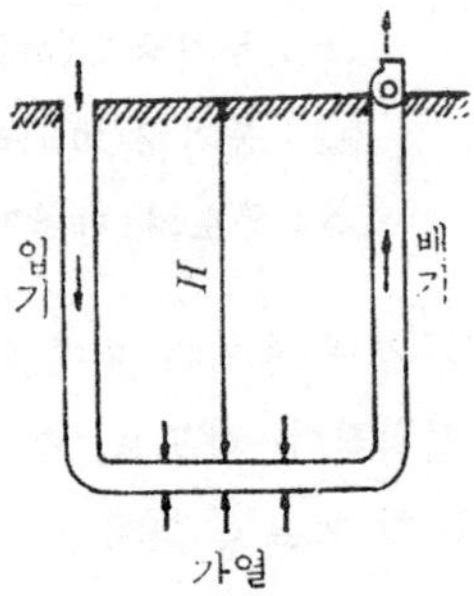


그림 6-25. 기계통기갱도

과 낮은 곳에 있는 두 갱도를 갱 안에서 연결되도록 하여, 갱구에 미치는 대기압의 차이로 기류가 형성되도록 한 통기방법으로서, 별로 깊지 않은 광산에서 이 방법을 많이 채택하고 있다.

이 자연통기법은 〈그림 6-24〉에서와 같이 여름에는 갱외의 기온이 갱내의 기온보다 높아 갱내 공기의 밀도는 갱외 공기보다 무겁기 때문에 공기는 A로부터 B로 흐르고, 겨울에는 이 반대로 흐른다. 그러나 봄, 가을과 같이 갱 내외의 온도차이가 작을 때에는 통풍이 나빠지든지 전혀 흐르지 않게 된다.

작업장소가 깊어지고, 갱내 규모가 커지면 자연통기법으로는 통기시킬 수 없게 되므로 기계력, 즉 〈그림 6-25〉에서와 같이 선풍기를 사용하여 통기시키게 되는데, 일반적으로 배기갱도쪽에 큰 선풍기를 달아서 갱내 공기를 뽑아 내도록 한다. 갱도내에 공기가 흐를 때 여러 가지 원인으로 마찰이 생기게 되고, 이로 인하여 압력강하가 생긴다. 갱내 통기의 마찰에 의한 압력강하는 다음 식으로 표시할 수 있다.

$$H = KULV^2/S = KULQ^3/S^2 \qquad (6.21)$$

여기서 $H$ ; 마찰에 의한 압력강하(수주 mm)

$K$ ; 풍도(風道)마찰계수

$U$ ; 풍도둘레(m)

$L$ ; 풍도거리(m)

$V$ ; 통기속도(m/sec)

$Q$ ; 통기량($m^2$/sec)

$S$ ; 풍도의 단면적($m^2$)

따라서 갱내 통기의 마찰에 의한 압력강하가 클수록 선풍기의 용량이 큰 것을 설치해야 하므로, 갱 안에 공기가 흐를 때 될 수 있는 대로 마찰이 적도록 할 필요가 있다.

(나) 배 수

지하로 침투한 지하수는 갱내수가 되어 유출하게 되는데, 그 양은 광산의 심도와 지층의 종류에 따라 서로 다르다. 이 갱내 출수는 채광작업이 지하로 점점 깊어짐에 따라 심각하게 대두되며, 출수원인도 복잡해져 방지책도 어렵게 된다. 갱내 출수량이 많아지면 작업능률이 저하되고 불시의 출수로 인한 인명피해 등 광산재해발생의 위험이 있을 뿐 아니라 배수에 많은 동력비용이 든다.

갱내 출수의 원인으로는, 첫째 함수층내의 지하수가 갱내로 유입되는 경우, 둘째 공동에 괸 공동수가 유입되는 경우, 셋째 채굴공동으로 지표가 함락된 부분의 지표수 및 지하수가 유입되는 경우, 넷째 폭우 또는 호우에 의한 하천의 범람으로 갱외수가 유입되는 경우 등이 있다.

갱내수의 근원을 조사하기 위하여 물리탐사, 시추탐사 등의 지하수탐사를 해당지역에 실시하게 되며 일차적으로 방수법을 실시하게 된다. 방수법(防水法)은 지표수가 갱내로 침입하는 것을 방지하고, 침입된 물을 하부로 흘러내리지 못하도록 차단하는 것을 말한다.

갱내에 출수된 갱내수를 갱 밖으로 뽑아 내는 작업, 즉 배수방법에는 자연배수와 기계배수의 두 가지 방법이 있다. 갱도가 광산이 있는 지방의 하천보다 높은 곳에 있을 때에 갱내수가 갱도의 경사에 따라 갱구 쪽으로 흘러 나와서 하천으로 빠지게 하는 것을 자연배수라 한다. 한편, 하천보다 낮은 곳에 있는 갱도에서는 갱내수를 갱안의 일정한 장소에 모아 펌프를 이용하여 갱 밖으로 배수하게 된다.

# 7
# 광물처리

광산에서 채광하여 나온 원광(原鑛, crude ore)은 여러 광물과 암석으로 구성되어 있다. 이중 유용하게 활용할 수 없는 암석을 맥석(脈石, gangue)이라 하며, 유용성분이 경제적 가치가 있을 정도로 함유되어 있는 원광은 광석(鑛石, ore)이라 한다. 광석 중에서 금·은·구리·납·아연·철광석 등 유용성분을 포함하고 있어 제련을 통하여 금속이 추출되는 것을 금속광석이라 하고, 고령토·석회석·형석·흑연 등 광물을 그대로 또는 선별하여 공업용으로 이용하는 것을 비금속광석이라고 한다.

선광(選鑛, ore dressing)은 채광된 광석에서 불순물을 제거하고 유용성분의 품위를 높이기 위하여 광산현장에서 선별(選別)처리하는 기술이며, 근래에 와서는 선별공정에 있어 제련(製鍊)기술의 일부가 포함될 수 있기 때문에 이 분야의 학문을 광물처리(鑛物處理, mineral processing)라고 부른다. 광물처리의 목적은 채광에서 얻은 원광석을 기계적, 물리적 또는 물리화학적인 원리를 이용하여 무가치광물과 유용광물을 선별함으로써 경제적으로 광석의 가치를 높여, 품위규격이 제련, 산업 분야의 원료 또는 소재로 합당하게 만드는 것이다.

일반적으로 광물처리는 파분쇄(破粉碎), 분립(分粒), 선별(選別) 및 탈수(脫水) 등의 공정을 갖게 된다. 유용광물과 무용광물의 선별에 앞서 광석을 파쇄, 중쇄, 분쇄하여 유용광물과 무용광물을 상호 유리상태로 분리하여 놓아야 한다. 그 후 각 광물의 성질의 차이에 따라 비중(比重)선별, 중액(重液)선별, 자력(磁力)선별, 정전(靜電)선별, 부유(浮游)선별 등의 여러 방법을 적용하여 선별하게 된다. 선별과정을 통하여 얻은 고품위광석을 정광(精鑛, concentrated ore)이라 하며, 수분이 많이 포함되어 있으면 탈수하여 제련소나 공업사용처로 공급하게 된다. 한편 석탄을 선별하는 분야를 선탄(選炭, coal preparation)이라 하며, 석탄 중에 함유되어 있는 버력을 분리・제거하여 석탄의 품위를 향상시키는데, 즉 회분(灰分)을 줄이고 고정탄소의 함유량을 높여 열량을 올리며, 불순물인 황(S)・인(P) 등의 성분을 어느 정도 제거한다.

## 7.1. 파분쇄와 분립

### 7.1.1. 파 분 쇄

채광에서 원광석의 크기는 0.1~1m 정도이나, 각 광물의 입자크기는 보통 0.1mm 이하이다. 따라서 광물처리의 첫 과제는 각 광물의 입자가 분리상태로 되도록 파쇄(破碎, crushing) 및 분쇄(粉碎, grinding)하는 것이며, 이를 파분쇄(破粉碎, comminution)라 한다. 원광석은 유용광물과 맥석인 무용광물이 서로 밀접히 붙어서 형성되어 있으므로, 이 광물들을 선별하려면 먼저 파분쇄하여 광물과 맥석을 서로 유리(遊離)시켜 주어야 한다. 이와 같이 다른 종류의 광물들을 서로 개개의 광물로 분리시키는 것을 단체분리(單體分離, liberation)라 한다.

파분쇄는 큰 덩어리의 광석을 잘게 부수는 일로서 이에 작용하는 힘의 종류는 압축, 충격, 전단, 마멸 등이 있다. 큰 광석을 한 번에 필요한 크기까지 잘게 부수지 않고 단계적으로 조쇄기(粗碎機, breaker 또는 primary crusher), 중쇄기(中碎機, crusher 또는 secondary crusher)와 분쇄기(粉碎機, grinder) 등을 통하여 파분쇄하며, 그 사이사이에 체(screen)를 설치하여 광석의 크기가 그 체구멍보다 작은 것은 다음 처리단계로 보내게 된다. 또한 그 체구멍보다 큰 광석은 되풀이해서 깨는 단계적 파쇄방법을 적용한다.

파분쇄의 산물의 크기를 일률적으로 규정할 수 없으나, 그 범위에 있어서 조쇄기의 산물크기는 대체로 100mm 내외이고, 중쇄기산물의 크기는 일반적으로 10mm 내외 정도이다. 최종적으로 시멘트의 가루모양 정도로 분쇄하는 분쇄기의 산물은 1mm 이하가 된다.

파분쇄에 있어서 공급되는 광석, 즉 급광(給鑛)의 가장 큰 광석과 산물의 가장 큰 광석의 비를 분쇄비(粉碎比, reduction ratio)라 한다. 급광과 산물의 가장 큰 광석은 보통 체질을 통하여 나타나기 때문에 급광이나 산물을 각각 체질하여 각기 총량의 80%가 통과하는 체의 구멍크기의 비를 가지고 크기를 나타내어 이것을 80% 분쇄비라고 한다. 조쇄기로서는 조크러셔(jaw crusher)와 자이러토리 크러셔(gyratory crusher) 등이 있으며, 중쇄기로서는 콘 크러셔(cone crusher)와 크러싱 롤(crushing roll) 등이 있다. 〈그림 7-1〉은 자이러토리 크러셔로서 c인 헤드(head)와 b인 콘케이브(concave) 사이에 광석이 끼어서 압축에 의해 부수어지는데, d인 스핀들(spindle)이 편심기에서 선회하면서 헤드가 파쇄작용을 한다.

파쇄공정을 거쳐 나온 산물을 더욱 잘게 부수기 위해 분쇄를 하게 된다. 분쇄는 단체분리에 필요한 크기로 부수는 것이 그 목적인데, 대체로 입자의 크기는 0.295mm 이하가 되며, 경우에 따라서는 0.074mm 이하로 미분쇄할 때도 있다.

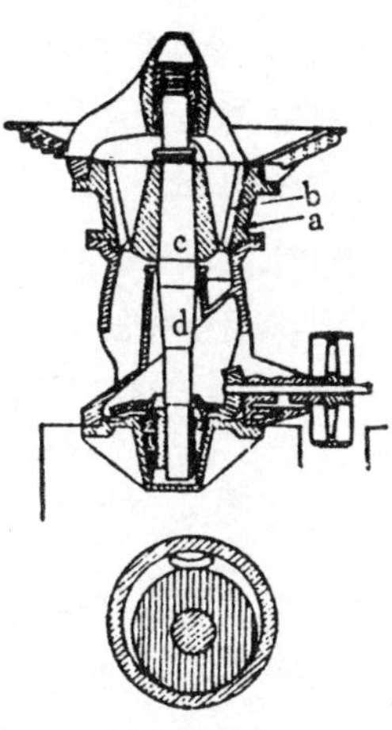

그림 7-1. 자이러토리 크러셔

분쇄공정의 능률을 향상시키고 분쇄경비를 절감시키기 위해서는 광물의 단체분리를 목적으로 가장 알맞게 분쇄해야 하며, 과분쇄(過粉碎)는 가급적 피하도록 하여야 하는데 과분쇄는 때에 따라 선별이 곤란하게 되고, 유용광물의 유실을 초래할 뿐만 아니라 분쇄에 많은 경비가 든다. 분쇄방법에는 건식(乾式)과 습식(濕式)이 있으

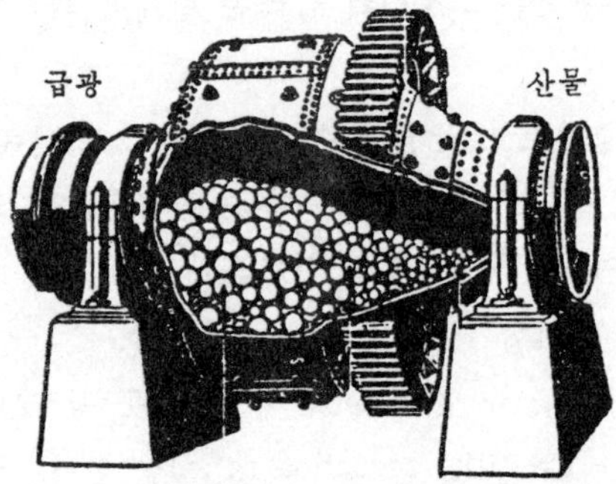


그림 7-2. 코니컬 볼 밀

나, 선광에서는 대부분 습식으로 처리되고 있다. 습식 분쇄에 있어서는 분쇄산물이 자동적으로 흘러나오게 되며, 분쇄능률이 높아지고 과분쇄가 방지된다.

이와 같이 미세한 광립(鑛粒)이 액체에 혼합된 상태를 광액(鑛液, pulp)이라 하는데, 광액은 운반하기 쉽고 먼지가 나지 않을 뿐만 아니라, 다음 단계의 분급작업도 쉽게 한다. 분쇄기에는 볼 밀(ball mill), 로드 밀(rod mill) 등이 있다. 〈그림 7-2〉는 코니컬 볼 밀(conical ball mill)을 보여주는데, 이는 단원통(短圓筒)형의 양끝이 원추형으로 된 것으로서, 선광장에서 각종 암석의 분쇄뿐만 아니라 석회석·점토·시멘트·활석 등의 건식 분쇄에도 많이 이용되고 있다. 볼 밀에서 사용되는 볼(ball)은 분쇄체로서 강구(鋼球) 또는 철구(鐵球)이며, 크고 작은 볼을 원통 안에 넣어 회전시키면서 원심력에 의해 분쇄하게 된다. 즉, 대형 볼은 원통 내벽 가까이 붙어서 포물선형을 그리면서 낙하하여 굵은 광석을 부수게 되고, 작은 볼은 주로 원추부에서 세립의 광석을 분쇄하게 되어 선택분쇄가 가능하다.

### 7.1.2. 파분쇄의 소요에너지

파분쇄는 많은 양의 기계적 에너지를 필요로 한다. 이 동력비는 전체 처리비용의 절반 정도되며, 나머지의 비용은 인건비, 소모품 및 시설관리비에 해당된다. 파분쇄에 소모되는 에너지는 개략적으로 〈표 7-1〉과 같다.

예를 들어 1.0%의 동광석을 파분쇄하는 데 소요되는 에너지는 20.0

〈표 7-1〉 파분쇄의 에너지소요

| 파 분 쇄 의 종 류 | 소 요 에 너 지 |
|---|---|
| 조립파쇄(coarse crushing) | 0.2～ 0.5kWH/톤 광 |
| 미립파쇄(fine crushing) | 0.5～ 2.0kWH/톤 광 |
| 조립분쇄(coarse grinding) | 1.0～10.0kWH/톤 광 |
| 미립분쇄(fine grinding) | 2.0～25.0kWH/톤 광 |
| 초미립분쇄(micronizing) | 7,100kWH/톤 광 |

kWH/톤이며, 이를 1톤의 동금속양으로 환산하면 2,000kWH에 해당되고, 동제련과정에서도 이와 비슷한 에너지를 사용하게 된다. 만약 동광석의 품위가 0.5%가 되면 파분쇄과정에서 소요되는 에너지는 약 2배로 증가하게 된다. 따라서 파분쇄의 원리와 에너지소요는 광물처리공학에서 중요한 과제 중의 하나이다.

파분쇄과정에 전후하여 가장 큰 변화는 광석의 입자가 작아짐에 따라 증가된 입자의 비표면적(比表面積, specific surface area)이다. 여기서 비표면적은 입자의 단위체적당의 표면적을 말한다. 파분쇄기에 소요되는 에너지는 기계적 마찰에 많이 소비되고 그중 일부 에너지가 입자의 새로운 면 생성에 사용된다. 이러한 원칙을 릿팅거 학설(Rittinger's Law)이라 하며 다음 식과 같이 표시된다.

$$E \propto (A_2 - A_1), \qquad E = K_R(1/d_2 - 1/d_1) \qquad (7.1)$$

여기서 $E$; 급광(給鑛, feed ore)의 단위무게당의 소요에너지(kWH/톤)

$A_1$, $A_2$; 각각 급광과 파쇄산물의 비표면적

$d_1$, $d_2$; 각각 급광과 산물의 대표적인 입자의 크기

$K_R$; 기계 및 급광물질에 관한 상수

릿팅거 학설은 입자가 작은 경우에 관계식이 잘 성립되므로 특히 미립분쇄에 많이 적용된다.

한편 파쇄 또는 조립분쇄에 적용하는 공식은 본드 학설(Bond theory)에 근거를 두고 있다. 이 학설에 의하면 물체를 파쇄할 때 필요한 에너지

는 파쇄산물의 대표적인 입자크기의 제곱근에 반비례한다는 것이다. 즉, 급광의 입자크기 $d_1$과 산물의 입자크기 $d_2$에 대한 관계식은 다음과 같이 표시된다.

$$E = K_B(d_2^{-1/2} - d_1^{-1/2}) \tag{7.2}$$

### 7.1.3. 분 립

파분쇄된 광석입자를 그 크기에 따라서 분류하는 것을 분립(分粒, sizing)이라 한다. 이와 같은 분류는 단계적인 파분쇄를 실시할 때 또는 광물의 선별작업을 할 때 필요하다. 분립에는 두 가지 종류가 있으며 체(screen)를 가지고 광립(鑛粒)을 크기별로 구분하는 체질(screening)과 수중이나 공기 중에서 광립의 낙하속도의 차이를 이용하여 광립을 크기별로 분류하는 분급(分級, classifying)이 있다.

체질은 체눈(screen opening)의 크기에 따라 광립을 분류하는 것으로 광립의 비중과는 관계가 없다. 실제로 공업적으로 사용되는 체는 입자의 크기가 0.1mm 정도까지 체질할 수 있다. 체질은 광립을 크기별로 분류하며 파쇄할 때 체를 통과하지 못한 크기의 광석을 다시 파쇄기에 넣어 반복파쇄하거나, 선탄(選炭)에서 탈수 또는 미분탄(微粉炭)제거에도 사용된다.

체질의 능률은 체눈의 크기가 작아짐에 따라 급속히 감소된다. 예를 들어 체눈의 크기가 서로 다른 두 개의 체에 통과하는 입자크기의 비율이 $d_1/d_2$이면, 체의 단위면적당의 체눈 수의 비율은$(d_2/d_1)^2$이 되고, 체눈크기의 입자가 체를 통과하는 체적의 비율은 $(d_1/d_2)^3$이 된다. 따라서 단위시간에 큰 체눈과 작은 체눈을 가진 두 개의 체눈에 동일한 수의 입자가 통과한다면, 단위시간당과 단위체적당에 체질된 입자의 체적비율은 $d_1/d_2$만큼 차이가 난다. 이와 같은 이유로 실제로 공장에서는 비교적 큰 입자에 대하여 체질을 하게 되고, 미립의 입자는 주로 분급을 이용한다. 크기범위가 0.1~1.0mm인 입자에 대하여는 양쪽 방법을 모두 적용할 수 있다.

광물처리에서 사용되는 체에는 고정체와 가동(可動)체가 있는데, 고정체에는 조립광석용으로 철봉을 평행고정시킨 그리즐리(grizzly)체가 있으며, 세립용으로는 철사로 엮어 만든 철망체 등이 있다. 가동체에는 체를 진동시키는 진동체(振動體, vibrating screen)와 체눈이 세 가지 크기로 구분되어 있는 원통형 체를 회전시켜 체질하는 트로멜(trommel)체 등이 있다. 트로멜은 〈그림 7-3〉과 같이 광석을 넣었을 때 트로멜의 눈을 통과한 세 가지 산물이 나오고 통과하지 못한 산물은 맨 끝으로 나온다.

체질할 때 체 위에 남아 있는 큰 입자를 체상산물(oversize product), 체눈을 통과한 입자를 체하산물(undersize product)이라 한다. 광물처리공학에서 분립에 흔히 사용되는 표준체는 타일러 표준체(Tyler standard sieve)

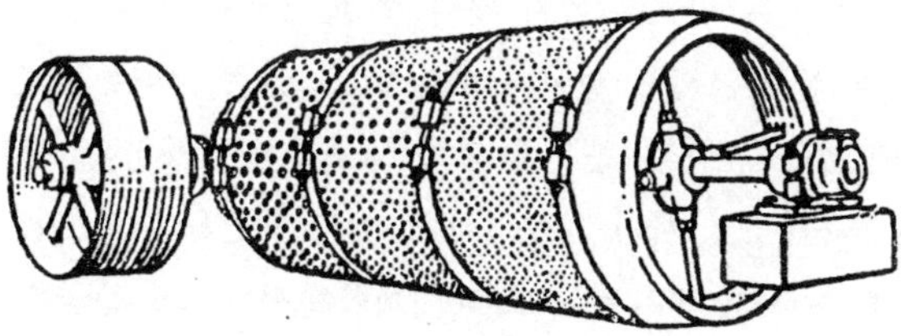

그림 7-3. 기어로 회전하는 트로멜

〈표 7-2〉 타일러 표준체

| 메시 | 체눈의 크기 | | 철사의 지름 | 메시 | 체눈의 크기 | | 철사의 지름 |
|---|---|---|---|---|---|---|---|
| | inch | mm | inch | | inch | mm | inch |
| | 1.050 | 26.67 | 0.148 | 28 | 0.0232 | 0.589 | 0.0125 |
| | 0.742 | 18.85 | 0.135 | 35 | 0.0164 | 0.417 | 0.0122 |
| | 0.525 | 13.33 | 0.105 | 48 | 0.0116 | 0.295 | 0.0092 |
| | 0.371 | 9.423 | 0.092 | 65 | 0.0082 | 0.208 | 0.0072 |
| 3 | 0.263 | 6.680 | 0.070 | 100 | 0.0058 | 0.147 | 0.0042 |
| 4 | 0.185 | 4.699 | 0.065 | 150 | 0.0041 | 0.104 | 0.0026 |
| 6 | 0.131 | 3.327 | 0.036 | 200 | 0.0029 | 0.074 | 0.0021 |
| 8 | 0.093 | 2.362 | 0.035 | 250 | 0.0024 | 0.061 | 0.0016 |
| 10 | 0.065 | 1.651 | 0.032 | 270 | 0.0021 | 0.053 | 0.0016 |
| 14 | 0.046 | 1.168 | 0.025 | 325 | 0.0017 | 0.043 | 0.0014 |
| 20 | 0.0328 | 0.833 | 0.0172 | 400 | 0.0015 | 0.038 | 0.0010 |

이며 그 규격은 〈표 7-2〉와 같다. 여기서 메시(mesh)라 함은 체를 엮은 철사의 길이 1인치(25.4mm) 사이에 들어가는 체눈의 수를 말한다. 따라서 100메시라고 하면 1인치 길이 사이에 구멍이 100개가 있을 때, 1개 구멍의 크기를 말한다.

분급(分級)은 물이나 공기 중에서 광립의 침강속도를 이용하여 입도를 분류하는 것으로서, 침강은 광립의 종류가 두 가지 이상일 경우 비중의 영향을 받게 된다. 따라서 비중이 크거나 입자가 큰 것은 먼저 침강하여 가라앉게 되고, 비중이 작거나 입자가 작은 것은 늦게 가라앉게 된다. 이와 같이 침강되어 물 밑에 침적된 산물을 보면 굵은 입도의 부분과 작은 입도의 부분이 층으로 구성되며, 총괄적으로 굵은 입도를 가진 광사(鑛砂, sand)와 가는 입도를 가진 광니(鑛泥, slime)로 나눈다.

선광장의 실제 조업에 있어서 체질할 수 있는 광립은 체질로 분류하고, 체질할 수 없는 광립은 분급에 의하여 분립하여 광사와 광니부분으로 나누고, 광사부분만을 다시 재분쇄하며, 광니부분은 선별(選別)과정으로 보내게 된다. 따라서 체질은 주로 파쇄계통에서 하고, 분급은 분쇄계통에서 한다.

분급기(分級機, classifier)에는 기계, 수력, 침적, 공기, 스파이럴(spiral) 사이클론(cyclone) 분급기 등이 있다. 〈그림 7-4〉는 사이클론 분급기로서 원통부분과 원추부분으로 되어 있고, 압력을 가진 펄프를 c에 넣으면 원통 주변을 회전하면서 원심력의 작용으로 굵은 입자일수록 통의 주변 가까이에, 작은 광립은 원통중심부 가까이에 배열되면서 회전한다. 통벽의 주변에 있는 광립은 아래로 내려가서 d에서 배출된다. 한편 중심부 주변에 있는 작은 입자들은 〈그림 7-4(b)〉

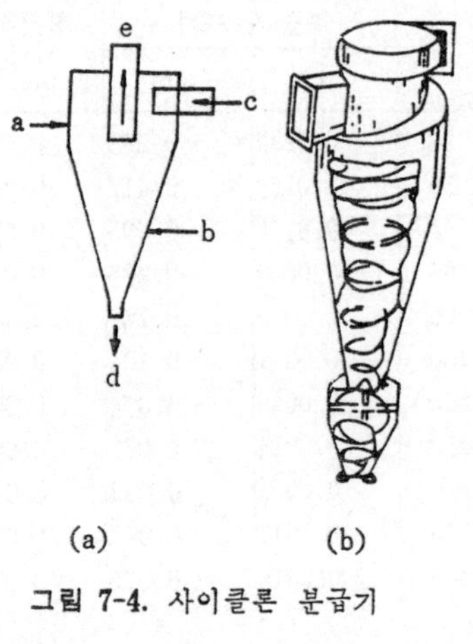


그림 7-4. 사이클론 분급기

와 같이 상부로 흘러가는 흐름을 따라 e에서 배출된다. 이 분급기는 건식으로도 사용되고 있다.

### 7.1.4. 광립의 수중침강

유체 속에서의 고체입자의 운동은 분급, 농축(濃縮), 여과(濾過), 비중선광(比重選鑛)에서 중요한 원리가 된다. 광립의 낙하운동에 영향을 주는 것은 입자의 크기, 비중, 형태 및 밀집상태와 액체의 물리적 성질인 점성(粘性, viscosity), 비중 등이다. 분급기에서는 세립으로 된 광립이 처음에는 밀집되어 침강하나, 다음 단계의 상태가 넓은 공간에서는 입자가 서로 간섭하지 않고 단독으로 낙하되어 자유낙하(free settling)의 상태로 떨어진다. 한편 요동(搖動) 테이블(shaking table)과 같은 비중선광기에서는 많은 광립이 밀집상태로 운동하여 광립이 상호 접근하여 영향을 주므로 이때는 간섭낙하(干涉落下, hindered settling)의 상태가 된다.

일반적으로 유체내에서 낙하하는 입자에 작용하는 힘은 다음과 같은 관계를 가진다. 즉,

(입자의 질량) × (가속도)
= (입자의 중량) − (부력) − (유체의 저항력)

이다. 여기서 유체의 저항력은 입자의 크기와 속도, 그리고 유체의 점도 및 비중에 관계된다. 따라서 초기에는 입자의 비중이 클수록 가속도가 커져 빨리 낙하한다. 낙하가 계속되면 속도가 점차 커짐에 따라 유체의 저항력이 커져서 마침내 입자에 작용하는 중력과 저항이 평형에 도달하여 가속도가 0이 되고 속도는 일정하게 된다. 이와 같은 속도를 종속도(終速度, terminal velocity)라 한다.

한편 유체의 흐름은 정상류(定常流, laminar flow)와 와류(渦流, turbulent flow)로 분류된다. 작은 입자와 유체의 낮은 유속 그리고 높은 점성으로 구성될 때 정상류의 범위에 속하게 되고, 반대로 큰 입자와 유체의 높은 유속 그리고 낮은 점성을 가지는 여건에서는 와류현상이 생긴다.

정상류상태에서 입자의 종속도 $v$는 스톡스(Stokes) 법칙에 의하면

$$v = \frac{d^2_m(\rho_s - \rho)g}{18\mu} \tag{7.3}$$

이며, 유체의 흐름이 와류범위에 있을 때는 뉴턴(Newton)의 법칙에 의하여

$$v \simeq \left[ \frac{3d_m(\rho_s - \rho)g}{\rho} \right]^{1/2} \tag{7.4}$$

와 같이 표시된다. 여기서 $\rho_s$와 $d_m$은 각각 입자의 밀도와 평균 직경이며, $\rho$와 $\mu$는 각각 유체의 비중과 점성계수, 그리고 $g$는 중력가속도이다. 물속에서 입자의 낙하가 정상류에서 와류낙하로 전환되는 광립의 입도는 대략 1mm 정도이다. 따라서 볼 밀의 산물은 정상류범위에서 침적된다고 볼 수 있다. 동일한 유체 속에서 밀도 $\rho_1$와 $\rho_2$를 가진 두 가지 광립이 있을 때 입자의 종속도가 같은 조건하에서 두 입자의 직경 $d_1$과 $d_2$의 비를 등속낙하비(等速落下比, equal settling ratio)라 한다. 정상류범위에서 등속낙하비를 구하면 (7.3) 식에서

$$\frac{d_1}{d_2} = \left[ \frac{\rho_2 - \rho}{\rho_1 - \rho} \right]^{1/2} \tag{7.5}$$

가 되며, 와류상태에서는 (7.4) 식에서

$$\frac{d_1}{d_2} = \frac{\rho_2 - \rho}{\rho_1 - \rho} \tag{7.6}$$

으로 표시된다.

예로 유체가 물($\rho$=1)일 때 자유낙하에서 석영(quartz, $\rho_1$=2.65)과 방연광(galena, $\rho_2$=7.5)으로 된 두 개의 광립은 (7.5) 식과 (7.6) 식을 이용하면 정상류에서 등속낙하비 $d_1/d_2$=2.0이 되며, 와류에서는 $d_1/d_2$=4.0이 된다. 한편 광액(pulp)의 밀도가 높아 입자 상호간에 간섭을 받는 간섭낙

하조건에서, 만일 석영과 방연광의 두 광립이 광액의 밀도 $\rho=1.5$ 속에서 정상류일 때는 (7.5) 식에서 등속낙하비 $d_1/d_2=2.28$이 되고, 와류일 때는 (7.6) 식에서 $d_1/d_2=5.22$가 된다.

분급의 목적은 입자를 비중에 의해서가 아니라 주로 입도에 의하여 분류하는 데 있다. 이를 만족시키기 위해서는 등속낙하비 $d_1/d_2$가 1에 가깝도록 하는 것이 이상적이다. 따라서 위의 예를 볼 때 와류보다 정상류 속에서, 그리고 간섭낙하보다는 자유낙하에서 이 조건에 접근할 수 있음을 알 수 있다.

## 7.2. 선 별

선별(選別, concentration)의 목적은 선광장에 공급된 원광석에서 선별작업을 통하여 몇 가지 산물로 분리시키는 것이다. 이 선별작업의 산물은 금속제련용 원료, 공업원료 등의 규격에 합당한 품위의 정광(精鑛, concentrate), 선별결과 경제적 가치가 없어 폐석장으로 보내는 폐석(廢石, refuse 또는 waste)과 광미(鑛尾, tailing), 그리고 정광으로는 품위가 낮고 광미로 하기에는 품위가 높아서 재분쇄 또는 재선별작업을 받게 되는 중광(中鑛, middling)으로 나뉘게 된다.

주요 선별과정은 분류, 비중(比重)선별, 중액(重液)선별, 자력(磁力)선별, 정전(靜電)선별 및 부유(浮游)선별로 구분할 수 있으며, 광석을 구성하고 있는 광물의 종류와 상호관계의 복잡성에 따라 선별과정의 방법이 결정된다.

### 7.2.1. 분 류

분류(sorting)는 가장 오래된 선광방법이다. 분류의 일부 작업은 광산의 채광장에서 광석과 맥석을 우선 분류하여 처리하게 된다. 선광장에서는 일차 또는 이차로 파쇄한 괴상(塊狀)광석을 인력으로 분류하게 되며, 이를 수선(手選, manual sorting 또는 hand picking)이라 한다. 즉, 벨트 콘

베어(belt conveyor)에 의하여 이동하는 파쇄된 광석(30～100mm) 중에 맥석 또는 저품위광석을 손으로 골라 제거하는 것이다. 근년에는 인건비의 상승과 상대적으로 선광조업예산의 감소로 인하여 수선방법은 폐지되어 가고 있다.

최근에 와서 기계적 분류(mechanical sorting)가 선별방법으로 관심을 끌게 되었다. 이동하는 벨트에 놓여 있는 광석을 광선(光線)의 물리적인 특성으로 탐지할 수 있는 장치, 즉 포토셀(photocell)이나 또는 자력, 전기 또는 방사능의 특징을 이용한 센서(sensor)에 의하여 자동적으로 필요하지 않은 괴상의 맥석 또는 저품위광석을 제거하게 된다. 기계적 분류작업은 보통 10mm 이상되는 괴상입도에 적용되나 때에 따라서는 이 이하의 입도에 대해서도 사용할 수 있다.

### 7.2.2. 비중선별 및 중액선별

#### 1. 비중선별

비중선별(比重選別, gravity separation)은 광물입자의 크기에 큰 차이가 없을 때 공기나 물 속에서 광물의 비중차이에 의하여 유용과 무용광물을 선별·분리하는 것을 말하며, 분류 다음으로 오래된 선별방법이다.

이 방법은 특히 입도의 넓은 범위내에서 아주 무거운 또는 가벼운 광물의 선별에 잘 사용되는데, 입도가 0.1mm 이하로 작아지면 이 방법의 작업능률과 용량이 급격히 저하된다.

비중선별은 입자의 밀도차이에 더 예민한 간섭낙하조건하의 등속낙하비를 이용하기 위하여 밀도가 큰 광액으로 조업하기도 한다. 비중선별에서 물을 쓸 경우 습식 선별이라 하고, 공기를 쓸 경우 건식 선별이라 한다. 물을 이용할 때에는 물에 상하운동을 주어 그 속에서 비중의 차이로 분리하는 지그선별(jigging)과 물을 얕게 흘려 이중에서 비중선별하는 박류선별(薄流選別, flowing film concentration)이 있다. 박류선별방법에서는 비교적 작은 입자에 적용되는 요동테이블(shaking table)이 있고, 지그선별방법에는 비교적 큰 입자에 많이 사용되는 지그선광기가 있는데, 지그의 원리는 〈그림 7-5〉와 같다.

〈그림 7-5〉에서 물탱크 1은 분리판 2에 의하여 망실(網室) 3과 플런저(plunger)실 4로 분리되어 있다. 철망 5위에 광석을 두꺼운 층으로 쌓아 놓고 플런저 6에 의하여 상하 왕복운동을 시키면, 물은 세광조(洗鑛槽, hutch) 7을 통하여 철망 위의 광석층에서 상승유동상태와 침강밀집상태를 반복하게 된다. 이와 같은 반복운동으로 비중이 큰 광석은 아래층에, 비중이 작은 맥석은 위층에 밀집하게 되어 비중차에 의한 선별이 가능하다.

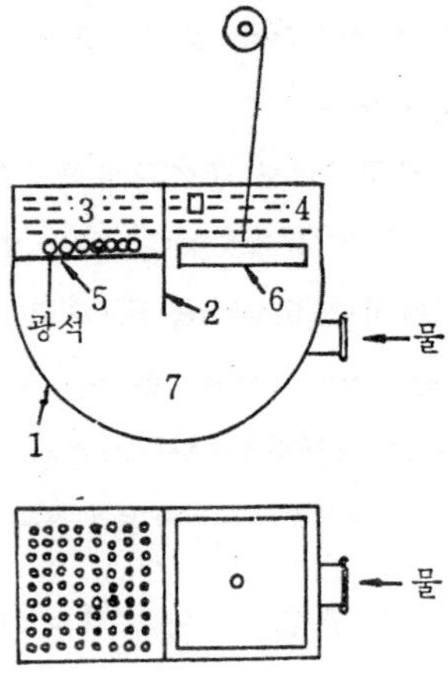

그림 7-5. 지그의 원리

## 2. 중액선별

중액선별(重液選別, heavy media separation)은 유용광물과 맥석의 중간비중을 가진 액체 속에서 상호 비중차이에 의하여 선별하는 방법이다. 즉, 중간비중의 액체 속에서는 입도의 크기와 관계없이 상대적으로 비중이 큰 광물은 가라앉고 작은 비중의 광물은 떠올라서 정확하게 분리가 된다. 그러나 이와 같은 비중을 가진 순수액체는 너무 비싸서 실험실 연구용으로 사용하고, 실제 선광장에서는 무거운 고체매질을 가루로 만들어 물 속에 현탁(縣濁)시킴으로써 물의 겉보기 비중을 크게 하여 중액의 역할을 대행시키고 있는데, 이와 같은 중액을 의중액(擬重液)이라 한다.

실험실에서 사용되는 중액 중에서 대표적인 유기액체(organic liquid)는 비중이 2.97인 테트라브롬화 에탄(tetrabrom-ethane, $C_2H_2Br_4$)이다. 한편 의중액을 만들기 위하여 물에 현탁시키는 재료인 중액재(重液材, material for suspension)로서 페로실리콘(ferrosilicon), 황철광(黃鐵鑛, pyrite), 방연광(方鉛鑛, galena) 등을 사용한다. 페로실리콘은 철과 규소(硅素)의 합금(규소함유량이 10%일 때 비중이 7.0)이며 사용되는 입도는 80%의 60∼125$\mu$ 정도이고, 강자성(强磁性) 물질이므로 사용 후에 자력선별을 통하여 회수하게 된다. 한편 황철광 또는 방연광은 사용 후에 부유선별로 회수한다.

비중선별과 중액선별의 대표적인 예로서 석탄(비중 1.2~2.0)을 맥석(비중 2.65 정도)으로부터 선별하는 것과 적철광(赤鐵鑛, hematite, $Fe_2O_3$), 티탄철광(ilmenite, $FeO \cdot TiO_2$), 금홍석(金紅石, rutile, $TiO_2$), 석석(錫石, cassiterite, $SnO_2$) 등 무거운 광물을 맥석으로부터 선별하는 것이 있다. 또한 지그선별과 중액선별은 미립광립으로 만드는 데 있어서 비용이 많이 드는 분쇄와 부유선별과정에 앞서 전단계선별로서도 활용된다.

### 7.2.3. 자력선별 및 정전선별

#### 1. 자력선별

이 방법은 광물의 자성(磁性, magnetism)의 차이를 근거로 두고 있다. 금속철・자철광(磁鐵鑛, magnetite) 등 소수의 광물은 자력선에 따라 자장이 강한 쪽으로 흡인되는, 즉 자석에 강하게 흡인(吸引)되는 성질인 강자성(强磁性, ferromagnetism)을 가지며, 티탄철광・적철광・지르콘(zircon, $ZrSiO_4$) 등은 약하게 흡인되는 성질인 상자성(常磁性, paramagnetism)을 가지고 있다. 한편 석영, 방해석(calcite, $CaCO_3$) 등 일부 광물은 반대로 자력선에 따라 자장이 약한 쪽으로 반발하는 반자성(反磁性, diamagnetism)을 가지든가 또는 거의 비자성(非磁性, non-magnetism)을 가진다.

자력선별에서 가장 많이 활용되는 광물은 강자성 광물로서 특히 자철광이다. 입도가 6~150mm 범위의 광석은 건식으로 선별하며, 이보다 작은 광립은 마이크론(micron) 입자까지 습식으로 선별한다. 자철광의 자력선별은 가장 저렴한 선광방법으로서, 예를 들어 Fe 30% 이하의 광석을 선광을 통하여 Fe 70%의 정광으로 만들 수 있다.

한편 적철광과 같은 상자성 광물에 대하여는 고강도(high intensity) 자력선별작업을 사용한다. 이 방법은 또한 요업 분야에서 석영과 장석으로부터 소량의 철규산염(iron silicates)을 제거하기 위해서도 사용된다. 자력선별은 원래 건식 방법을 사용하여 왔으나, 현재는 습식 방법도 많이 보급되어 있으며, 10$\mu$m 정도의 입도까지 적용되고 있다. 고강도 자력선별기는 강한 전자력(電磁力)을 이용하기 때문에 에너지소비가 비교적 크다.

## 2. 정전선별

정전선별(靜電選別, electrostatic separation)은 광물의 전기전도도의 차이를 이용하는 방법이다. 흑연, 무연탄 및 대부분의 금속황화물들은 양전기전도체인 데 반하여 대부분의 맥석광물은 불양도체이다. 전기는 같은 극(極)끼리는 서로 반발하고 다른 극끼리는 서로 당긴다는 원리를 이용하여 고압으로 대전(帶電)된 면에 양도체와 불양도체 광물이 혼합된 광물을 급광하여 이들을 정전력(靜電力)에 의하여 선별하는 방법을 정전선별이라 한다.

〈그림 7-6〉은 정전선별의 원리를 나타낸 것으로 A는 회전하는 금속롤(metal roll)로서 접지되어 있고, B는 고전압(高電壓)으로 된 전극(電極)이다. 고압전극 B가 (−)라면 롤 A의 표면은 정전유도에 따라 (+)로 대전된다. 급광된 입자가 A와 B간의 정전계(靜電界)에 들어가면 정전유도에 따라 분극(分極)되어 롤 A에 가까운 쪽에 (−)전하(電荷), 반대쪽에 (+)전하가 생긴다. 만일 입자가 양도체이면 롤에 접촉하자마자 곧 (−)전하를 잃고 (+)로 대전되어 롤로부터 반발하여 튕겨져 나가 떨어진다. 한편 불양도체는 롤과 접촉하여도 전하의 이동은 없고 유도된 (−)전하와 롤의 (+)전하 사이의 당김에 따라 롤에 부착되게 된다. 그러나 정전계의 바깥쪽으로 나가면 당기는 힘이 상실되어 중력에 의하여 떨어져 내려간다.

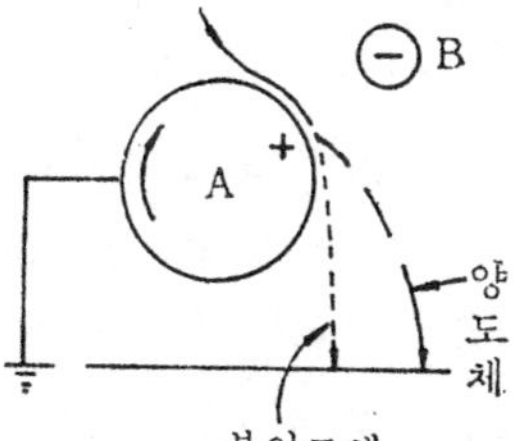

그림 7-6. 정전선광의 원리

정전선별은 적용입도범위가 1∼0.1mm로 좁고 광석이 건조상태로 있어야 한다. 또한 롤에 있는 입자의 층이 매우 얇아야 하므로 처리용량이 작아 적용에 한계가 있다.

### 7.2.4. 부유선별

부유선별(浮游選別, floatation)은 광물의 표면이 물에 적셔지는 정도, 즉 습윤도(濕潤度, wettability)의 차이를 원리로 하고 있다. 물에 잘 적셔지는 광물의 표면을 친수성(親水性, hydrophillic) 표면이라 하며, 잘 적셔지지 않는 광물의 표면을 소수성(疎水性, hydrophobic) 표면이라 한다. 부유선별공정에서는 공기를 광액 속에 주입하여, 물기를 싫어하는 소수성 광립이 기포에 붙어 수면에 떠오르게 하고, 친수성 광립은 물 속에 가라앉게 하는 것이다.

광물의 선별에 있어 분류, 비중선별, 자력선별, 정전선별 등은 모두 광물의 물리적 성질을 이용하는 방법이나, 부유선별은 광물의 계면(界面)화학적 성질의 차이를 이용하는 것이다. 여기서 계면화학적 성질이라 함은 고체와 액체 또는 기체의 접촉경계면에서 분자의 물리적·화학적 작용을 말한다.

#### 1. 계면화학적 현상

계면화학적 현상의 하나로서 표면장력(表面張力, surface tension)을 들 수 있다. 액체는 자유표면을 될 수 있는 대로 조이려고 작용하는 힘, 즉 표면장력을 가지고 있다. 이는 액체 내부의 한 분자가 그 주위의 타분자로 포위되어 있는 것과는 달리, 액체의 자유표면 부근에서는 분자간의 인력(引力)의 균형이 깨지고, 표면 안으로만 향하는 분자의 응집력만 있게 되기 때문이다. 즉, 액면 부근의 분자가 액 속의 분자보다 위치에너지가 크고, 이 때문에 액체는 표면적에 비례한 에너지 즉 표면자유에너지(free surface energy)를 가지게 되어, 이것을 될 수 있는 대로 작게 하려고 하는 작용이 표면장력으로 나타난다. 표면장력은 단순히 액체의 자유표면뿐만 아니라 섞이지 않는 액체의 경계면, 고체와 기체 등 대체로 표면의 변화에 대한 에너지가 존재하는 한 생기는 현상이다.

표면장력의 세기는 액면에 가정한 단위길이의 선의 양쪽에 작용하는 장력으로서 dyne/cm로 표시되며, 액체면의 단위면적당 자유에너지(erg/$cm^2$)를 뜻하기도 한다. 상온(常溫)에서 물의 표면장력은 73dyne/cm 정도로서 극히 높으며, 액상 유기화합물(有機化合物)은 약 20~30dyne/cm 정도이다. 일반적으로 표면장력은 온도의 상승에 따라 감소한다.

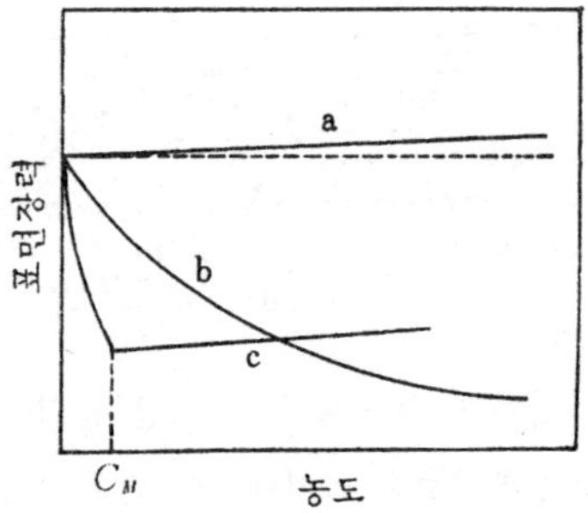


**그림 7-7.** 용액의 농도와 표면장력과의 관계

한편 용액(溶液, solution)의 표면장력은 용질(溶質)의 종류, 농도, 경과시간 등에 따라 변화한다. 용질은 3종류로 대별되며, 용질의 종류에 따른 농도와 표면장력의 관계는 〈그림 7-7〉과 같다. 그림에서 a형은 표면장력이 농도의 증가에 따라 약간 증대하는 현상을 지니는데, 이와 같은 용액을 계면불활성(界面不活性) 물질이라 한다. b·c의 형에 속하는 용질은 계면활성제(界面活性劑, surface active compounds)라 하여 농도의 증가와 함께 표면장력이 감소하거나, 또는 어느 농도까지는 표면장력이 감소하다가 그 이상에서는 변화가 없거나 약간 증가하는 현상을 나타낸다. 이와 같은 현상은 용액의 표면과 내부의 용질 농도의 분포가 다르기 때문인데 a형의 경우 용액의 표면농도가 내부보다 작아 표면장력이 증대되며, 반대로 b·c형은 용액의 표면농도가 내부보다 크기 때문이다.

계면화학적 성질 중 또 하나는 습윤도로서 광물표면의 소수성과 친수성에 의거하여 일어나는 현상이다. 〈그림 7-8〉과 같이 깨끗한 유리면과 파

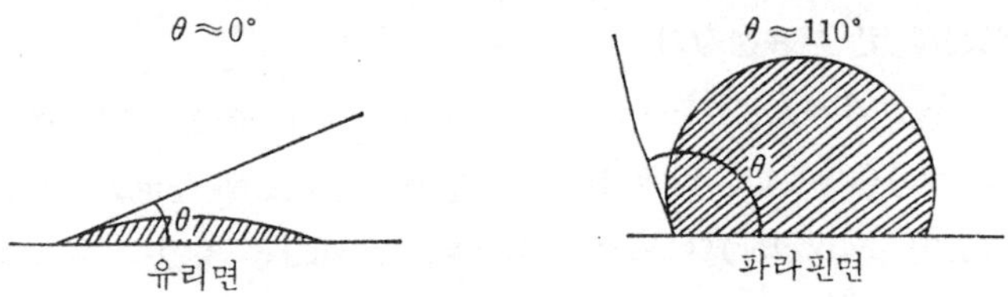


**그림 7-8.** 고체면과 물방울의 접촉각

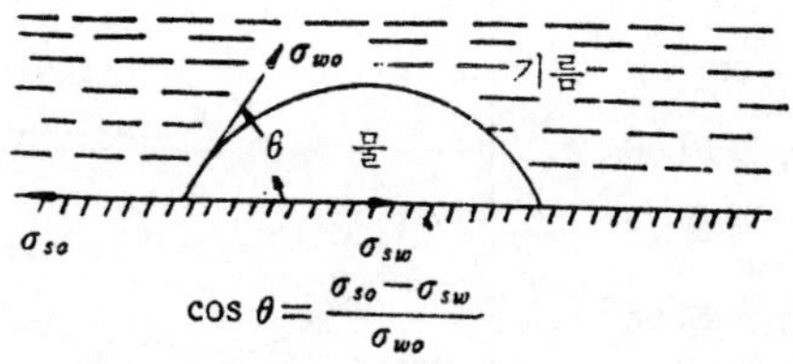


**그림 7-9. 물-기름-고체 경계면에서의 힘의 평형관계**

라핀면에 물방울을 놓으면 물의 표면과 고체면과의 교점에서 수면에 연한 접선과 물을 사이에 둔 고체면간의 각 $\theta$가, 유리면의 경우 물에 퍼져서 $\theta \fallingdotseq 0$에 가까운 각이 되고, 파라핀의 경우 물방울이 구형에 가까워 $\theta = 110°$가 된다. 이 각을 접촉각(contact angle)이라 하며, 고체표면에 액체가 얼마나 적셔지는지를 가리키는 습윤도의 척도가 된다.

이 현상은 액체분자 상호의 응집력과 고체-액체간의 부착력(附着力) 사이의 균형에 의한 것이다. 부착력이 응집력보다 크면 액체는 고체 표면에 퍼지고 적시는 현상이 일어난다. 예를 들어 〈그림 7-9〉와 같이 기름과 물로 된 두 액체가 고체와 접할 때, 부착력(adhesion tension) $A_T$는 다음과 같은 관계를 갖는다.

$$A_T = \sigma_{so} - \sigma_{sw} = \sigma_{wo} \cos\theta \tag{7.7}$$

여기서 $\sigma_{so}$는 고체와 가벼운 유체(기름) 사이의 표면장력, $\sigma_{sw}$는 고체와 무거운 유체(물) 사이의 표면장력, $\sigma_{wo}$는 두 유체간의 표면장력이며, $\theta$는 접촉각이다. 따라서 부착력이 크거나 접촉각이 작으면 무거운 유체는 고체표면에 퍼지게 됨을 알 수 있다.

### 2. 부선제 및 부유선광기

부유선별을 효과적으로 수행하기 위하여는 광액에 부선제(浮選劑, floatation reagents)를 투입하여야 한다. 부선제는 기포제(起泡劑, frother), 포수제(捕收劑, collector)와 조절제(條節劑, modifier) 등으로 분류된다.

기포제는 물에 극소량 용해되어 물의 표면장력을 낮추어 줌으로써 기포의 발생을 쉽게, 그리고 안전하게 만들어 주는 시약으로써 대부분 유기물질이며 대표적으로 파인유(pine oil)와 $C_6$-$C_{10}$ 범위의 지방족(脂肪族) 알코올이다.

광물에 있어 흑연(graphite), 유황(sulfur) 및 휘수연광(輝水鉛鑛, molybdenite, $MoS_2$) 등을 제외하고 대부분의 광물은 친수성이다. 따라서 광물 표면에 흡착하여 물기를 싫어하도록 표면을 소수성으로 만들어 기포에 부착하도록 만드는 시약을 사용하는데, 이 시약을 포수제라 한다. 포수제는 유기화합물로서 광물의 종류에 따라 사용하는 포수제의 종류도 다르게 된다. 예로서 황화금속광물에는 잔세이트(xanthate)가, 산화금속광물・탄산염(carbonates)・수산염광물에는 지방산(脂肪酸, fatty acids)이, 그리고 규산염(silicates)광물에는 아민(amines)이 포수제로 사용된다.

한편 조절제는 무용광물을 잘 뜨지 못하도록 하거나 유용광물을 잘 뜨도록 하는 시약인데, 이는 활성제(活性劑, activator)와 억제제(抑制劑, depressor)로 분류된다. 활성제는 포수제가 광물표면에 더욱 잘 흡착할 수 있도록 하는 시약이다. 예로서 섬아연광(閃亞鉛鑛, sphalerite, ZnS)은 포수제인 잔세이트에 의하여 약하게 부유되나 이 광액에 활성제로서 소량의 황산염동(copper sulfate, $CuSO_4$) 등을 추가하면 쉽게 뜨게 된다. 이것은 용액내의 Cu 이온이 ZnS와 작용하여 CuS의 단분자(單分子, mono-molecular)로 광물표면에 박막을 형성시키며, 이에 따라 잔세이트의 투입으로 잘 뜨게 되기 때문이다.

한편 억제제는 활성제와 반대되는 역할을 하는 시약으로서 포수제에 반작용을 하게 된다. 예로 대개 황화광물에 수반하는 황철광(黃鐵鑛, pyrite, $FeS_2$)과 자류철광(磁硫鐵鑛) 등은 무용광물로서 이들을 물에 뜨지 못하도록 해주는 억제제로 생석회(生石灰, CaO)를 사용한다.

부선제는 보통 소량으로 사용된다. 황화광물의 부유선별에서 잔세이트의 소요량은 광석의 1톤당 100g 정도이며, 광석의 입자가 작아질수록 부선제의 양이 증가한다. 부유선별은 원래 황화광물에 가장 많이 적용되어 왔으나, 최근의 기술발전으로 거의 모든 광물, 즉 산화물(oxides)・규산염(silicates)・유황・석탄 등에 널리 사용된다. 또한 부유선별은 중력선별로

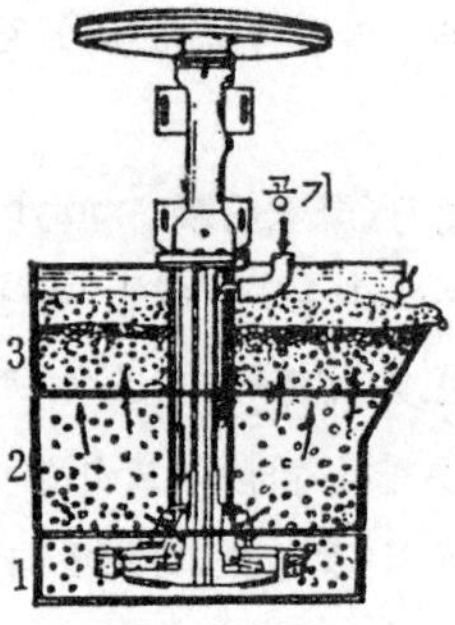

그림 7-10. 덴버서브-A 부선기

서는 선별하기 어려운 미립자에 대해서도 응용이 되며, 특히 여러 황화광물로 된 혼합광석에 대하여 적절한 여러 부선제를 사용함으로써 혼합광물 중 개별광물별로 선택하여 부유선별할 수도 있다.

부유선광기(浮遊選鑛機)는 부유선별법에 의하여 광액 중의 유용광물을 띄우는 기계이다. 〈그림 7-10〉은 덴버서브-A(Denver sub-A) 부선기로서 광액이 급광 파이프를 통하여 부선기에 들어가면 교반권인 1의 부분에서 교반과 공기혼합, 선별권인 2의 부분에서 유용광물과 맥석광물과의 분리가 이루어지며, 정관권인 3의 부분에서 포말층이 생긴다. 밑바닥 근처의 임펠러는 광석과 공기의 혼합용이며 그 위에 임펠러와 독립된 스탠드 파이프가 있고, 꼭대기의 에어파이프(화살표)로부터 바깥공기가 스탠드 파이프를 통하여 밑부분으로 도입되어 혼합된다. 뜬 기포는 수면 오른쪽으로 흘러 나간다.

## 7.3. 고체-액체 분리공정

물 또는 수용액을 사용하는 선광, 선탄 또는 습식 제련공정에서는 필수적으로 고체-액체 분리공정이 뒤따르게 되며, 이는 고체의 농도를 증가시키거나 또는 공정에서 사용한 물을 정화시키는 데 그 목적이 있다.

습식 선광에서 테이블정광 등은 입자가 비교적 굵은 상태이므로 물이 잘 빠지는 장소에 방치하거나, 적당한 메시의 체에 걸러서 상당한 양의 탈수를 할 수 있다. 그러나 부선정광이나 습식 제련공정으로 수용액에서 침전된 유용원소는 그 입도가 너무 잘기 때문에 특수한 탈수방법을 써야 한다. 고체-액체 분리방법으로는 입자의 침강에 의한 농축(濃縮, thickening), 여과(濾過, filtration) 또는 건조(drying) 등이 있는데, 전자의 둘은 각각 약 70% 및 80~90% 고체농도를 얻게 되고, 고체농도의 증가에 따라 조업비도 증가하게 된다.

### 7.3.1. 농　　축

농축의 원리는 〈그림 7-11〉과 같이 원통내 물 속에서의 고체의 부유현상을 통해 알 수 있다. 시간이 지남에 따라 4개의 다른 층을 관측하게 되는데, 즉 상부층부터 나열하면 A는 거의 깨끗한 물, B는 농도가 낮은 부유상태, C는 농도가 높은 부유상태, 그리고 D는 거의 고체 케이크상태로 구분된다.

이와 같은 현상은 농축 메커니즘으로서 B층은 자유침강, C층은 간섭침강, 그리고 D층에서는 물의 삼출(滲出, exudation)에 해당된다. 농축 메커니즘 중에서 침강현상은 이미 분급에서 다루었다. 분급과 농축의 차이로서 농축공정에서는 모든 고체입자를 침강시킨다.

입도가 작아짐에 따라 침강속도도 작아지며, 극히 미세한 입자는 속도가 거의 0에 가까워진다. 이와 같은 입자는 응집(凝集, flocculation), 즉 개별입자가 서로 둥글게 붙어 큰 직경을 가진 응집물을 형성하는 것에 의하여 그 침강속도를 증가시킬 수 있다. 응집물에는 입자간에 액체가 함유되어 있으며, 응집은 석회(lime) • 스타치(starch) • 수용 폴리머(polymers) 등 화학물의 첨가로 그 형성을 촉진할 수 있다.

간섭침강구간에서는 응집물이 상당한 물을 함유하면서 가라앉아 묽은

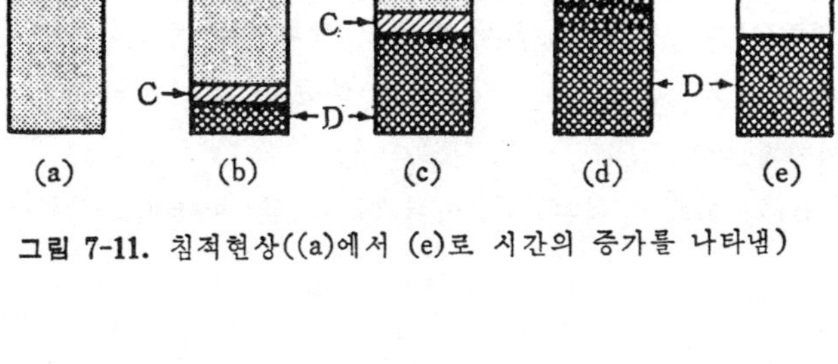


**그림 7-11.** 침적현상((a)에서 (e)로 시간의 증가를 나타냄)

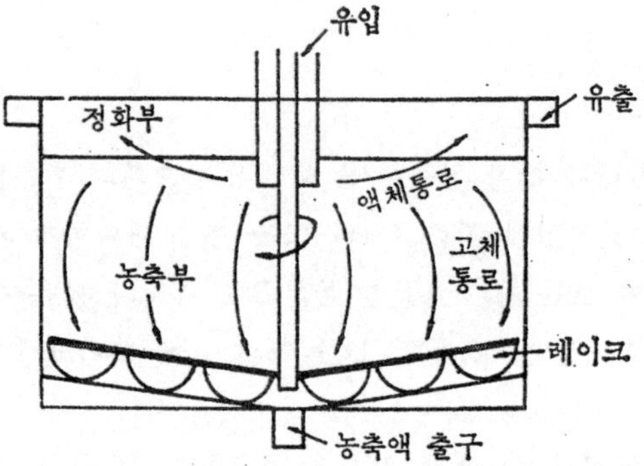


그림 7-12. 연속식 농축기

층을 형성하게 되는데 이 층의 높이와 무게가 증가함에 따라 응집물 속에 있던 물이 빠져 위쪽으로 흐르게 된다. 모든 고체물이 가라앉은 후에는 위로부터 압력에 의하여 눌려 응집물의 층에서 물의 삼출현상이 진행되어 층의 부피와 물의 양이 감소하게 된다.

광물처리에서 사용하고 있는 농축기(濃縮機, thickener)의 구조는 〈그림 7-12〉와 같이 높이에 비하여 지름이 큰 탱크와, 그 밑바닥에 침적한 광립을 중심부로 집중시키고 물의 삼출을 촉진시키는 레이크(rake)로 되어 있다. 탱크의 밑바닥은 중심을 향하여 약간 경사지게 되어 있고, 레이크는 탱크 중심에 수직으로 설치한 축에 붙어 있다.

### 7.3.2. 여　과

여과는 다공질(多孔質, porous) 매질을 이용하여 고체-액체를 분리하는 방법이다. 즉, 액체만 통과시키고 고체는 통과시키지 않는 막(膜)을 사이에 두고 고체쪽에 압력을 주거나 반대쪽에 진공감압을 주어 많은 양의 물을 강제로 추출시키는 방법이다. 여과 매질(filter media)로서는 면·나일론 등의 섬유나 다공성의 글라스 울(glass wool)·금속 또는 세라믹 등을 이용하며, 고체입자의 크기가 작은 경우에는 입자를 응집시킨 후 여과한다. 보통 수분 50% 내외의 질은 광액을 빨아 여과시키게 되며 여과 후 남은 고체를 여과 케이크(filter cake)라 하는데, 일반적으로 10~15%의 수분을 가지게 된다.

여과과정에서 액체가 여과막과 여과 케이크를 통과하여 단위시간당 유출하는 양, $J$는 대략 다음과 같은 관계식을 가진다.

$$J = k \cdot \Delta P \cdot A / (L \cdot \mu) \qquad (7.8)$$

여기서 $\Delta P$ ; 여과막을 기준으로 한 압력차이

$A$ ; 여과막의 면적

$L$ ; 여과 케이크의 두께

$\mu$ ; 액체의 점도

$k$ ; 여과 케이크의 투과계수(주로 입자의 크기 및 케이크의 공극률에 관계된다)

산업용 여과기는 연속적으로 조업할 수 있게 되어 있는데, 〈그림 7-13〉은 로터리-드럼(rotary-drum)형 진공연속 여과장치이다. 원통형 드럼은 그 표면이 여포(濾布, 주로 캔버스)로 두루 감겨 있으며 드럼 내부는 방사형으로 수개의 구획(12~20)을 가진 여과실로 구분되어 있는데, 이 여과실은 진공이나 압축공기 시스템을 작동하는 밸브와 연결되어 있다. 이 원통이 광액이 들어 있는 반원형의 탱크내에서 서서히 회전하면서 여과실에 진공작용을 하면 표면에 케이크가 형성되며 다시 광액속에 잠겨지기 전에 여과실을 압기(壓氣)로 바꾸어서 캔버스에 붙은 케이크를 제거기로 제거해 준다.

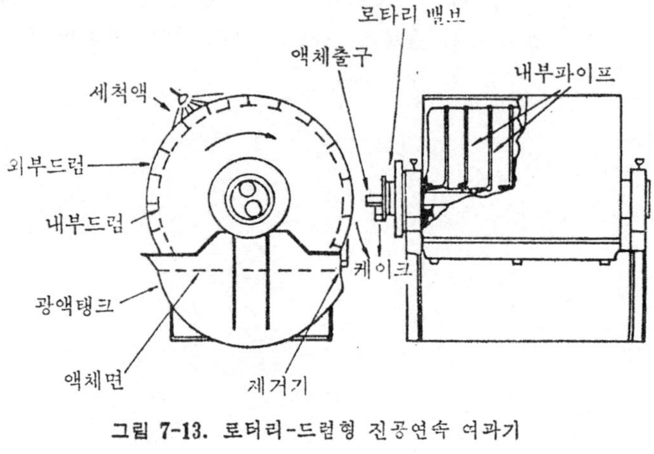


그림 7-13. 로터리-드럼형 진공연속 여과기

### 7.3.3. 건　　조

여과기에서 여과되어 나온 케이크는 약 10～20%의 수분을 함유하고 있기 때문에 수요(需要)처에 운반하기 위하여 수분을 더 제거하게 된다. 여과공정에서 나온 케이크는 자연건조하는 일도 있지만 보통 가열·증발에 의하여 건조하게 되는데, 증발대상이 물이므로 증발에는 많은 열이 필요하다.

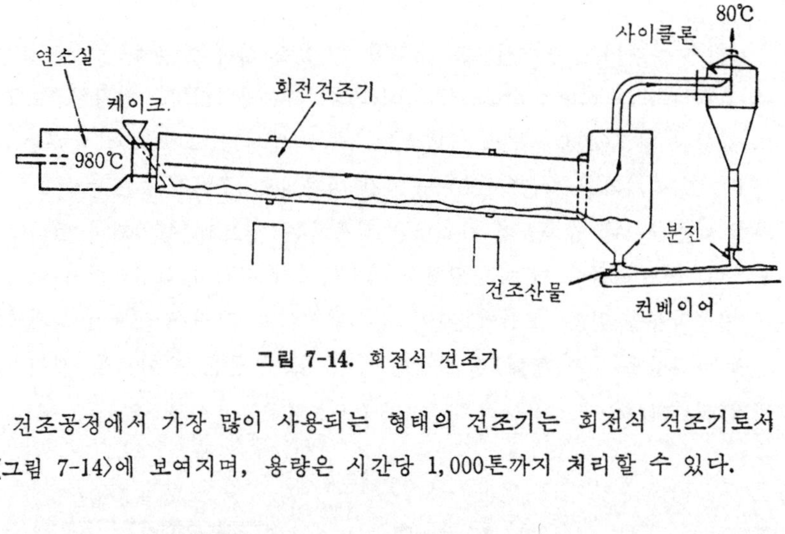


그림 7-14. 회전식 건조기

건조공정에서 가장 많이 사용되는 형태의 건조기는 회전식 건조기로서 〈그림 7-14〉에 보여지며, 용량은 시간당 1,000톤까지 처리할 수 있다.

# 8
# 자원경제

## 8.1. 자원의 정의

자원경제학(mineral & energy economics)은 통상적으로 천연자원, 특히 고갈성 광물 및 에너지자원을 연구대상으로 하고 있다. 이 장에서는 먼저 자원의 포괄적 개념의 이해를 토대로 고갈성 자원을 규정짓고, 다음으로 자원의 동태적 개념을 살펴본다.

### 8.1.1. 자원의 분류

자원(resources)은 모든 생산활동의 투입요소로서 국민경제발전의 중요한 요인이다. 자원의 정의는 광의적(廣意的)으로 "기술적·경제적으로 이용 가능하며 인간에게 유용하고 가치 있는 것"이라 할 수 있다. 그러나 비록 인간에게 효용(utility)을 주는 것이라도 그 양이 인간의 수요에 비해 지극히 많아 경제적 가치가 없는 자유재(free good)의 경우는 일반적으로 자원의 범주에 포함시키지 않는다. 이러한 광의의 자원은 크게 저량(stock) 자원, 유량(flow)자원, 생물자원의 세 가지로 분류할 수 있다.

저량자원은 고갈성 자원(枯渇性 資源)의 모든 것을 포함하며, 일반적으로 양이 부피 혹은 중량으로 계측되는 반면 질은 화학조성으로 표시되는 특징을 갖고 있다. 유량자원은 시간단위당 일정량이 재생되는 자원이다. 이때 자원의 생성률(재생률)은 태양열과 같이 일정한 경우와 풍력, 조력(潮力)과 같이 불규칙한 경우로 대별된다. 생물자원은 태양에너지, 수자원 및 토질 속의 무기물 등을 이용하여 생성되는 자원으로 농산, 임산 및 수산자원 등이 이 범주에 속한다.

앞의 세 분류에 의한 자원을 통칭하여 광의의 자원이라 한다면, 자원경제학에서의 자원은 협의의 자원으로서 저량자원을 연구대상으로 한다. 즉, 광의의 자원은 일반경제학에서의 연구대상이 되는 반면, 자원경제학에서의 대상협의의 자원인 재생 불가능한 고갈성 자원에 초점이 모아진다.

고갈성 자원은 석탄, 가스 등과 같이 한 번으로 완전 소진되는 완전 고갈성 자원과 철, 구리, 납 등과 같이 회수(recycling)를 통해 일부 재생이 가능하나 궁극적으로 재생률이 줄어들어 소진되는 불완전 고갈성 자원으로 세분된다. 자원경제학의 주대상이 되는 광물자원은 불완전 고갈성 자원이며 화석연료(fossil fuel)인 에너지자원은 완전 고갈성 자원의 특징을 갖는다.

### 8.1.2. 자원의 동적 개념

자원경제학에서 다루는 자원은 유한성, 고갈성, 재생불능성으로 특징지워지는 물리적 특성을 갖고 있는 한편, 인간의 현실적 이용 가능성이라는 측면에서 경제·기술적 요인에 의한 동태적 개념(dynamic concept of resources)이 공존하고 있다. 이러한 자원의 동적 개념은 1950년대 말 미국의 대통령 특별위원회에서 자원의 절대적 고갈(running out)개념보다는 비용을 고려한 자원획득(resource availability at a cost)이라는 새로운 개념을 채택함으로써 자원평가의 새로운 장이 열리게 되었다.

〈그림 8-1〉은 미국 국립지질조사소에서 광물자원을 부존의 확실성 정도와 경제적 추출 가능성을 중심으로 분류한 기준을 나타내고 있다. 여기에서 매장량(reserve)은 부존이 확인된 광상 중에서 현재의 기술과 경제여건으로 이용 가능한 자원이 되며, 자원(resources)은 앞의 매장량과 잠재적

<table>
<tr><td colspan="2"></td><td colspan="6">자 원 량</td></tr>
<tr><td colspan="2"></td><td colspan="3">확 인</td><td colspan="2">미 발 견</td><td rowspan="3"></td></tr>
<tr><td colspan="2" rowspan="2"></td><td colspan="2">인 지</td><td rowspan="2">추 정</td><td rowspan="2">가 상 적</td><td rowspan="2">투 기 적</td></tr>
<tr><td>계측완료</td><td>인지가능</td></tr>
<tr><td colspan="2">경제적 추출 가능</td><td colspan="3">매 장 량(reserve)</td><td rowspan="3"></td><td rowspan="3"></td><td rowspan="3">↑ 경제성 증대</td></tr>
<tr><td rowspan="2">경제성 미비</td><td>준경제적</td><td colspan="3" rowspan="2">조건부 자원량<br>(conditional resources)</td></tr>
<tr><td>비경제적</td></tr>
</table>

←부존의 확실성 증대

**그림 8-1. 자원의 분류**

자원(potential reserve)을 합한 전체가 된다. 이에 따라 잠재적 자원은 조건부(conditional), 가상적(hypothetical), 그리고 투기적(speculative) 자원을 모두 합한 부분으로서 매장량(reserve)과 대응되는 의미를 갖는다.

자원개발에 있어 중요한 과제는 자원(resources)을 얼마나 빨리, 그리고 경제적으로 매장량(reserve)화하느냐 하는 것이다. 자원량의 매장량으로의 전환에는 부존의 확실성을 증대시키는 탐사활동이 필요한 한편, 경제적 채굴·추출 및 활용 가능성이 증대되어야 한다. 경제적 이용 가능성을 증대시킬 수 있는 요인으로는 주산물 및 부산물의 가격여건, 투자재원의 조달조건 및 방법에 따른 경제성 문제, 수송 및 하부구조(infrastructure), 그리고 탐사, 개발, 광물처리의 기술문제 등이 포함된다.

앞에서 언급한 자원의 동태적 개념이란 잠재적 자원으로서 총자원(resources)은 경제적·기술적 요인에 의해 매장량(reserve)으로 전환이 가능함을 내포하고 있다. 즉, 부존의 확실성을 나타내는 기술적 좌표는 지질조사 및 탐사활동에 의해, 경제적 추출 가능성을 나타내는 경제적 좌표는 기술진보 및 경영합리화를 통한 비용감소와 자원의 경제적 이용 가능성 증대 등의 요인에 의해 확장될 수 있다. 자원의 동적 개념하에서 잠재적 자원(potential resources)을 빠른 시간에 효율적으로 가용자원(reserve)화하는 것이 바로 자원경제가 추구하는 방향이며 이는 자원의 경제적 좌표를 확장하는 과정을 통해 이루어진다.

## 8.2. 자원경제의 목표

자원경제학의 궁극적 목표는 불안정한 자원수급구조의 실체적 구명(究明)을 통한 자원의 최적생산, 유통 및 소비를 달성함에 있다. 이러한 최적성은 작게는 기업적 측면에서 이윤최대화(profit maximization)를, 크게는 국민경제의 차원에서 국민복지의 극대화(maximum social well-being)를 달성하는 척도로서 효율성(efficiency)을 의미하게 된다.

자원경제가 추구하는 첫번째 목표는 생산요소의 효율적 배분을 통한 자원개발의 최적화이다. 이는 기업 내부의 인력, 기술 및 자본 등 생산요소의 합리적 결합을 추구함과 동시에 채굴대상 광산의 합리적 개발을 도모함으로써 생산요소의 투입과 산출을 체계화함을 뜻한다. 이러한 개별기업의 생산효율성은 거시적으로 고갈성 자원에 대한 동태적 최적생산이라는 국가 전체의 목표와 부합하게 되는 기초가 된다.

자원경제가 지향하는 두번째 목표는 자원의 원활한 유통체계의 구축이다. 국제적으로 자원의 생산국과 소비국이 분리되어 있어 공급과 가격은 항시 불규칙한 주기성과 파동성을 내포하고 있다. 또한 수요와 공급이 모두 가격에 대하여 비탄력적이어서 약간의 수급 불균형은 즉시 자원가격의 폭등 혹은 폭락을 수반하게 된다. 자원경제는 이렇게 취약한 자원수급체계의 원인을 규명함으로써 주기적 파동성에 대비하는 효율적 자원유통체계의 확립을 도모한다.

자원경제가 도모하는 마지막 목표는, 자원소비의 효용성을 제고함으로써 자원이 사회복지의 극대화에 직결되도록 하는 것이다. 자원에 관한 정책, 특히 자원수요의 적정관리를 위한 제반정책은 자원경제가 해결해야 할 주요 과제의 하나로써 앞의 첫째 및 둘째 목표와 유기적 연관성을 가

〈표 8-1〉 경제활동단계별 자원경제의 과제와 목표

| 구 분 | 생 산 | 유통(교환 및 배분) | 소 비 |
|---|---|---|---|
| 과 제 | 생산요소의 효율적 결합(비용절감) | 합리적 유통체계구축 (유통비용 최소화) | 자원소비의 효용성 제고 |
| 중간목표 | 자원개발의 최적화 | 효율적 자원유통구조 확립 | 적정수준의 자원수요 관리 |
| 최종목표 | 비용 최소화 | | 사회복지의 극대화 |

지고 있다. 이상에서 살펴본 생산·유통·소비의 각 경제활동단계에 있어 자원경제의 과제와 목표를 요약하면 〈표 8-1〉과 같다.

## 8.3. 자원경제의 주요 과제

### 8.3.1. 생 산

자원의 생산주체로서 자원산업이 생산활동에서 추구하는 최대목표는 주어진 생산요소의 합리적 배분을 통한 비용최소화로 요약될 수 있다. 이러한 투입요소의 효율적 배분은 이론적으로 파레토 최적(Pareto optimal)상태로서 설명되어진다. 파레토 최적이란 어느 한쪽의 생산(효용)을 감소시킴이 없이는 다른쪽의 생산(효용)을 증대시킬 수 없는 상태로 생산(소비)이 이루어진 경우로서, 이는 현재의 생산 혹은 소비가 효율적으로 이루어지고 있는가 하는 판단의 기준이 된다.

이제 노동($L$)과 자본($K$)이라는 두 가지 투입요소를 사용하여 $A$와 $B$ 재화를 각기 $y_A$, $y_B$만큼 생산할 경우를 생각하자. 이때 $A$와 $B$에 투입되는 $L$과 $K$를 각각 $L_A$, $K_A$, $L_B$, $K_B$라 표기하면, 앞의 파레토 최적은 $L$과 $K$가 각각 $\bar{L}$, $\bar{K}$로 고정되었을 때 $A$의 생산이 $y_A$*로 일정할 경우 $B$의 생산량 $y_B$를 최대화하는 문제로 귀착된다.

$$\max\ y_B = f_B(L_B,\ K_B)$$
$$f_A(L_A,\ K_A) = y_A^*$$

$$L_A+L_B=\bar{L}$$
$$K_A+K_B=\bar{K} \qquad (8.1)$$

이를 풀기 위해 라그랑주(Lagrangian) 함수를 적용하여 $L_A$, $K_A$, $L_B$, $K_B$에 대하여 편미분하면,

$$\pounds = f_B(L_B,\ K_B) + \alpha\{f_A(L_A,\ K_A) - y_A^*\} + \beta(\bar{L} - L_A - L_B) + \gamma(\bar{K} - K_A - K_B)$$

에서

$$\left[\frac{MP_K}{MP_L}\right]_A = \left[\frac{MP_K}{MP_L}\right]_B \qquad (8.2)$$

여기서 $MP_L$ ; 노동의 한계생산성
$MP_K$ ; 자본의 한계생산성

를 얻는다. 즉, 주어진 생산요소 $L$과 $K$를 사용하여 두 상품 $A$, $B$를 생산함에 있어 효율성(efficiency)의 기준은, 두 재화에서의 노동과 자본의 한계생산성(marginal productivity)이 일치할 것을 요구하고 있다.

이 같은 결과를 특정 자원산업에 적용할 경우, 그 기업이 주산물 $A$와 부산물 $B$를 생산할 경우 생산에 있어 최대 효율은 두 산출물에 대한 자본과 노동의 한계생산비율이 동일한 경우가 된다.

이러한 생산의 효율성 문제는 국가경제로 확대하여 살펴볼 수 있다. $A$를 석탄산업, $B$를 석유산업이라 가정할 경우 투입(input)과 산출(output)이 각기 2가지인 조건에서 생산의 효율성이 충족되는 생산요소의 결합에 관한 문제이므로, 이에 대한 해답은 2차원적인 에지워드 상자(Edgeworth box) 도표로 도시할 수 있다. 〈그림 8-2〉와 〈그림 8-3〉은 한 국가의 한정된 자본($\bar{K}$)와 노동력($\bar{L}$)을 투입하여 석탄과 석유를 생산하는 경우를 보여주고 있다. 〈그림 8-2〉에서 $C_1$은 같은 양의 산출량을 생산하는 데 필요한 노동과 자본의 수많은 점들의 결합으로 이루어진 등생산량 곡선(isoquant production curve)을 나타내고 있으며 $C_2$는 $C_1$보다 높은 생산수준의 등량곡선으로서 $C_1 < C_2 < C_3$ 관계에 있다. 〈그림 8-3〉은 석유의 등

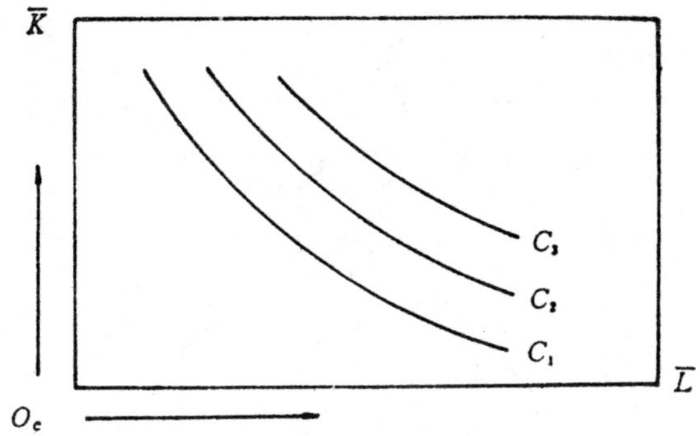


그림 8-2. 석탄의 등생산량 곡선

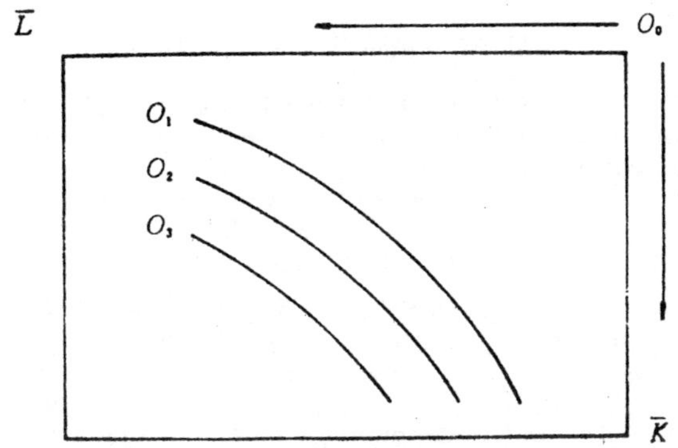


그림 8-3. 석유의 등생산량 곡선

량곡선으로서 앞의 그림과 같으나, 단지 원점이 우상부(右上部)에 위치한 것이 다르며 $O_1 < O_2 < O_3$ 관계를 유지하고 있다. 앞의 두 그림에서 석탄과 석유의 생산함수 $f_C(L_C, K_C)$와 $f_O(L_O, K_O)$는 모두 원점에 대해 볼록한 형태로 생산함수의 기본적 요건을 충족하고 있다.

〈그림 8-4〉는 국가가 한정된 생산요소 $\bar{L}$과 $\bar{K}$를 배분하여 석탄과 석유를 동시에 생산하고 있는 경우이다. 현재 $A$점에서 석탄은 $L_C{}^A$와 $K_C{}^A$를, 석유는 $L_O{}^A$와 $K_O{}^A$를 투입하여 $C_A$만큼의 석탄과 $O_A$만큼의 석유를 생산하고 있다. 그러나 현재와 같은 $A$점에서의 생산요소배분은 효율성을 만족치 못하고 있다. 즉, 이 국가의 한정된 생산요소인 자본과 노동을 석탄과 석

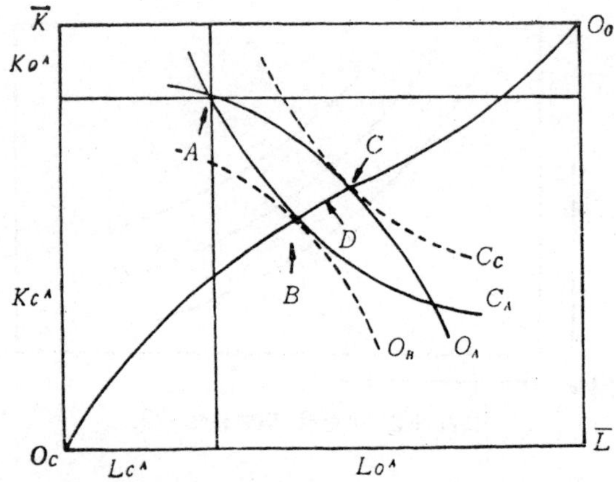


그림 8-4. 석탄·석유 동시생산의 경우

〈표 8-2〉 상이한 자원배분에 따른 산출결과

| 자원배분점 | 석탄생산량 | 석유생산량 | 비 고 |
|---|---|---|---|
| A | $C_A$ | $O_A$ | 현생산량 |
| B | $C_B=C_A$ | $O_B>O_A$ | 석유생산량의 절대적 증가 |
| C | $C_C>C_A$ | $O_C=O_A$ | 석탄생산량의 절대적 증가 |
| D | $C_D>C_A$ | $O_D>O_A$ | 석탄·석유생산량의 절대적 증가 |

유산업에 재배치할 경우, 현재의 기술수준을 나타내는 생산함수하에서 추가생산에 따른 생산력 증대를 도모할 수 있다. 따라서 현재의 자원배분점 $A$에서 $B$, $C$ 혹은 $D$점 등 다른 점을 선택하여 이동할 경우 한정된 투입자원 $L$과 $K$의 산출효과가 개선됨을 알 수 있다.

한 국가 혹은 기업내에서 한정된 투입요소를 이용한 효율적 생산은 〈그림 8-4〉의 $O_CBDCO_0$와 같은 궤적을 그리게 되며, 이는 파레토 최적을 만족하는 생산효율궤적(production efficiency locus)을 이룬다. 따라서 이러한 궤적점 이 외의 점에서의 자원의 생산은 국가적(혹은 기업내에서)으로 한정된 생산요소의 낭비와 손실을 초래하게 된다. 실제로 앞의 궤적점 중에서 한 점의 선택은 국가 혹은 기업이 당면하게 되는 시장여건에 의해 결정된다.

## 8.3.2. 유　통

생산과 소비를 연결하는 유통측면에 있어, 자원은 부존의 지역적 편재에 따른 수요·공급의 불균형 가능성이 상존하며, 특히 자원이 경제활동의 필수재화인 점을 고려할 때 유통측면에 있어 일시적 혹은 지역적 공급두절 내지는 삭감은 원활한 경제운용의 커다란 장애요인이 된다.

### 1. 자원의 지역적 편재

자원경제의 대상이 되는 고갈성 자원은 부존과 생산에 있어 지역적으로 매우 편중되어 있다. 아래의 〈표 8-3〉에서와 같이 코발트, 몰리브덴, 백금, 칼륨 등은 주요 4개국이 세계 부존량의 90% 이상을 차지하며 크롬,

〈표 8-3〉 주요 광종별 4개국의 생산량 및 매장량 편중도

| 광　종 | 생산량(%) | 매장량(%) | 국　가 | 생산자 카르텔 |
|---|---|---|---|---|
| 보크사이트 | 64 | 62 | 호주, 자메이카, 기니, 수리남 | IBA |
| 크롬 | 70 | 96 | 소련, 남아프리카, 로디지아, 필리핀 | |
| 코발트 | 90 | 64 | 자이르, 잠비아, 캐나다, 모로코 | |
| 구리 | 53 | 57 | 미국, 칠레, 캐나다, 소련 | CIPEC |
| 형석 | 51 | 42 | 멕시코, 스페인, 소련, 태국 | |
| 금 | 84 | 88 | 남아공화국, 캐나다, 호주, 미국 | |
| 철 | 55 | 61 | 소련, 호주, 미국, 브라질 | AIOEC |
| 납 | 59 | 77 | 미국, 호주, 캐나다, 멕시코 | |
| 망간 | 78 | 95 | 남아공화국, 가봉, 브라질, 호주 | |
| 수은 | 65 | 65 | 스페인, 소련, 중국, 이탈리아 | |
| 몰리브덴 | 99 | 98 | 미국, 캐나다, 칠레, 페루 | |
| 니켈 | 63 | 65 | 캐나다, 뉴칼레도니아 | |
| 인광석 | 81 | 88 | 미국, 모로코, 스페인령사하라, 튜니시아 | |
| 백금 | 99 | 99 | 남아공화국, 소련, 캐나다 | |
| 칼륨 | 90 | 95 | 캐나다, 서독, 미국, 프랑스 | |
| 은 | 53 | 60 | 페루, 멕시코, 캐나다, 미국 | |
| 주석 | 65 | 48 | 말레이시아, 소련, 인도네시아, 볼리비아 | ITC |
| 바나듐 | 85 | 96 | 남아공화국, 미국, 소련, 칠레 | |
| 아연 | 43 | 57 | 캐나다, 호주, 미국, 페루 | |

자료 : Tilton, *The Future of Nonfuel Minerals*, 1977.

〈표 8-4〉 자원 및 기술보유국 유형별 자원정책

| 구 분 | 자원보유 | | 기술보유 | | 자원+기술보유 |
|---|---|---|---|---|---|
| 경제발전 정도 | 후진국 | 개도국 | 개도국 | 선진국 | 선진국 |
| 해당국가 | 아프리카제국<br>남미제국<br>인도・중국 | OPEC국<br>ASEAN국 | 한국・대만<br>홍콩・싱가포르 | 서구・일본 | 미국・캐나다・호주 |
| 자원정책 기조 | 자원개발<br>수익의 단기적 극대화 | 자원의 적정개발 | 장기 안정적 자원확보 | 해외 자원개발로 투자수익과 자원공급의 안정성 도모 | 자원개발수익의 장기적 극대화 |
| 수급비상시 대응방안 | 자원 민족주의 영향으로 세계 수급상황에 편승, 자원무기화 추구 | | 비축(단기) 및 해외 자원개발(중장기 대책)로 예상되는 충격흡수 | | 세계 수급 및 가격동향에 따라 국내 공급의 탄력적 대응 |

금, 망간, 몰리브덴, 인광석, 백금, 칼륨에 있어서 주요 4개국이 세계 생산의 약 90% 이상을 점하고 있다.

또한 부존의 지역적 편중과 더불어 자원을 개발・이용할 기술도 경제발전의 정도에 따라 지역적으로 편중되어 있다. 이에 따라 자원의 생산과 소비를 연결하는 유통은, 서로 상반된 이해를 갖는 생산국과 소비국간의 갈등으로 매우 불안정한 시장 및 분배기능에 직면하게 된다.

〈표 8-4〉는 세계의 국가를 비교적 자원이 풍부하나 자원개발 및 활용을 위한 기술이 없는 나라, 자원부존이 빈약하나 기술을 보유하는 나라, 자원 및 기술을 겸비한 세 그룹으로 나누어 이들의 자원정책과 자원수급 비상시의 대처방안 등을 설명하고 있다.

### 2. 국제 카르텔의 영향

자원공급의 과부족은 시간이 경과함에 따라 시장기능(price mechanism)에 의해 해결된다. 즉, 공급이 수요에 비해 부족할 경우 수요초과현상이 발생하여 자원의 시장가격이 상승함으로써 공급이 증가하는 반면 수요는 감소함으로써 수급균형에 접근한다. 반면 공급과잉의 경우 시장가격은 하락하여 공급감소와 수요증대를 초래함으로써 수급균형에 도달하게 된다.

그러나, 자원공급국들은 앞에서 살펴본 바와 같이 세계 공급에 있어 그들의 독·과점적 위치를 강화하기 위하여 생산자 카르텔을 결성하게 된다. 이같이 자원보유국이 단합하여 카르텔을 형성하는 것은 근본적으로 공급자간의 경쟁완화와 공급조절을 통한 독점이윤의 획득에 그 목적이 있다. 카르텔 결성이 자원수급시장에 미치는 영향은 다음과 같은 방법으로 분석될 수 있다.

첫째, 카르텔 회원국은 통합이윤을 극대화할 수 있는 생산량을 결정한다. 카르텔의 총생산량을 $Y$라 하면,

$$\text{MAX } \pi = R(Y) - C(Y)$$
$$\partial\pi/\partial Y = \partial R(Y)/\partial Y - \partial C(Y)/\partial Y = 0 \qquad (8.3)$$

여기서 $\pi$ ; 통합이윤
$R$ ; 수입
$C$ ; 비용

이므로, 즉 $MR$(한계수입)$=MC$(한계비용)을 충족하는 $Y_C$에서 통합생산량을 결정하게 된다. 〈그림 8-5〉에서와 같이 카르텔 결성 이전에 자원의

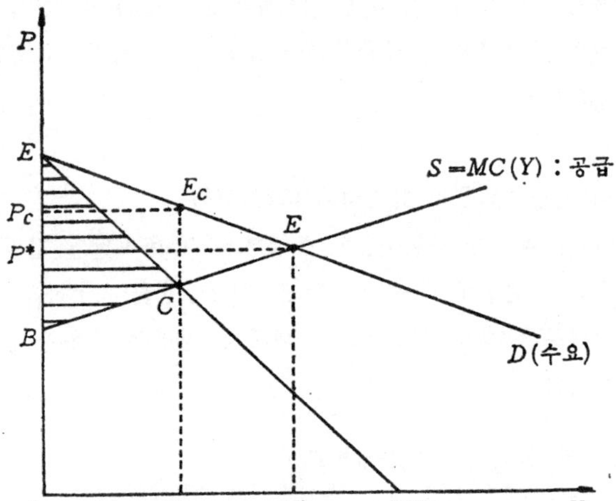


그림 8-5. 카르텔 형성에 따른 수급, 및 가격변화

수요와 공급은 $E$점에서 이루어졌으나, 카르텔 결성으로 새로운 수급균형이 $E_C$에서 이루어짐에 따라 생산량은 $Y^*$에서 $Y_C$로 줄어드는 반면 가격은 $P^*$에서 $P_C$로 상승함을 알 수 있다. 이에 따라 카르텔은

$$\pi = \int_0^{Y_C} \{MR(Y) - MC(Y)\}\, dY = \Delta BCE \qquad (8.4)$$

로 표시되는 독점이윤 $\pi$를 획득한다.

둘째, 카르텔은 총공급량 $Y_C$를 회원국간 배분을 통해 각 회원국에 할당한다. 이같이 카르텔 결성으로 인위적 공급제약에 따른 가격상승과 공급감소는 독점적 지위에 있는 카르텔 회원국의 결속이 지속되는 한 계속된다.

현재 국제적으로 결성된 자원 카르텔은 OPEC 이외에도 CIPEC(동수출 정부간 협의회), IBA(국제 보크사이트 생산국기구), AIOEC(철광석수출국기구), ITC(국제주석회의) 등이 대표적이다. 국제자원시장이 1980년대 들어 공급자시장(sellers' market)에서 수요자시장(buyers' market)으로 변모함에 따라 이들 생산자 카르텔의 활동은 두드러지지 않고 있다. 그러나 이들 회원국의 대부분이 세계적으로 빈국인 남남국(南南國)들로 선진국과 남북문제를 제기하여 자원 민족주의를 부르짖고 있어, 향후 시장여건이 급변하면 즉각적인 공급제한을 통한 가격상승을 도모할 가능성이 상존하고 있다.

### 3. 세계적 자원유통구조 불안정에 따른 대책

국제자원부존의 편재와 자원수급의 불균형은 '부존자원의 빈약'으로 특징지워지는 우리의 현실에 대해 합리적인 해결방안을 요구하고 있다. 향후 닥쳐올 수 있는 국제적 자원위기에 대처할 방안은 다음과 같이 4가지로 요약할 수 있다.

#### (가) 에너지 및 자원절약형 산업구조구축

경제성장에 따른 자원수요의 급증으로 자원의 해외 의존도는 〈표 8-5〉와 같이 매년 심화되고 있다. 이에 대한 대책으로 수요측면에서 우리의 산업

〈표 8-5〉 자원의 해외 의존도 추이 (단위 : %)

| 구 분 | 1970 | 1975 | 1980 | 1985 | 1986 |
|---|---|---|---|---|---|
| 에너지자원 | 47.5 | 58.8 | 71.6 | 69.0 | 66.5 |
| 비에너지자원 | | | 70.1 | 71.3 | 67.5 |

주 : 원자력을 국산에너지로 간주.

구조가 에너지자원 절약형인 고부가가치의 첨단산업구조로 점진적인 전환이 이루어져야 한다.

(나) 국내 부존자원의 적극개발

가장 적극적인 대처방안으로 국내 부존자원에 대한 적극적인 탐사활동과 경제적 개발을 통해 자원공급의 안정적 기반을 구축하는 토대가 된다.

(다) 비축의 활성화

기존의 전략적 비축개념에서 경제적 비축으로의 확대·전환이 요구된다. 또한 비축의 주체도 정부조달의 차원을 넘어 앞으로의 자원파동 위험부담 감소를 위한 민간기업의 경제비축이 활성화되어야 한다.

(라) 해외 자원개발의 적극추진

국가적으로 부족한 자원에 대한 장기안정적 확보는 매우 중요하다. 해외 자원개발이란 우리의 자본과 축적된 기술로 자원보유국에 진출하여 직접 자원을 개발·수입하는 방식이다. 이는 국가적으로 필요한 부족자원의 장기안정공급은 물론 해외 직접투자에 따른 수익도 함께 기대할 수 있는 장점이 있다. 해외 자원개발은 투자에 따른 위험부담 여부에 따라 투자형과 융자형으로 구분된다. 투자형 중 현지합작방식은 자원 민족주의에 대처하여 자원보유국과의 협력을 긴밀히 할 수 있고 국제 콘소시움 방식은 선진국의 경영 및 기술에 대한 노하우(knowhow)를 습득할 수 있다는 장점이 있어 해외 자원개발의 초기에 있는 우리나라에 있어 이들 두 방식은 매우 바람직한 투자형이 된다.

〈표 8-6〉 해외 자원개발 진출현황

| 구 분 | 총 진 출 사 업 수 | | | | 진 출 국 |
|---|---|---|---|---|---|
| | 진행중인 사업 | | | 중도폐기 | |
| | 탐 사 | 개발/생산 | 계 | 탐사/개발 | |
| 원 유 | 7 | 3 | 10 | 3 | 인도네시아, 미국, 예멘, 말레이시아, 에콰도르, 미안마, 브라질, 수단 |
| 유연탄 | 1 | 6 | 7 | 7 | 미국, 호주, 인도네시아, 캐나다 |
| 무연탄 | 1 | — | 1 | — | 스와질란드 |
| 우라늄 | 2 | 2 | 4 | 3 | 미국, 캐나다 |
| 주 석 | — | — | — | 1 | — |
| 아 연 | — | — | — | 1 | — |
| 합 계 | 11 | 11 | 22 | 15 | 11 개국 |

1987년말 현재 우리나라의 해외 진출현황은 석유, 무연탄, 우라늄 등을 대상광종으로 11개 프로젝트가 탐사단계에, 11개 프로젝트가 개발생산단계에 있어 총 22개의 해외 자원개발 프로젝트가 진행중이다.

### 8.3.3. 소 비

모든 재화의 효용은 소비자의 소비행위를 통하여 창출된다. 자원경제에서의 소비측면은 재생불가능하며 한정된 고갈성 자원의 최적배분을 통하여 자원으로부터 창출될 수 있는 사회복지를 극대화하려는 관점에서 다루고 있다. 소비측면에 있어 최적배분은 소비효용의 극대화를 추구할 수 있는 한편 동태적 관점(dynamic view-point)에 있어서는 한정된 고갈성 자원이 이 시점의 할당문제로 귀착된다.

#### 1. 사회적 효용의 극대화

한정된 투입요소를 사용하여 생산할 수 있는 상품조합은 〈그림 8-6〉과 같은 생산가능변경(production possibility frontier)을 형성한다. 이는 앞의 에지워드 상자에서 $O_C$, $B$, $D$, $C$, $O_O$의 각 점에 상응하는 석탄과 석유의 생산량을 연결한 곡선이 된다. 이때 사회적으로 가능한 최대한의 효용

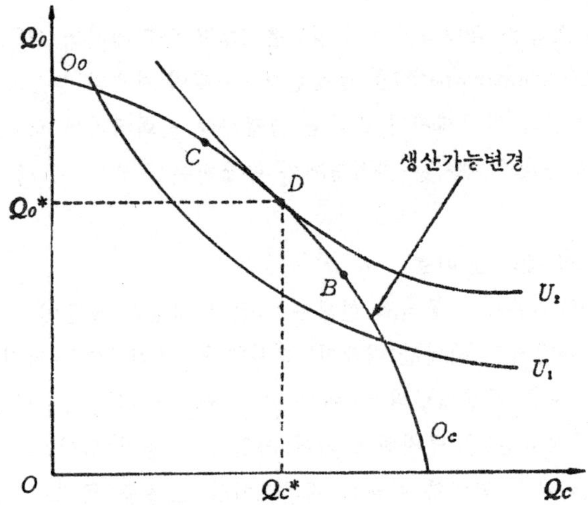


그림 8-6. 자원소비의 사회적 효용의 극대화

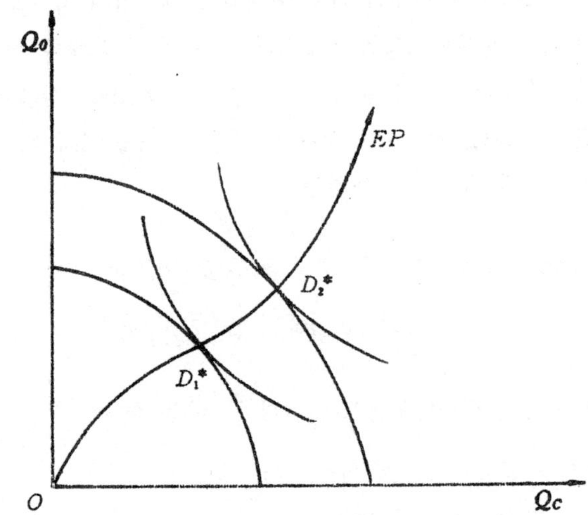


그림 8-7. 자원생산 및 소비의 최적확장경로

수준은 $U_2(U_2>U_1)$이며 석탄과 석유의 생산과 소비가 각기 $Q_c^*$, $Q_o^*$에서 균형을 이루는 $D$점에서 사회복지 극대화 조건이 충족된다. 경제가 성장함에 따라 생산요소가 증대되면 석탄, 석유의 생산 및 소비가 모두 늘게 된다.

이때 사회적 효용을 극대화하는 균형점은 〈그림 8-7〉에서의 $OD_1^*D_2^*$와 같은 확장경로(expansion path)를 형성한다. 이같이 경제의 성장과 발전에 따라 한정된 자원의 최적생산과 소비를 결정하여 사회복지의 극대화를 이룰 수 있는 확장경로의 제시는 자원경제가 추구하는 주요 과제 중 하나이다.

### 2. 자원의 세대간 배분

고갈성 자원부존량의 물리적 한계는 자원의 개발과 활용에 따른 복지의 배분이라는 측면에서 세대간 이해가 교차한다. 특히 사적 영리만을 추구하는 개인이 모든 자원개발의 주체가 될 경우, 자원의 희소성에 따른 개발의 대가(기회비용)를 무시하게 되어 자원의 남용이 뒤따르게 된다. 이 시점의 자원배분은 현재와 미래에 걸친 2기의 효용을 극대화함으로써 배분의 효율을 추구하는 동태적 효율성 분석(dynamic efficiency analysis)의 문제가 된다. 사회가 현 세대와 다음 세대의 2기에 걸쳐 극대화하고자 하는 효율을 사회적 순편익(NSB, net social benefit), 현재와 미래의 역수요함수(inverse demand function)를 각각 $P_0(Q)$, $P_1(Q)$, 한계비용함수를 각각 $MC_0(Q)$, $MC_1(Q)$라 하고 현재의 자원소비량을 $Q_0$, 차기소비량을 $Q_1$이라 하면 사회적 복지의 극대화는

$$\max \text{NSB} = \int_0^{Q_0} [P_0(Q) - MC_0(Q)]dQ + \int_0^{Q_1} [P_1(Q) - MC_1(Q)]dQ \tag{8.5}$$

여기서 $Q_0 + Q_1 \leq Q^*$의 문제로 귀착된다. 이를 풀면

$$\begin{aligned} &P_0(Q_0) - MC_0(Q_0) = \lambda \\ &[P_1(Q_1) - MC_1(Q_1)]/(1+r) = \lambda \\ &Q_0 + Q_1 = Q^* \end{aligned} \tag{8.6}$$

를 얻는다. 여기서 $\lambda$는 한정된 자원의 채굴에 따른 미래비용의 희생에 대한 대가로서 사용자가격(user cost)이 되며, $r$은 시장할인율이다. 윗식에

서 최종적으로

$$P_1 - MC_1 = (1 + r)(P_0 - MC_0) \qquad (8.7)$$

이 도출된다. 즉, 고갈성 자원의 이 시점의 배분은 각 시점에 있어 자원의 가격이 생산의 한계비용에 사용자비용을 더하여 결정됨으로써 최적소비량이 결정된다. 따라서 고갈성이라는 제약($Q_0+Q_1=Q^*$)이 붙은 자원의 배분은 재생이 가능한 타자원의 경우와 대비하여, 첫째 사용자가격이 존재하며, 둘째 균형점에서의 수요·공급량은 줄고 반면에 가격은 높게 형성된다는 점이 다르게 된다. 또한 자원의 세대간 배분은 할인율의 선택에 크게 좌우되나, 이는 세대간 공정성에 도달할 수 있는 합리적 수준을 적용함으로써 '효율성에 입각한 자원의 영속적 배분'이라는 자원경제학의 이상적 목표에 접근할 수 있다.

## 8.4. 자원경제의 학문적 특성

자원경제는 고갈성 재생불가능 자원의 효율적 생산, 유통, 소비를 다루는 학문으로 자원공학을 근간으로 하여 경제, 경영, 그리고 응용수학 등 인접학문의 이론적 체계를 흡수하며 발전하였다. 이 절에서는 자원경제의 학문적 특성을 역사적 흐름하에 고찰하고 다음으로 일반자원이 아닌 소모성 자원의 경제학이 지니는 이론적 특수성을 살펴본다.

### 8.4.1. 자원경제학파

#### 1. 학문의 역사 및 배경

자원의 중요성은 일찍이 리카르도(D. Ricardo)에 의하여 19세기 초에 주장된 수확체감의 법칙에서 토지와 같은 고정불변의 천연자원에 대한 분석을 통해 제창되었다. 그 후 제본스(W. Jevons)는 경제성장에 따른 석탄의 고갈을 말더스(T. Malthus)의 인구론에 비유하여 분석하였다. 이같이 19세기 이래 고갈성 천연자원의 중요성에 대한 인식의 일치에도 불구하고, 물리적 제약하의 부존자원에 대한 학문적 이론의 토대는 1931년 호텔링(H. Hotelling)에 의해 발표된 『고갈성 자원의 경제학』(*The Economics of Exhaustible Resources*)에 의해서야 이루어졌다.

그 후 자원경제학이 학문적으로 뿌리를 내린 것은 비교적 최근으로, 1970년대 들어 에너지위기를 겪으면서 자원의 중요성이 현실적으로 부각된 것이 중요한 계기가 되었다. 특히 1972년 로마클럽(Club of Rome)에 의해 발표된 연구보고서 『성장의 한계』(*The Limit to Growth*)는 고갈성 자원의 소진이 종국적으로 가져올 인류의 위기를 경고함으로써, 실용적 학문(applied science)으로서 자원경제학의 필요성을 대변하고 있다.

### 2. 자원경제학파

앞서 정의된 바와 같이 광의(廣意)의 자원은 "인간에게 가치 있고 유용함으로써 인간에 효용을 창출하는 것"을 통칭한다.

이러한 자원에 대한 탐구는 경제학(economics), 농업경제학(agricultural economics), 산업공학(industrial engineering) 및 경영과학(management science) 등의 여러 학파에서 이루어지고 있으며, 이들은 고갈성 자원을 연구대상으로 하는 자원경제학의 인접학문을 이루고 있다.

이들 학파 중 경제학, 경영학 및 산업공학 등이 광의의 자원을 연구대상으로 하고 있다는 공통점이 있으나, 이 중 경제학은 인적 혹은 물적 자원 일반의 효율적 생산·유통 및 소비 전반에 대하여 연구하며 경영학은 주로 자원의 관리·유통에, 산업공학은 생산·유통 측면에 초점이 맞추어지고 있다. 한편 농업경제학은 농·수산, 임산 및 축산자원 등의 재생산자원을 대상으로 함으로써 에너지 및 광물자원과 같은 소모성 자원에 대한 탐구가 주류를 이루는 자원경제학과 구별된다.

이상에서 살펴본 바와 같이 경제학(사회대), 경영학(경영대), 산업공학(공대), 농경제학(농대) 등은 자원경제학(자원공학)과 같이 자원을 연구대상으로 한다는 점에서 자원경제학의 인접학문을 이루고 있으나, 자원의 세분(細分)에 따른 접근대상 및 연구방법론의 상이(相異)로 각각 독특한 학문영역을 구성하고 있다.

따라서 자원경제의 접근대상은 경제학 및 농업경제학과 더불어 총체적 자원의 포괄적 이해를 다루는 하나의 분야로써, 구체적 접근방식은 경영과학, 응용수학 및 산업공학적 체계분석(system analysis)을 활용하고 있다.

### 8.4.2. 학문적 특성

자원경제에서 탐구의 대상이 되는 자원은 소진(消盡)에 따른 재생산의 불가역성이라는 특질로 자원배분에 있어 수요와 공급, 그리고 가격이 여타 자원과 다른 결정구조를 갖게 된다. 이에 따라 고갈성 자원의 경제학은 기존의 경제·경영이론에 비하여 독특한 학문적 접근방식을 취하게 되며, 이러한 차이점은 근본적으로 다음과 같은 요인들에 기인하고 있다.

#### 1. 생산준비기간의 장대성(長大性)

<그림 8-8>은 대규모 광업 프로젝트에서 탐사, 의사결정, 광산개발 및 플랜트건설, 그리고 작업개시 등 각 단계별 소요시간 및 자금투입배분 상황을 나타내고 있다. 여기서 광물자원의 개발은 탐사와 타당성 조사로부터 개발의사결정까지의 생산준비기간이 6년이라는 긴 시간과 총개발투자비의 10% 정도가 소요됨을 알 수 있다.

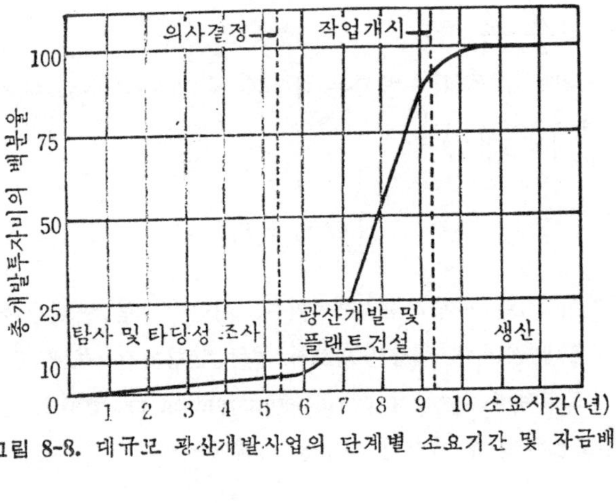


그림 8-8. 대규모 광산개발사업의 단계별 소요기간 및 자금배분

이같이 장대한 생산소요기간은 결과적으로 광물자원공급의 가격탄력성이 매우 낮은 결과를 초래하여, 가격형성의 불안정과 이에 따른 자원파동을 일으키는 근본적 요인이 된다. 광물 및 에너지자원의 경우와 같이 공급이 수요변동에 민감하게 대응하지 못하여 가격의 폭등과 폭락이 주기적으로 반복되는 상황은 거미집모형(cobweb model)으로 설명이 가능하다.

이 모형에서 수요와 공급함수를

$$수요 : D_t = a \cdot P_t + b \qquad (8.8)$$

$$공급 : S_t = A \cdot P_{t-1} + B \qquad (8.9)$$

으로 표시하면, 자원의 공급은 앞서 논의된 생산소요기간(pre-production period)을 요하므로 전기($t-1$期)의 가격에 의해 결정되는 특징을 지니게 된다. 여기서 수요와 공급의 균형은 $D_t = S_t$를 만족하여야 하므로

$$P_t = \frac{A}{a} \cdot P_{t-1} + \frac{B-b}{a} \qquad (8.10)$$

인데, 초기($t=0$)가격을 $P_0$라 놓고 (8.10) 식을 풀면,

$$P_t = (P_0 - P_e) \left| \frac{A}{a} \right|^{t-1} + P_e \qquad (8.11)$$

여기서 $P_e = \frac{B-b}{a-A}$이다.

이제 $t$가 커지면서 $P_t$의 수렴치는 다음의 세 가지 경우로 나누어진다.

첫째, $\left| \frac{A}{a} \right| < 1$일 경우

$$\lim_{t \to \infty} P_t = P_e$$

가 되어 가격이 $P_e$로 수렴하는 경우이다. 이는 〈그림 8-9(a)〉에서와 같이 수요가 공급에 적절히 대응함으로써 결국 균형가격 $P_e$에 도달하게 되는 동적 가격결정과정(dynamic price determination process)으로, 일반 공산품의 가격결정은 통상 이러한 과정을 거치게 된다.

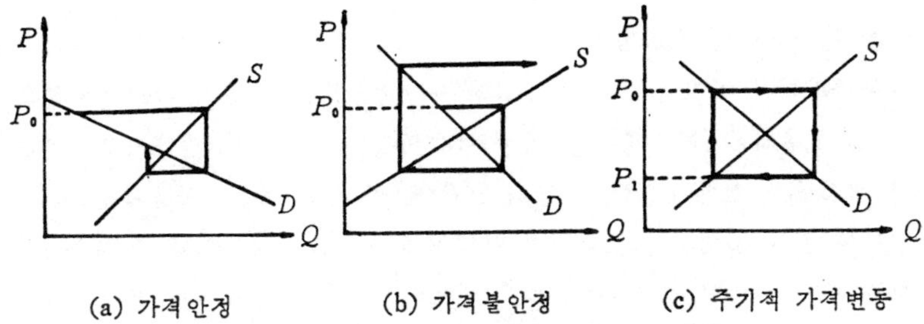


그림 8-9. 동태적 가격결정모형(cobweb model)

둘째, $\left|\frac{A}{a}\right| > 1$일 경우,

$$P_t \rightarrow \text{발산}$$

셋째, $\left|\frac{A}{a}\right| = 1$인 경우,

$$P = P_e \pm (P_0 - P_e)$$

앞의 둘째와 셋째 경우는 광물 및 에너지자원의 가격형성에서 나타나는 경우가 많은데, 둘째 경우는 만성적 가격 불안정을, 셋째는 주기적 가격 파동의 과정을 보여주고 있다.

자원의 생산을 위한 생산준비기간이 길으로써 야기되는 또 하나의 문제는 자원공급의 순환주기와 경기주기가 보통 서로 상반되어 주기적 자원파동을 유발한다는 점이다. 이는 자원개발 프로젝트에 있어 호경기의 경우 자원수요급증으로 대규모 자원개발사업이 착수되나, 6~7년의 생산준비기간을 거쳐 광산물이 생산될 시기는 경기순환에 있어 불경기에 진입하여 공급과잉에 수요감퇴가 겹쳐 가격이 폭락하게 된다. 그 결과 신규사업의 억제는 물론, 기존업체의 가동률 감소와 휴·폐업을 초래하게 되고 이는 향후 도래하는 호경기에 있어서 수요초과에 따른 새로운 자원파동을 예고하게 된다.

### 2. 공급곡선의 우하향

자본주의에서 시장의 기능은 재화의 수요와 공급을 일치시켜 결과적으로 가장 효율적인 자원배분을 가능하게 하는 것이다. 〈그림 8-10〉에서와 같이 재화의 수요가 $D(P)$, 공급이 $S(P)$로 주어질 경우, 공급함수 $S(P)$는 일반적으로 한계생산비 함수와 일치하게 되므로 $P_0OQ^*E$의 면적은 $Q^*$ 생산을 위한 기업의 총생산비가, $P_1OQ^*E$ 면적은 소비자 총효용이 된다. 따라서 사회적 순편익(net social benefit)은

$$P_1P_0E = P^*P_0E(\text{생산자 잉여}) + P_1P^*E(\text{소비자 잉여})$$

로 표시되며, $P_1P_0E$의 극대점은 $Q=Q^*$에서 결정된다. 따라서 수요와 공급이 일치하는 $E$점은 자원의 최적생산과 소비, 그리고 균형가격을 결정하게 된다.

그러나 공급곡선이 우하향하는 경우에는 자원배분의 효율성이 이루어지지 않는 이른바 시장의 실패(market failure)에 직면하게 된다. 이러한 시

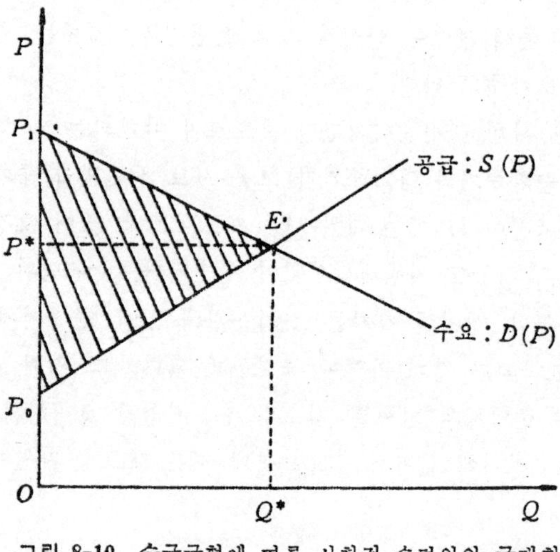


그림 8-10. 수급균형에 따른 사회적 순편익의 극대화

장의 실패는, '자유방임과 완전경쟁체제'(이른바 아담 스미스(A. Smith)의 '보이지 않는 손')의 제도적 보장만이 가장 효율적 자원배분을 이룬다는 자유경제체제의 기본원리가 적용되지 않는 분야로서 전기, 통신, 수도 등의 공익사업과 에너지 및 광물자원의 자원산업 등에서 전형적으로 나타나게 된다. 이 경우 정부는 공공이익을 위하여 일부 혹은 전적으로 시장에 개입함으로써 '보이지 않는 손'의 역할을 담당하게 된다.

〈그림 8-11〉은 산출량($Q$)에 따른 생산단위당 평균비용곡선(average cost curve, AC)과 한 단위 추가생산시 드는 비용인 한계비용곡선(marginal cost curve, MC)을 보여주고 있다. 이들 곡선 중 $MC$ 곡선은 $AC$ 곡선의 최소점인 $E$를 통과하며, 또한 공급곡선(supply curve)과 일치하게 된다. 또한 단위당 판매가격은 $P^*$로 정해져 있다.

자원산업은 앞에서 언급한 바와 같이 높은 수준의 고정 및 초기투자로 인해 평균비용곡선이 매우 높은 수준의 산출량수준인 $Q_1$까지 우하향(右下向)하고 있다. 따라서 현실적인 시장규모($Q<\overline{Q}$)를 감안할 때 이 기업은 생산의 제 I 단계만이 공급곡선으로 작용하게 된다. 이 경우 한계비용

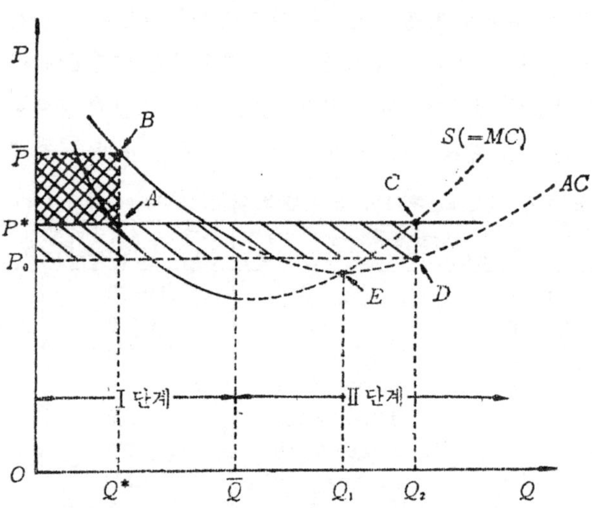


그림 8-11. 공급곡선이 우하향하는 경우의 생산량 결정

은 평균비용보다 낮게 되어, 현재의 가격 $P^*$ 수준에서 동 기업은 $\bar{P}P^*AB$ 만큼의 손실을 입게 되므로 장기적으로는 기업의 존립이 불가능하게 된다. 따라서 자원산업이 국민경제의 공익을 위하여 존속할 당위성이 입증될 경우, 정부는 $\bar{P}P^*AB$ 만큼의 손실을 보진(補塡)함으로써 시장경제에 개입하게 된다.

한편 일반 경제·경영이론에서 기업활동에 따른 평균생산비 곡선은 보통, 앞의 Ⅰ단계와 Ⅱ단계가 모두 나타나는 U자형을 이루며 이는 기업생산이론의 토대가 되고 있다. 자원산업이 아닌 일반 제조업의 경우 재화의 공급은 한계비용과 가격이 교차하는 $C$점에서 결정되고 기업은 $Q_2$를 공급함으로써 $P^*P_0DC$의 이윤을 획득하고 있다. 여기서 Ⅰ단계는 기업의 생산규모확대에 따른 규모의 경제(scale economics)를, Ⅱ단계는 규모의 불경제(scale diseconomics)를 특징적으로 보여주고 있다.

이상에서 살펴본 바와 같이 광물 및 에너지자원의 생산은 초기에 막대한 고정설비투자가 소요되며, 또한 7~10년에 달하는 투자회임기간은 공급곡선을 우하향하게 한다. 이러한 특징은 일반 경제·경영이론에서 통상적인 U자 공급함수에 따른 생산 및 가격이론이 적용되지 못하는 원인이 되며, 또한 완전경쟁이론에 입각한 시장경제원리가 수정됨에 따라 자원산업에 대한 적정한 정부개입의 당위성이 인정되는 결과를 초래하게 된다.

〈표 8-7〉은 주요 광종별로 자원개발에 소요되는 투자비를 매출액과 대

〈표 8-7〉 자원개발투자비 대 매출액 대비(1980년 불변가격 기준)

| 품목 | 단위생산투자액(A)<br>(US달러/년산 1톤 기준) | 톤당 시장평균가격<br>(B) (US 달러) | A/B |
|---|---|---|---|
| 보크사이트 | 100 | 13~20 | 7.6~5 |
| 알루미늄 | 5,900 | 1,800 | 3.2 |
| 정동 | 7,800~9,900 | 2,190 | 3.6~4.5 |
| 철광 | 90(60% 기준) | 19 | 4.7 |
| 조강 | 1,750~2,750 | 360 | 4.9~7.9 |
| 납 | 2,800~3,400 | 908 | 3.5~4.2 |
| 아연 | 2,800~3,400 | 760 | 3.5~4.2 |
| 우라늄 | 57($U_3O_8$ 기준) | 35 | 1.6 |

주 : 일반 제조업의 경우 투자액/매출액 비율은 1이 정상치.

비·비교하고 있다. 여기서 자원개발에 소요되는 투자는 제조업에 비해 약 4∼7배에 달해, 자원개발투자가 상대적으로 매우 불리한 위치에 있음을 보여주고 있다.

### 3. 높은 투자위험부담

광산 및 유전개발과 같은 자원개발사업은 속성상 높은 투자위험이 상존하며, 이에 대한 보상으로 투자자는 보다 높은 기대수익률을 요구하게 된다. 따라서 투자결정에 대한 의사결정은 위험에 따른 위험보상(risk premium)의 적절한 평가가 선행되어야 한다는 점에서 일반 기업의 투자결정과 구별된다.

〈그림 8-12〉는 투자위험률과 기대수익률의 일반적 관계를 도시하고 있는데, 곡선상의 모든 점은 투자에 따른 위험과 기대수익률간의 동일한 선호를 나타내고 있다. 여기서 투자위험이 높은 자원개발사업의 경우, 투자의 타당성 평가를 위한 기대수익률(최저필수 수익률)은 제조업 혹은 타분야의 사업보다 높은 수준이어야 함을 알 수 있다.

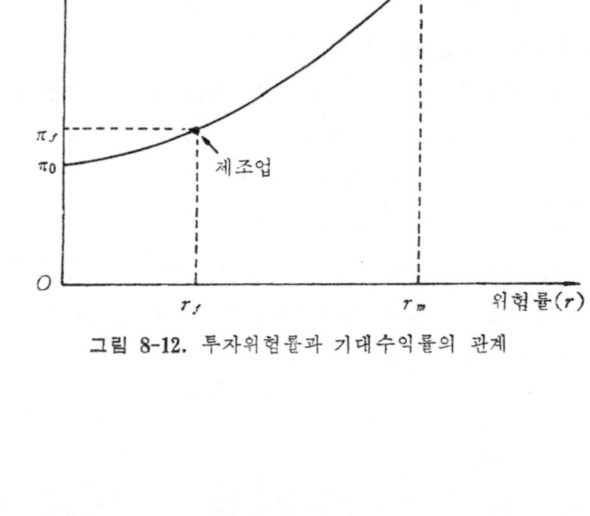


그림 8-12. 투자위험률과 기대수익률의 관계

이를 식으로 나타내면,

$$\pi_m = \pi_0 + P_m \quad (8.12)$$

여기서 $\pi_m$ ; 자원개발사업의 기대수익률

$\pi_0$ ; 위험 전무(全無)사업의 기대수익률

$P_m$ ; 자원개발사업의 위험보상률

여기서 일반 제조업의 기대수익률을 $\pi_f$라 하면

$$\pi_f = \pi_0 + P_f \quad (8.13)$$

여기서 $P_f$ ; 제조업의 위험 보상률

이 되고

$$\pi_m > \pi_f$$

의 관계에서

$$P_m > P_f$$

가 된다. 따라서 자원개발사업은 일반적으로 일반 제조업에 비하여 높은 위험보상을 요구함으로써 동 사업의 국민경제적 필요성에도 불구하고 사적 이윤동기에 의한 사기업(private firm)의 진입이 용이하지 못한 산업분야가 되고 있다.

### 4. 가격과 수요·공급결정의 불안정

광물 및 에너지자원은 공급에 있어 양질(良質)의 부존조건을 갖는 소수의 독점자에 의한 자연독점의 상태인 경우가 많아 경제학에서의 완전경쟁에 의한 시장이론이 성립하지 않는 경우가 대부분이다.

공급량결정에 있어, 완전경쟁시장은 개개의 생산자가 한계비용과 시장가격이 일치하는 수준에서 생산량을 결정하게 되나, 불완전경쟁 내지는 독점의 경우 생산자는 공급량을 조절함으로써 이윤을 극대화하고자 한다. 이때 생산량은 한계수익(marginal revenue)과 한계비용(marginal cost)이

일치하는 점에서 결정된다.

실제로 자원경제에서 다루는 시장은 광종별로 완전경쟁에 가까운 상태로부터 독점시장에 이르기까지 매우 다양하다. 그러나 부존의 지역적 편재성과 더불어 생산자 카르텔의 존재는 대부분의 경우에 있어 자원이 완전경쟁시장보다 독·과점시장에서 수급과 가격이 결정되는 요인이 되고 있다.

### 5. 주기적 가격파동

앞에서 지적한 바와 같이 자원은 수요의 가격에 대한 비탄력성과 독·과점과 같은 공급제약 등의 요인으로 주기적인 가격의 급등과 급락이 교차하는 가격파동이 빈번히 일어난다.

이러한 자원파동의 전형(典型)은 1973년과 1979년 두 차례에 걸쳐 발생한 석유위기를 들 수 있다. 이러한 위기가 닥친 궁극적 원인은 석유수급구조의 근본적 취약성, 특히 세계 공급의 60%를 10여국의 OPEC 국가들에 의존하여 왔다는 데 기인한다.

〈그림 8-13〉은 가격결정권자로서 OPEC의 영향력하에 유가가 결정되는

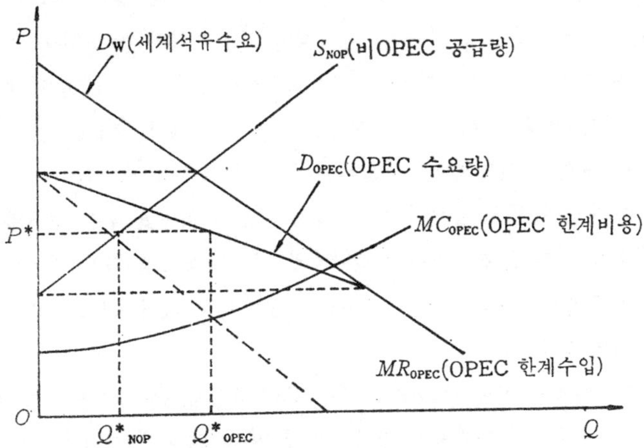


그림 8-13. OPEC의 유가결정 모형

과정을 보여주고 있다. 즉, OPEC은 절대적 위치의 공급자(swing producer)로서 비OPEC 공급을 제외한 나머지 세계 수요를 자체 수요로 간주하여 한계수입과 한계비용이 일치하는 독점가격과 공급량을 결정한다. 그 결과 세계 석유공급시장은 OPEC의 공급량 $Q^*_{OPEC}$과 비OPEC 공급량 $Q^*_{NOP}$로 양분됨과 동시에 가격은 $P^*$만큼의 높은 수준을 유지하고 있다.

그러나 두 차례에 걸친 가격의 급등은, 첫째 세계 석유수요의 감소를 초래하고, 둘째 일부 수요가 타에너지원으로 대체되었으며, 셋째 비OPEC의 가격경쟁력의 상승으로 이들의 시장점유율이 상승되었으며, 넷째 산유량 배분을 놓고 OPEC 회원국간의 마찰 등의 결과를 초래하였으며, 이에 따라 OPEC의 독점가격체제는 1980년대 중반 이후 붕괴되기 시작하였다. 그 후 세계 유가는 1986년에 배럴당 6달러까지 폭락한 후 1990년 상반기 현재는 20달러 정도에서 등락을 계속하고 있다.

향후 세계 유가의 추이는 다음과 같은 세 가지 요인에 영향을 받을 것으로 전망된다.

첫째, 단기적으로 OPEC의 결속력에 좌우된다. 실제 OPEC의 13개 회원국들은 국별 산유정책에 있어 다음과 같은 비균질적인 세 그룹으로 이루어져 있다. 1그룹은 사우디아라비아, 쿠웨이트 등과 같이 경제적으로 비교적 안정된 국가들로서 이들은 장기적인 석유수익의 극대화를 지향한다. 2그룹은 리비아, 이란, 이라크 등으로 과거 진행되고 있던 전쟁수행 혹은 '혁명과업'수행을 위해 석유자원으로부터 단기적 수입을 높이고자 한다. 제3그룹은 나이지리아·인도네시아·베네수엘라 등으로 석유는 국가재정의 거의 유일한 수입원이며, 따라서 이들의 석유정책은 국가재정수입을 극대화하는 데 있다. 이러한 OPEC의 비균질성으로 현재 카르텔 회원국들의 산유할당량 배정을 놓고 마찰이 심화되고 있어 OPEC 결속력의 한계를 드러내고 있다.

둘째, 중기적으로 세계 유가는 비OPEC의 공급능력에 좌우될 것이다. 1970년대 두 차례의 유가폭등은 산유원가에 있어 절대적 열세에 있던 비OPEC의 공급이 급증하는 계기가 되었다. 실제로 1차 파동 직전 세계 공

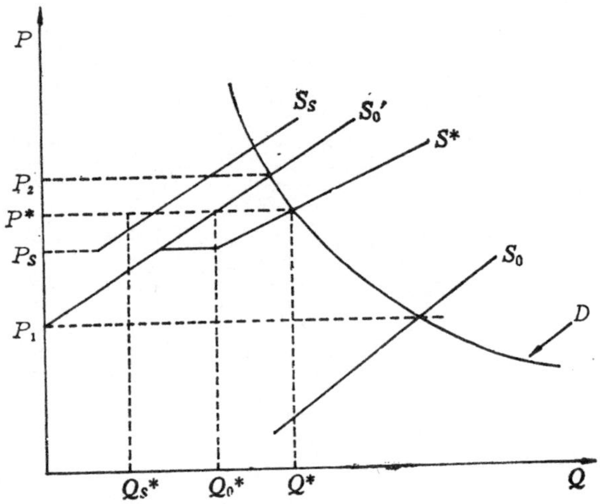


**그림 8-14.** 대체자원의 출현에 따른 장기균형가격의 형성

급의 38% 정도를 차지했던 비OPEC의 시장점유율은 1980년대 들어 60% 이상으로 확대되었다.

셋째, 향후 세계 유가의 추이는 장기적으로 오일 셰일, 합성석유, 원자력, 태양열 등과 같은 대체에너지원의 등장에 좌우될 것이다. 〈그림 8-14〉는 대체자원(substitutes)의 출현이 기존자원의 가격 및 수급에 미치는 영향을 도시하고 있다. 여기서 카르텔은 가격인상을 위해 공급을 제한함으로써 공급곡선이 $S_0$에서 $S_0'$로 이동되었으며, 그 결과 가격은 $P_1$에서 $P_2$로 급등함을 보여주고 있다. 그러나 $P_2$는 대체자원의 출현가능수준인 $P_S$보다 높아 대체자원의 공급곡선 $S_S$가 형성된다. 그 결과 총공급곡선 $S^*$는 $S_0$와 $S_0'$의 합이 되어 장기적 균형가격은 $P^*$에서 형성되며, 이는 $P_2$보다 낮은 수준을 나타내고 있다.

따라서 OPEC와 같은 자원 카르텔의 생산제한은 단기적으로 가격의 급등을 초래하나, 장기적으로는 공급곡선을 변화시켜 새로운 균형가격을 형성하게 된다.

# 참 고 문 헌


1. 강원대학교 자원개발연구소, 1985, 『채광』, 대한교과서주식회사.
2. 고왕인, 1984, 『석유의 탐사와 개발』, 박영사.
3. 김두영, 1990, 『채석학』, 도서출판 중미.
4. 김재극, 1986, 『산업화약과 발파공학』, 서울대학교출판부.
5. 대한광업진흥공사, 1989, 『광업요람』.
6. 민경덕·서정희·권병두, 1986, 『응용 지구물리학』, 우성문화사.
7. 손병찬, 1985, 『광물처리공학』, 보진재 출판사.
8. 에너지경제연구원, 1989, 『에너지통계 월보』.
9. 연세대학교 자연과학연구소, 1985, 『탐광』, 대한교과서주식회사.
10. 인하대학교 산업과학기술연구소, 1984, 『자원공학 일반』, 대한교과서주식회사.
11. 정영식, 1978, 『채광학』, 광업생산성조사소.
12. 정창희, 1970, 『신지질학 개론』, 박영사.
13. 조성준, 1981, 『석유개발공학』, 대광서림.
14. 주식회사 유공, 1988, 『에너지경제』.
15. 최기련, 1987, 『에너지경제학』, 비봉출판사.
16. 최기련, 1989, 『자원경제 입문』, 한국경제신문사.
17. 한국동력자원연구소, 1985, 『자원총람』.
18. 현병구·서정희, 1988, 『물리탐사의 기본원리』, 서울대학교출판부.
19. Beck, A.E., 1981, *Physical principles of exploration methods*, McMillan Press Ltd.
20. Farmer, I.W., 1968, *Engineering properties of rocks*, E.&F.N. SPON Ltd.

21. 藤井清光, 1977, 『石油開發概論』, 東京大學出版會.

22. Obert, L. and Duvall, W.I., 1967, *Rock mechanics and the design of structures in rock*, John Wiley and Sons, Inc.

23. Rose, A.W., Hawkes, H.E. and Webb, J.S., 1979, *Geochemistry in mineral exploration*, Academic Press.

24. Rosenquist, T., 1974, *Principles of extractive metallurgy*, McGraw Hill Book Company.

# 찾 아 보 기

## ㄱ

ㅈ

## ㅊ



## ㅋ

### ㅌ



### ㅍ



### ㅎ

【저자약력】

**玄炳九**

| | |
|---|---|
| 1954년 | 서울대학교 공과대학 광산과 졸업(공학사) |
| 1957년 | 미국 Colorado School of Mines<br>지구물리학과 졸업(공학석사) |
| 1961년 | 미국 Colorado School of Mines<br>지구물리학과 졸업(공학박사) |
| 1976~1983년 | 한국동력자원연구소 소장 |
| 1983~1985년 | 대한광산학회 회장 |
| 1963~1996년 | 서울대학교 공과대학 자원공학과 교수 |
| 1996~2005년 | 서울대학교 공과대학 자원공학과 명예교수 |

저서: 『물리탐사의 기본원리』(1988), 『물리탐사 용어사전』(1996) 외 다수

# 資源工學槪論

**초판 1쇄 발행** 1990년 10월 20일
**초판 7쇄 발행** 2018년 1월 30일

**지은이** 현병구
**펴낸이** 성낙인
**펴낸곳** 서울대학교출판문화원

**출판등록** 제15-3호

**주소** 08826 서울 관악구 관악로 1
**대표전화** 02-880-5252 **팩스** 02-888-4148
**홍보마케팅팀(주문상담)** 02-889-4424, 02-880-7995
**이메일** snubook@snu.ac.kr
**홈페이지** www.snupress.com



**ISBN** 978-89-521-1465-5 93530